职业教育“十四五”规划系列教材

短视频编辑与制作

主　编　张建忠　罗　巍　孔　帅

副主编　耿　伟　孔晶晶　李伟娟

参　编　邹增志　董芳羽　郭　蓉

李　杰　宋　威

華中科技大學出版社

http://press.hust.edu.cn

中国·武汉

图书在版编目(CIP)数据

短视频编辑与制作/张建忠，罗巍，孔帅主编. —武汉：华中科技大学出版社，2023.10(2025.1 重印)
ISBN 978-7-5772-0154-2

Ⅰ.①短… Ⅱ.①张… ②罗… ③孔… Ⅲ.①视频制作 Ⅳ.①TN948.4

中国国家版本馆 CIP 数据核字(2023)第 196203 号

短视频编辑与制作　　张建忠　罗　巍　孔　帅　主编
Duanshipin Bianji yu Zhizuo

策划编辑：胡天金
责任编辑：梁　任
封面设计：旗语书装
版式设计：赵慧萍
责任监印：朱　玢
出版发行：华中科技大学出版社(中国·武汉)　　电话：(027)81321913
武汉市东湖新技术开发区华工科技园　　邮编：430223
录　　排：北京世纪和美文化发展有限公司
印　　刷：武汉市籍缘印刷厂
开　　本：889mm×1194mm　1/16
印　　张：13.25
字　　数：373 千字
版　　次：2025 年 1 月第 1 版第 3 次印刷
定　　价：49.00 元

PREFACE 前言

本书的编写初衷

新媒体时代，短视频行业发展态势蓬勃向上。短视频凭借其传达效率高、互动性好、传播性强等优势，已经成为社交、资讯、电商等领域抢占移动互联网流量的重要工具。短视频创作者要想让自己的作品在短时间内快速吸引用户的注意，除了提升短视频内容质量，还要特别注重短视频的拍摄与后期制作，只有这样才能创作出热门作品。

本书的内容

本书秉持理论与实践相结合的理念，不仅系统讲解了短视频编辑与制作的方法，还调研分析了上百个热门短视频账号，访谈了多名成功的短视频创作者，收集了大量珍贵资料，经过长时间整理与提炼，将一个个真实有用的短视频拍摄与制作案例编撰成稿，以供短视频创作者参考。

本书共分为 8 章，首先介绍了短视频的基础知识及短视频策划与制作流程；其次分别从后期制作和拍摄两个方面对短视频制作的全过程进行讲解；最后讲解了 3 种常见短视频制作软件的使用方法，并讲解了 3 种常见类型短视频的拍摄与制作实战指南。

第 1 章主要介绍短视频的基础知识，包括短视频的特点与内容构成、短视频的类型、短视频的商业价值及发展趋势等内容。通过学习本章内容，读者将对短视频有一个基本的认识。

第 2 章主要介绍短视频策划与制作流程，包括短视频创作团队的组建、短视频定位与内容策划、短视频脚本的编写和短视频制作流程等内容。通过学习本章内容，读者可以了解知识教学类、产品展示类等多种类型短视频的策划与制作流程。

第 3 章主要介绍短视频制作的基本技能，包括短视频镜头语言、短视频常用运镜手法、短视频画面构图、短视频后期制作的原则等内容。通过学习本章内容，读者可以掌握景别与拍摄角度的选择、视频画面构图、光线运用、运镜等基本的短视频拍摄技能。

第 4 章主要介绍短视频的拍摄，包括选择设备、短视频拍摄常用术语、使用相机拍摄短视频、使用手机拍摄短视频等内容。通过学习本章内容，读者可以掌握使用相机和手机拍摄短视频的操作要点，从而利用相机和手机拍摄出高质量的短视频作品。

第 5 章主要介绍抖音短视频的制作，包括使用抖音拍摄短视频、抖音短视频的后期处理与发布等内容。通过学习本章内容，读者可以掌握使用抖音拍摄短视频的要点，从而利用手机方便、快捷地拍摄短视频作品。

第 6 章主要介绍手机端短视频的后期制作，包括熟悉剪映 APP 的工作界面、视频素材的添加与处理、视频素材的精剪、视频效果的添加与制作、添加字幕与导出短视频、剪映 APP 高级剪辑功能的应用等内容。通过学习本章内容，读者可以掌握使用剪映 APP 剪辑短视频的方法。

第 7 章主要介绍电脑端短视频的后期制作，包括熟悉 Premiere Pro 的工作界面、导入与管理素材、剪辑短视频、设置视频效果、编辑音频、编辑字幕、短视频调色等内容。通过学习本章内容，读者可以掌握使用 Premiere Pro 剪辑短视频的方法，更好地为短视频作品添加转场效果和特效，并处理音频和字幕。

第 8 章主要介绍短视频拍摄与制作实战指南，包括产品营销类、生活记录类、美食类 3 种常见类型短视频的拍摄与制作实战指南。通过学习本章内容，读者可以掌握这 3 种类型短视频的拍摄与制作方法。

本书从规划、编写到出版，经过了多次修改，逐步完善，最终得以出版。在编写过程中，尽管编者着力打磨内容，精益求精，但由于水平有限，书中难免存在不足之处，欢迎广大读者提出宝贵意见，以便再版时修订。

编者

CONTENTS 目录

第1章 认识短视频 1

1.1 短视频的特点与内容构成 …… 1
1.2 短视频的类型 …… 7
1.3 短视频的商业价值 …… 13
1.4 短视频的发展趋势 …… 14
1.5 短视频领域不可触碰的“雷区” …… 15
课后练习 …… 15

第2章 短视频策划与制作流程 17

2.1 短视频创作团队的组建 …… 17
2.2 短视频定位与内容策划 …… 18
2.3 短视频脚本的编写 …… 22
2.4 短视频制作流程 …… 25
2.5 策划知识教学类、产品展示类短视频 …… 30
课后练习 …… 32

第3章 短视频制作的基本技能 33

3.1 短视频镜头语言 …… 33
3.2 短视频常用运镜手法 …… 41
3.3 短视频画面构图 …… 46
3.4 短视频后期制作的原则 …… 52
课后练习 …… 56

第4章 短视频的拍摄 57

4.1 选择设备 …… 57
4.2 短视频拍摄常用术语 …… 64
4.3 使用相机拍摄短视频 …… 69
4.4 使用手机拍摄短视频 …… 72
课后练习 …… 76

第5章 抖音短视频的制作 77

5.1 使用抖音拍摄短视频 …… 77
5.2 抖音短视频的后期处理与发布 …… 89
课后练习 …… 100

第6章 手机端短视频的后期制作 101

6.1 熟悉剪映 APP 的工作界面 …… 101
6.2 视频素材的添加与处理 …… 104
6.3 视频素材的精剪 …… 110
6.4 视频效果的添加与制作 …… 116
6.5 添加字幕与导出短视频 …… 123
6.6 剪映 APP 高级剪辑功能的应用 …… 130
课后练习 …… 138

第7章 电脑端短视频的后期制作 139

7.1 熟悉 Premiere Pro 的工作界面 …… 139
7.2 导入与管理素材 …… 144
7.3 剪辑短视频 …… 149
7.4 设置视频效果 …… 158
7.5 编辑音频 …… 166
7.6 编辑字幕 …… 173
7.7 短视频调色 …… 175
课后练习 …… 181

第8章 短视频拍摄与制作实战指南 183

8.1 拍摄与制作产品营销类短视频 …… 183
8.2 拍摄与制作生活记录类短视频 …… 193
8.3 拍摄与制作美食类短视频 …… 198
课后练习 …… 204

参考文献 205

第1章　认识短视频

本章导读

随着5G时代的来临，短视频行业也发展得如火如荼，逐渐成为主流的视频营销方式。短视频由于不受时间、地点的限制，迅速占据当代网民的碎片化时间，产生跨越年龄、地域的强大影响力。同时，各类互联网企业、自媒体达人都瞄准机会，纷纷涌入短视频行业，分享短视频的市场红利。

为了帮助即将进入短视频行业的读者快速认识短视频，对短视频有一个正确的认识，本章主要介绍短视频的特点、内容构成、类型、商业价值、发展趋势，以及短视频领域不可触碰的“雷区”。

学习目标

通过对本章多个知识点的学习，读者可以熟练掌握短视频的特点、内容构成、类型、商业价值、发展趋势等基础知识。

知识要点

◇ 短视频的特点
◇ 短视频的内容构成
◇ 短视频的渠道类型
◇ 短视频的内容类型
◇ 短视频的商业价值
◇ 短视频的发展趋势

1.1 短视频的特点与内容构成

随着新媒体行业的不断发展，短视频应运而生，并迅速发展成新时代互联网的内容传播形式之一，同时也成了一个新的互联网风口。作为一种新兴的娱乐方式，短视频不受时间、地点的限制，在短时间内占据了各年龄段用户的碎片化时间，创造了极其可观的利润。

为了让大家更全面地了解短视频，下面详细讲解短视频的特点及内容构成。

1.1.1 短视频的特点

短视频是一种新的视频形式，主要依托移动智能终端实现快速拍摄和美化编辑，可以在社交媒体平台实时分享。短视频的内容新奇、丰富，涵盖技能分享、情景短剧、街头采访、幽默搞怪、时尚潮流、社会热点、商业定制等方面的内容。

以抖音平台上一条“宇宙有多大”的短视频作品为例，该视频用生动有趣的语言展现宇宙场景，使

用户能更好地了解宇宙。截至2022年5月10日，该视频的点赞量已达5.7万，收藏已达1.9万，转发量已6千多，如图1-1所示。由此可见，该条短视频是极受用户喜爱和认可的。

图1-1　热门短视频

类似这样高观看量、高互动量的短视频数不胜数，分布在各个视频平台，不少商家也借助短视频积累了很多粉丝及销售了很多产品。

与长视频不同，短视频不仅在视频时长上有缩短，在制作上也没有特定的表达形式和团队配置要求，这极大地节省了传播成本。总体而言，短视频具有内容短小精悍、表现形式多元化、制作门槛低等特点，如图1-2所示。

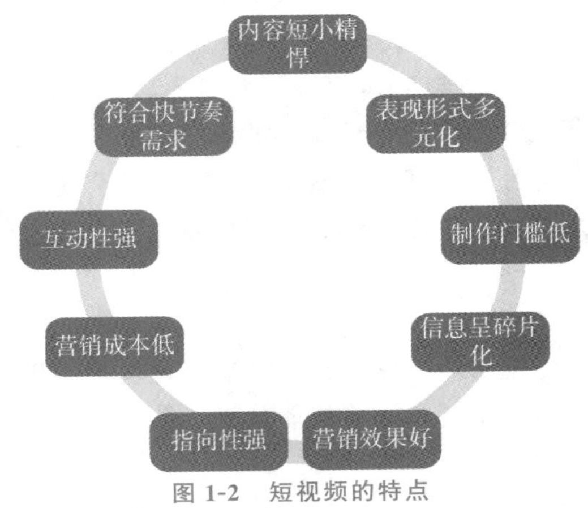

图1-2　短视频的特点

下面将对短视频的各个特点进行讲述。

1. 内容短小精悍

短视频的时长一般为 15 秒到 5 分钟，比传统长视频体量小。由于时间有限，短视频展示出来的内容大多是精华，在开头的前 3 秒就要抓住用户的注意力。

2. 表现形式多元化

相较于文字、图片、传统视频，短视频可以以最快的方式传达出更多、更直观、更立体的信息，表现形式也更加丰富，非常符合当前受众对于个性化、多元化的内容需求。

3. 制作门槛低

目前，大部分短视频软件都具有特效、滤镜、剪辑等功能，拍摄和制作十分简单，基本只需要一个人和一部手机就能够完成，真正意义上做到随拍随传，随时分享。

4. 信息呈碎片化

相对于文字、图片来说，视频能够带给用户更好的视觉体验，在表达时也更加生动形象。因为时间有限，短视频展示出来的内容往往都是精华，符合用户碎片化的阅读习惯，降低了人们获取信息的时间成本。

5. 营销效果好

短视频是图、文、影、音的结合体，能够给用户提供一种立体且直观的感受。短视频用于营销时，一般要符合内容丰富、价值高、观赏性强等标准。只有符合这些标准，短视频才能赢得大多数用户的青睐，使用户产生购买商品的强烈欲望。

短视频营销的高效性体现在用户可以边看短视频边购买商品。在短视频中，商家可以将商品的购买链接放置在短视频播放界面下方，从而让用户实现“一键购买”。

6. 指向性强

短视频具有指向性强的优势，可以准确地找到目标用户，实现精准营销。当用户在短视频平台上搜索关键词后，可以准确地找到自己想看的内容。

7. 营销成本低

与电视广告、网页广告等传统视频广告高昂的制作费和推广费相比，短视频在拍摄、剪辑、上传、推广等方面具有极强的便利性，成本较低。观看短视频免费、用户群体数量大、短视频内容丰富等特点，很容易提升用户对所宣传产品的好感度和认知度，从而使所宣传产品以较低的成本得到更有效的推广。

8. 互动性强

短视频传播力度大、传播范围广、互动性强，为众多用户的创作和分享提供了一个便捷的传播通道。同时，点赞、分享、评论等手段大大增加了短视频的互动性。

9. 符合快节奏需求

短视频时长较短，内容简单明了，在如今较快的生活节奏下，能让人们更方便、快捷地获取信息。

短视频的这 9 个特点，是让短视频迅速火爆的重要原因，也是让短视频的商业价值在众多领域脱颖而出的重要基石。

1.1.2 短视频的内容构成

虽然短视频的制作门槛低，内容也较为简单，但一条完整的短视频通常包含图像、字幕、声音、特效、评论等众多元素。如图 1-3 所示为短视频的内容构成。

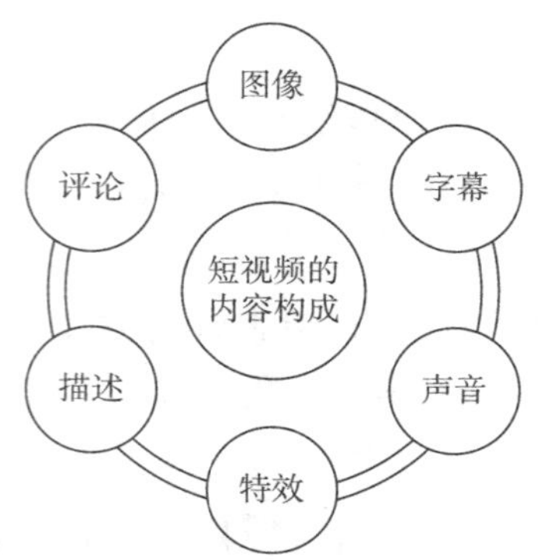

图 1-3　短视频的内容构成

下面对短视频的内容构成进行讲解。

1. 图像

图像可以理解为拍摄工作完成后得到的画面影像成品，品质越高的短视频对画面效果的要求就越高。我们主要从观赏性、层次感和专业度 3 个方面来判断图像的品质。

◈ 观赏性：短视频画面是否具有观赏性。

◈ 层次感：短视频画面的表现和场景布局是否具有丰富的层次感。

◈ 专业度：短视频里的人物或事物是否表现得足够专业。

例如，某条旅游类短视频作品中，展示的都是极具观赏性的风景画面，引发数万用户点赞，如图 1-4 所示。

图 1-4　旅游类短视频截图

2. 字幕

字幕的主要作用是让用户清楚地知道短视频中人物的对话和语言表达内容。除此之外，字幕还有一个很重要的作用，就是提醒用户短视频的关键点是什么。如果将短视频内容的几个关键节点用字幕的形式显示出来，不仅可以把控短视频的节奏，还能加深用户对短视频内容的印象。例如，某条美食类短视频作品中，配料表和菜品的关键烹饪步骤均使用了字幕显示(见图 1-5)，让用户在看短视频时能更好地掌握这道菜的烹饪方法。

图 1-5　用字幕显示菜品的配料表

3. 声音

声音是短视频中不可缺少的一部分，可以传递信息、营造气氛，对于视频来说非常重要。视频声音包含人声、背景音乐和特效音乐等，如图 1-6 所示。要做好一条短视频的声音部分，不仅要注意人物语调的抑扬顿挫和语气的感染力，还要把握好背景音乐和特效音乐的情绪感染力。

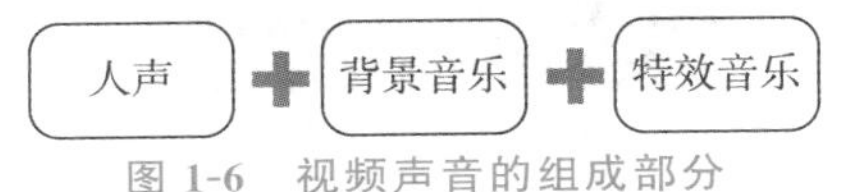

图 1-6　视频声音的组成部分

4. 特效

当剧情突然反转或者出现关键词时，往往需要运用一些特效来提高用户对视频的注意力。例如，某短视频作品是利用抖音官方的特效道具“飞天小八戒”来创作的，如图 1-7 所示。抖音里还有很多新奇的特效道具，这些道具可以帮助创作者制作各种有趣的创意视频，如图 1-8 所示。

图 1-7　某短视频作品中使用的特效道具

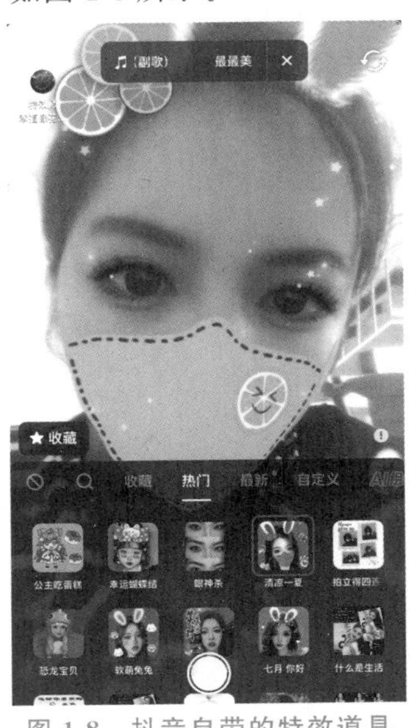

图 1-8　抖音自带的特效道具

提示

特效的出现要贴合剧情的发展，假设视频画风从悲伤反转到开心，就可以配上一段掌声特效或者欢快的音乐特效。

5. 描述

短视频如果想要通过搜索获得好的排名，除了拍摄制作的视频质量要符合短视频平台的基本要求，短视频描述文案的撰写也起着至关重要的作用。在撰写描述文案时，不仅要尽可能增加一些关键词，还可以添加热门话题，这样才能更好地曝光短视频内容，达到更好的宣传目的。如图 1-9 所示为抖音上某条短视频作品的描述文案。

图 1-9 抖音上某条短视频作品的描述文案

6. 评论

短视频的评论代表了用户对短视频内容的看法和态度，虽然短视频创作者不能直接控制用户评论的内容，但可以通过图像、字幕、声音、描述等去引导用户评论的方向。

短视频创作者可以抛出作品的评论方向，引导用户发表评论，增加短视频的曝光率与点击率。需要注意的是，用户在评论后，创作者一定要进行回复，以增强与用户之间的互动。抖音上某条短视频作品的用户评论和作者回复，如图 1-10 所示。

图 1-10 抖音上某条短视频作品的用户评论和作者回复

1.2 短视频的类型

在短视频发展如火如荼的今天，运营者想要创作出高人气的短视频作品，就需要先了解目前深受观众喜爱的短视频内容有哪些，再针对性地进行内容策划。目前，常见的短视频类型涉及渠道类型和内容类型两个方面，下面将分别进行介绍。

1.2.1 短视频的渠道类型

短视频渠道是指短视频的流通线路。根据短视频平台的特点和属性，可以将短视频的渠道类型分为资讯客户端渠道、在线视频渠道、社交媒体渠道、短视频渠道、垂直类渠道和小视频渠道 6 种类型，如图 1-11 所示。

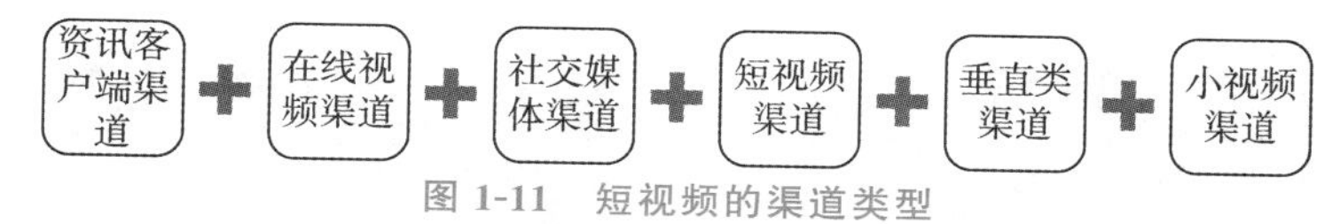

图 1-11　短视频的渠道类型

下面将对短视频的 6 种渠道类型分别进行介绍。

1. 资讯客户端渠道

资讯客户端渠道一般通过平台的推荐算法来获得短视频的播放量。常见的资讯客户端渠道有今日头条、百家号、企鹅号、网易新闻客户端、UC 浏览器等。

2. 在线视频渠道

在线视频渠道的播放量是通过搜索和编辑推荐来获得的。常见的在线视频渠道包括搜狐视频、优酷视频、爱奇艺、腾讯视频、Bilibili 等。

3. 社交媒体渠道

社交媒体渠道是短视频的重要渠道，不仅可以起到传播的作用，还是连接粉丝和商务合作者的重要通道。常见的社交媒体渠道有微信、微博、QQ 等。

4. 短视频渠道

短视频渠道起始于直播平台，是一种衍生品。常见的短视频渠道有抖音、快手、西瓜视频等。

5. 垂直类渠道

垂直类渠道主要为电商平台。电商平台通过短视频，可以帮助用户更全面地了解商品，从而促进购买量。常见垂直类渠道包括淘宝、京东、拼多多等。

6. 小视频渠道

小视频渠道包括抖音小视频和火山小视频等，这类渠道不管是视频内容还是平台算法都是有一定差异的。

1.2.2 短视频的内容类型

目前，短视频的内容类型多种多样，不仅可以满足广大用户的娱乐需求，还可以满足用户的信息搜索需求和学习需求。短视频的内容类型包括知识类、搞笑类、美食类、美妆类、影视类和资讯类 6 种类型，如图 1-12 所示。

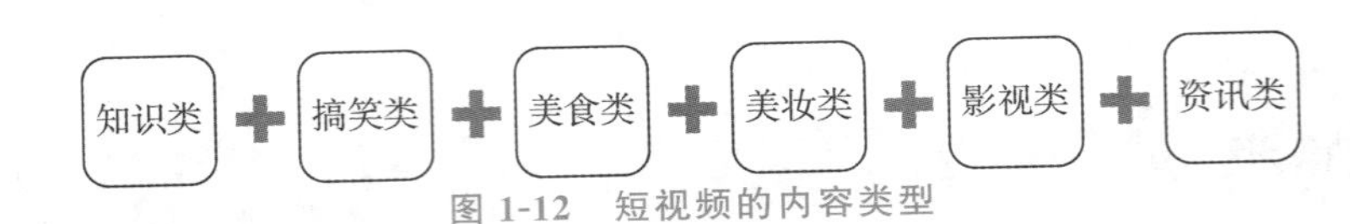

图 1-12　短视频的内容类型

下面将对短视频的内容类型分别进行介绍。

1. 知识类

知识类短视频主要为用户提供各类有价值的知识和实用技巧，它的涵盖范围非常广，如美妆教学、穿搭教学、摄影教学、办公教程、Photoshop 教程等。这类短视频通过简单易学的方式，让用户在短时间内就能轻松掌握一项知识或一门技艺，可谓“干货”十足，因此深受广大用户的喜爱。

例如，某摄影知识教学类账号，其内容以实用的人物拍摄教学为主，通过剧情的形式为用户传递摄影相关知识，吸引了大量用户关注。目前，该账号拥有 500 多万粉丝，点赞量也超过 4600 万，如图 1-13 所示。该摄影知识教学类账号的视频点赞数、评论数也较为可观，如某条草坪构图技巧的短视频，获得 176.2 万用户点赞，如图 1-14 所示。

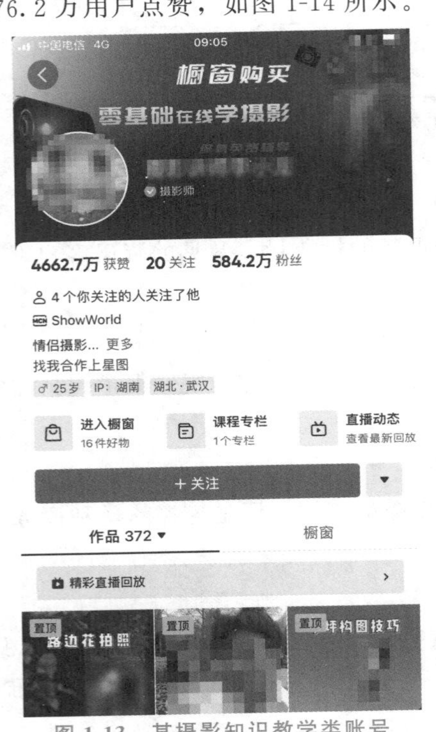

图 1-13　某摄影知识教学类账号

图 1-14　某条草坪构图技巧的短视频截图

一般而言，知识类短视频的内容具有两个特征，即知识性和实用性。知识性是指短视频的内容要包含一些有价值的知识和技巧，实用性是指短视频内容中介绍的这些知识和技巧能够在实际的生活和工作中运用。

2. 搞笑类

各个平台都不缺看视频放松心情的人群，因此搞笑类短视频是热门视频内容类型。不仅如此，搞笑类短视频的受众范围很广，没有年龄、性别的限制，因此这类短视频不仅观看的用户很多，乐于制作和分享的用户也很多。

例如，某抖音账号一直走搞笑路线，目前已收获 600 多万粉丝。其账号内容多是日常生活中的搞笑段子、对话等，其某条名为“最牛的面试(一)”的短视频作品，就获得了 210 多万点赞及 5.3 万条评论，如图 1-15 所示。

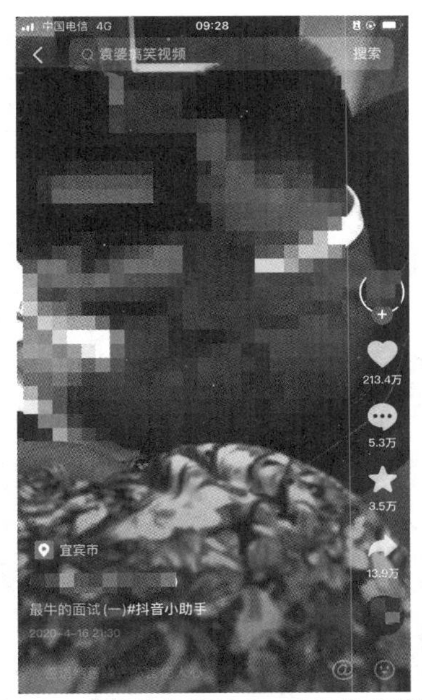

图 1-15　“最牛的面试(一)”短视频截图

创作者可以运用各种创意技巧和方法对一些比较经典的内容和场景进行编辑和加工，也可以对生活中一些常见的场景和片段直接进行趣味性的拍摄和编辑，从而制作出幽默、有趣，能使人发笑的短视频作品。

3. 美食类

俗话说“民以食为天”，美食方面的视频内容受众也很广，因此，也有不少人拍摄、剪辑、发布美食类视频内容来吸引用户关注。在短视频中，美食类内容主要包括吃播类、探店类、美食教程类和乡村生活美食类 4 个小分类，如图 1-16 所示。

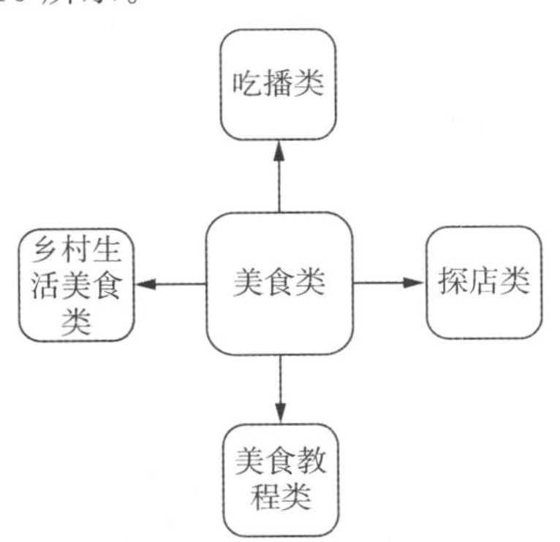

图 1-16　美食类短视频分类

下面将对美食类短视频的各个小分类进行详细介绍。

◇ 吃播类：吃播类是当下比较受欢迎的一种短视频类型，特别是一些美食类商家，会采用吃播的方式展示产品，如样品、吃法、烹饪方式等。例如，抖音平台上的某吃播类账号，凭借各种美食吃播教程，获得众多用户喜欢，目前该账号拥有 20 多万粉丝，其账号主页如图 1-17 所示。

◇ 探店类：探店类短视频的内容主要是美食播主去一些评分高、口碑好的美食店品尝食物。这类账号在积累一定的粉丝量后，可以与美食类商家合作卖套餐或收取宣传费。例如，抖音平台上的某探店达人账号，凭借推荐各个地区的特色美食，获得众多用户喜欢，目前该账号拥有 120 多万粉丝，其账号主页如图 1-18 所示。

图 1-17 某吃播类抖音账号主页

图 1-18 某探店类抖音账号主页

◇ 美食教程类：美食教程类视频主要是记录美食制作过程，做得好的账号也能积累大量粉丝。例如，抖音平台上的某美食教程类账号，凭借高颜值餐具和简单易学的美食制作教程，获得众多用户喜欢，目前该账号拥有 2600 多万粉丝，其账号主页如图 1-19 所示。

◇ 乡村生活美食类：乡村生活美食类短视频主要将乡村生活与美食结合，营造一种令人向往的生活，吸引用户关注。例如，抖音平台上的某乡村生活美食类账号，凭借乡村风味的美食获得众多用户喜欢，目前该账号拥有 560 多万粉丝，其账号主页如图 1-20 所示。

图 1-19 某美食教程类抖音账号主页

图 1-20 某乡村生活美食类抖音账号主页

对于大部分用户而言，美食在他们心目中占据着非常重要的位置，故美食类视频内容是短视频市场上较受欢迎的一种视频类型。大家可以考虑制作、发布这类视频来吸引用户关注。

4. 美妆类

年轻人是网民群体中的主力军，他们思想开放，乐于接受新鲜事物，是追求时尚和潮流的一群人。而作为潮流产物的短视频，其中一定不会缺乏与时尚相关的内容。精美的妆容、突显气质的服饰穿搭都是年轻人关注的内容。因此，美妆分享、服饰穿搭分享等类型的短视频在短视频平台占据了大片江山。

例如，抖音平台上的某美妆类账号，主要产出与美妆相关的内容，目前该账号已积累了 650 多万粉丝，其账号主页如图 1-21 所示。

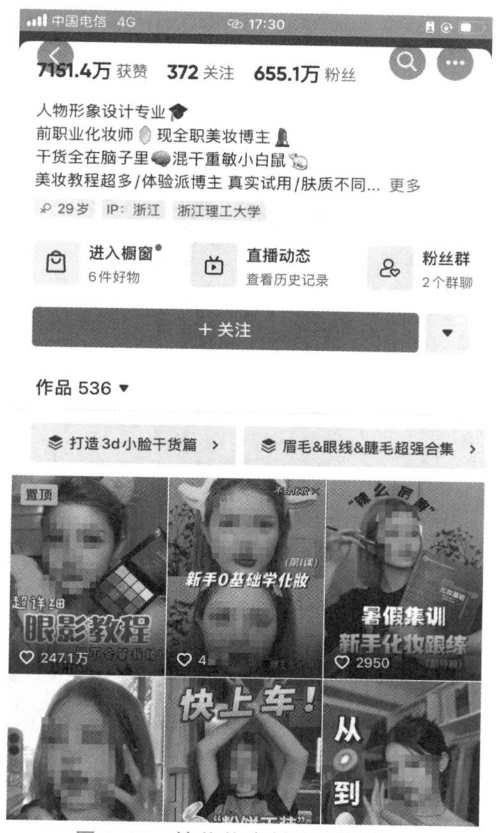

图 1-21　某美妆类抖音账号主页

美妆类短视频不仅对观众有强大的吸引力，带货能力更是一流。美妆类短视频创作者在进行美妆技巧分享及好物推荐时，商品橱窗中的化妆品售出上千件，甚至上万件，都是很正常的现象。对美妆类短视频感兴趣且能长期产出优质内容的创作者，可以考虑深耕这个方向。

5. 影视类

现在大多数人的生活节奏都很快，很多人可能没有时间去看一部完整的电视剧或电影，也没有充沛的精力去观看一场完整的游戏比赛或体育比赛。这种情况下，各类剧评剪辑、影评剪辑、游戏解说、体育比赛解说等内容的短视频作品应运而生。影视类短视频使不少用户能够在繁忙的生活间隙，快速了解当下热门的影视作品、游戏比赛和体育比赛。

部分影视类抖音账号会将许多热门电视剧或电影的精彩片段进行混剪，有的作品还会根据视频画面进行配音解说。例如，某电影解说类抖音短视频创作者会根据自己的理解和感悟剪辑电影或电视剧的片段，再配上对影视作品的解说，从而收获了 6200 多万粉丝，其账号主页如图 1-22 所示。

图 1-22　某电影解说类抖音账号主页

在制作影视类短视频时，一定要有自己的理解或亮点，才能让人有继续看下去的欲望。例如，很多影视类账号的创作者会特意将一部影视作品剪辑为多个有关联的视频内容，视频作品之间环环相扣，让人想一一看下去。

6. 资讯类

很多网民在繁忙的生活状态下，更乐意接受一些“短、平、快”的资讯，故而很多资讯类账号应运而生。很多地方电视台都在抖音、快手等短视频平台开设账号，分享实时新闻、趣闻乐事等。例如，抖音账号“四川观察”是四川省广播电视台的官方账号，时常更新全国各地新闻，已拥有 4600 多万粉丝，其账号主页如图 1-23 所示。

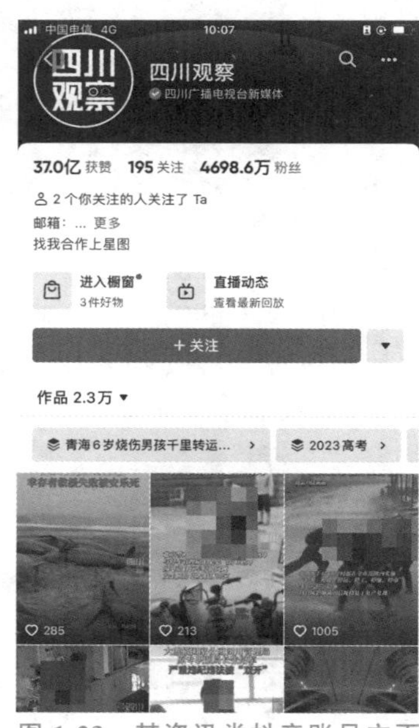

图 1-23　某资讯类抖音账号主页

除了地方电视台的资讯类账号，还有很多公司、个人创建的短视频账号，其播主积极分享娱乐新闻、综艺等资讯，也深受网民喜欢。

1.3 短视频的商业价值

短视频能在短短几年内火爆起来，除了因其自身具有超强的感染力，还因其具有其他自媒体无法比拟的商业价值。短视频的商业价值在近年来迅速增长，主要有以下几个方面。

1.3.1 广告营销

短视频平台上的广告营销方式多样，包括原生广告、品牌植入、赞助等形式。广告商可以通过在热门短视频上投放广告来提升品牌曝光度和销售量，吸引目标受众。

1.3.2 自媒体创作

短视频平台为自媒体创作者提供了更多展示和变现的机会。通过发布优质内容，自媒体创作者可以吸引粉丝关注并与之互动，进而获得品牌赞助、付费赞赏、粉丝打赏等收入。

1.3.3 电商直播

短视频平台与电商平台的结合，使得用户可以在观看短视频的同时进行购物。短视频内容创作者可以通过直播直接与观众互动，增加产品的销售转化率，提升电商销售额。如图 1-24 所示为抖音某直播间画面。

图 1-24 抖音某直播间画面

1.3.4 影视娱乐

短视频平台上也不乏原创剧集、综艺等内容，这些短视频创作者可以通过版权授权、衍生品销售等方式获得商业收益。同时，短视频平台也为电视剧、电影等传统影视内容提供了新的传播途径和观众群体。如图 1-25 所示为抖音某电影宣传画面。

图 1-25　抖音某电影宣传画面

总体而言，短视频的商业价值与其庞大的用户基数、活跃的社交互动、强大的粉丝经济等因素密切相关。随着移动互联网的不断普及和技术的不断进步，短视频的商业价值还将继续增长。

1.4 短视频的发展趋势

随着短视频行业的高速发展，越来越多的商家和企业看到了短视频行业蕴含的巨大商机，并迅速进入这一行业，以短视频为载体进行营销和推广，获得了可观的经济效益。同时，很多名人纷纷加入各大短视频平台，尤其是抖音和快手，这使短视频的营销价值进一步提升。由此可见，短视频已经成为互联网发展的风口之一，并呈现出以下发展趋势。

1.4.1 视频内容多样化

短视频平台上的视频内容将更加多样化，不仅涵盖搞笑、娱乐等轻松的内容，还包括教育、科技、美食等领域，以满足不同用户的需求。

1.4.2 用户生成内容的增加

随着智能手机的普及和网络环境的改善，越来越多的用户将加入短视频平台，并创作自己的短视频内容，这将进一步丰富平台上的内容库。

1.4.3 直播和短视频的结合

直播与短视频将越来越紧密地结合在一起，用户可以通过直播的方式实时分享自己的生活，也可以在平台上观看明星、网红等的直播内容。

1.4.4　AI技术在短视频中的应用

AI(artificial intelligence，人工智能)技术将在短视频中扮演越来越重要的角色，如通过智能推荐系统为用户提供个性化的短视频推荐，或者利用AI技术对短视频进行内容审核和剪辑等。

1.4.5　短视频与电商的结合

短视频平台将与电商平台进行深度结合，用户可以通过短视频了解产品并获得购买链接，提高购物的便利性。

总体而言，短视频平台将更加注重用户体验和个性化推荐，并与其他技术领域进行更深层次的融合，以满足用户多样化的需求。

1.5　短视频领域不可触碰的“雷区”

短视频作为一种个人或团队向大众传递内容的媒介，承担着文化传播的作用。因此，短视频虽在内容上百花齐放，但在内容创作方面，并不是百无禁忌的。

1.5.1　法律雷区

短视频作为一种盈利手段，受到法律法规的限制。个人或企业在进行内容策划、拍摄时，都需要遵循相关的法律法规，千万不能触碰法律红线。

特别是对于刚进入短视频行业的新手来说，某些行为即使看起来并非“大凶大恶”，但也可能触犯国家的法律法规，如在视频中恶搞人民币，篡改国歌、国旗，穿警服或军装拍摄视频，等等。平台审核不通过事小，在懵懂中触碰法律红线，并承担相应的后果事大。

1.5.2　道德雷区

短视频行业的风气是在发展过程中不断被净化的。在萌芽阶段，短视频平台曾出现过部分猎奇类短视频。目前，随着各短视频平台的审核机制不断完善，这类短视频已经无法通过平台严格的审核。新加入行业的运营者要坚守道德底线，不发布涉及他人隐私的视频；不发布含有虚假消息，特别是含有未经验证的虚假病理知识或治病偏方等的视频。

1.5.3　平台雷区

除了不能触碰道德与法律的底线，平台的规则也是不能违反的。短视频运营团队如果违反平台规则，则可能造成视频权重降低或封号的严重后果。不同平台的具体规则不尽相同，但是大致上都包括“不能营销、出现硬广和LOGO”“不能盗用他人短视频或含有水印”等规则。短视频创作者要坚持原创，输出高质量的视频内容。

课后练习

1. 思考短视频渠道类型和内容类型的区别与联系。
2. 在抖音平台上，寻找几个比较热门的摄影类账号，并分析其主要的内容构成。

第 2 章　短视频策划与制作流程

本章导读

短视频策划和制作流程是制作短视频的重要内容。在制作短视频之前，需要先组建好短视频创作团队，然后根据自身的资源、特长、市场需求及短视频的运营目的来进行准确定位，最后才能进行短视频的策划与制作。本章将详细介绍短视频创作团队的组建、短视频定位与内容策划、短视频脚本的编写、短视频制作流程 4 个知识点，并将讲解知识教学类、产品展示类短视频的策划重点。通过对本章内容的学习，读者可以根据所学知识策划与制作出独具特色的短视频内容。

学习目标

通过对本章多个知识点的学习，读者可以熟练掌握短视频创作团队的组建、短视频定位与内容策划、短视频脚本的编写、短视频制作流程等基础知识。

知识要点

◇ 短视频创作团队的组建
◇ 短视频的定位原则
◇ 短视频内容策划要点
◇ 短视频脚本的类型
◇ 编写短视频脚本的“万能公式”
◇ 编写短视频脚本的要点
◇ 短视频的拍摄
◇ 短视频制作的前期准备
◇ 短视频的粗剪
◇ 短视频的精剪
◇ 短视频的包装
◇ 短视频的发布

2.1 短视频创作团队的组建

一支优秀的拍摄团队是短视频创作的基本保障。常见的短视频拍摄团队人员主要有编导人员、拍摄师、剪辑师和运营人员等。这些人员各司其职，目的就是保障视频质量。

2.1.1 编导人员

在短视频创作团队中，编导人员主要负责统筹指导整个团队的工作，如按照短视频账号的定位确定内容风格、策划脚本、确定拍摄计划、督促拍摄等工作。短视频编导人员通常需要拥有丰富的视频作品创作经验，这样才能在面对拍摄过程中出现的各种情况时，做到心中有数、应对自如；同时还应该具备创意思维，使创作的短视频内容新颖、有趣，能够吸引大量的用户。

2.1.2 拍摄师

拍摄师是从事摄影和电影摄像工作的专业人员，他们负责捕捉并记录各种短视频中的视觉画面。他们使用专业相机、摄影设备和灯光来创作出令人惊艳和引人注目的照片或视频。

拍摄师需要具备扎实的摄影知识和丰富的摄影技巧，熟悉摄影器材的操作和调整方法，以及了解光线、构图、色彩等摄影要素的运用。同时，他们还需要具备良好的沟通能力和创意思维，能够与客户、编导人员、艺术指导人员等进行交流和合作，在拍摄过程中准确地表达出客户的需求和想法。

总之，拍摄师是致力于通过摄影和录像来讲述故事、传递信息或者记录珍贵时刻的专业人士。

2.1.3 剪辑师

剪辑师是短视频制作后期不可或缺的人员。他们主要负责对短视频的画面素材和声音素材进行筛选、整理与剪辑，将原本分割的素材进行组合，形成一个完整的短视频作品。

剪辑师需要具备以下专业技能。

◇ 能够分辨素材的好坏，并对素材进行快速整理。
◇ 能够熟练剪辑素材。
◇ 能够找准剪切点，在画面的顶点处进行剪切。
◇ 懂得选择配乐。
◇ 具备良好的审美观念和扎实的技术知识。

2.1.4 运营人员

运营人员是指负责管理和运作一项业务或项目的专业人员。短视频创作团队中的运营人员主要负责账号的日常运营与推广，包括账号信息的维护与更新、短视频的发布、用户互动、数据收集与跟踪、短视频的推广、账号的广告投放等。

2.1.5 演员及其他人员

短视频创作团队的成员还包括演员、编剧、策划师等其他人员。其中，编剧和策划师的主要工作是进行短视频剧本的创作，负责选题的策划、人设的打造等；而演员的主要工作是根据剧本进行表演，包括唱歌、跳舞等才艺表演，并根据剧情、人设特色进行演绎等。演员要具备表现人物特点的能力。

2.2 短视频定位与内容策划

短视频的定位与内容策划至关重要。在制作短视频之前，创作团队需要根据自身的资源、特长、市场需求及短视频的运营目的来进行准确定位，并根据定位进行短视频的内容策划。下面将详细讲解短视频的定位原则和内容策划要点。

2.2.1 短视频的定位原则

运营短视频账号，一个精准的定位是必不可少的。这不仅是因为有了定位才能更好地策划短视频内容，更因为精准定位是快速推动新账号成长为头部账号的关键。观察那些百万、千万粉丝的账号，

很容易看出：社交化＋垂直内容的账号独占鳌头。它们往往就是利用自身擅长的垂直领域，切中了目标用户的实际需求点，创造了独一无二的标签，才迅速成长起来的。由此，可以总结出短视频定位的三个原则：标签定位原则、观众定位原则、内容定位原则，如图 2-1 所示。

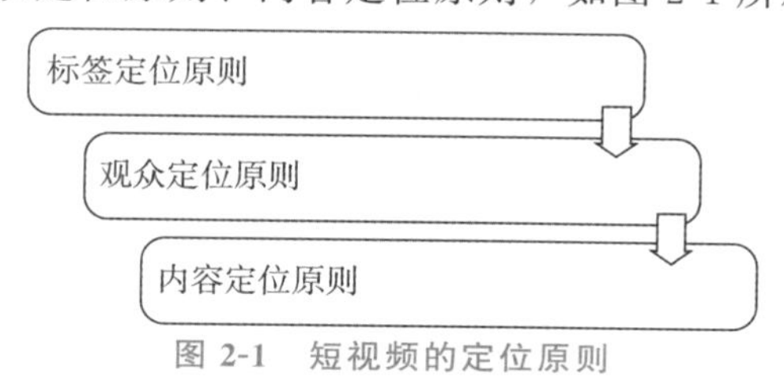

图 2-1　短视频的定位原则

下面将对短视频的 3 个定位原则分别进行介绍。

1. 标签定位原则

众所周知，当今的短视频领域已是一片红海，不是任何人在进驻后就能轻松收获粉丝、实现变现的。只有用心打造差异化的人设，持续产出优质内容，才能获取一席之地。而打造差异化的人设，就是短视频定位的第一步——标签定位。

成功的标签定位是指，播主因长期使用同一种独特的表达方式，而在观众心中留下的固定印象。常见的标签定位如图 2-2 所示。

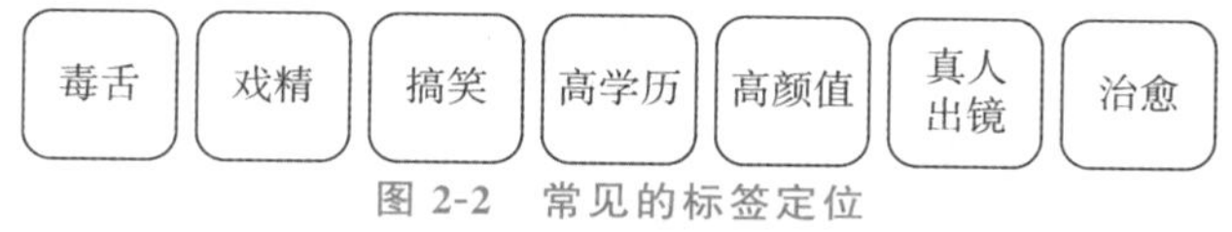

图 2-2　常见的标签定位

其中更常见的标签定位是“真人出镜”。为何要强调这一标签呢？这是因为真人出镜（也就是新手常说的“露脸”）对于短视频平台而言是十分重要的。真人出镜不仅能获得平台更多的流量扶持，帮助账号迅速蹿红，还能在无形中拉近与观众之间的距离，更好地吸引粉丝。

如果播主选择真人出镜进行拍摄，在与拍摄内容不冲突的情况下，标签定位建议向“搞笑”“毒舌”“戏精”这些热门标签靠拢。如果播主在多方权衡后最终选择不露脸，那么就需要短视频创作团队更加注重内容的质量，同时深入观众心理，打造更加独特的标签，抓住缝隙市场，在风格上成为“先行者”，这样才能在红海中脱颖而出。

2. 观众定位原则

观众定位原则是短视频定位中十分重要的原则，因为短视频的运营成果始终体现在流量数据上，而流量数据的本质就是一个又一个的观众。只有找准了短视频的受众群体，才能进行有针对性的策划、运营及推广。短视频创作团队在定位用户群体时，可以从以下三个方面入手。

（1）产品价值

从产品价值的角度来对观众进行定位，其根本是判断观众对团队推出的产品的需求是否强烈，这里的产品不仅仅是指播主带货的实际产品，短视频内容也是团队推出的软性产品。例如，某账号的观众定位是 20～35 岁的年轻男性群体，那么针对这一群体，账号应当输出这部分观众最需要的“产品”，在内容上可以选择办公软件教学、汽车知识讲解、游戏直播等，在带货时，可以选择汽车周边产品、男士衬衣等，以上产品就是与这部分观众“对口”的产品。

只有对团队推出的产品有需求的用户，才是有价值的用户。这一点团队不仅可以在前期进行调查，还可以通过检验的方法来进行二次判断。

（2）商业价值

商业价值是指观众群体的大小、消费能力、传播能力。短视频创作团队应先对观众群体的这三项指标进行考察，再根据其消费能力来针对性地选择产品。消费能力是商业化的关键因素，如果账号的观众群体的消费能力很低，那么团队就要考虑转换群体了。例如，短视频账号很少有将观众群体定位为“三、四线城市，年龄在50～70岁的男性”，这就是考虑到了观众群体的消费能力。

在观众定位合理的基础上，如果短视频内容对观众很有价值，那么观众自然就会自发地为账号传播内容，账号粉丝规模也会像滚雪球一样越来越大。

（3）获取难度

获取难度是指打动这部分观众群体的难易程度和成本。新的短视频创作团队要注意：获得观众的成本一定要低于商业价值。如果获得观众的成本过高，那么就要考虑更换一个获取途径了。其实，获取观众群体的最佳途径就是——短视频内容，一条爆款短视频很容易就可以为账号增粉几百甚至几万，这个途径不仅成本低，也与短视频本身的传播目的重合。

3. 内容定位原则

内容定位是账号定位中十分关键的步骤，它在时间线上决定了账号后期的内容策划方向，也在垂直层面决定了账号面临的对手和观众。内容定位需要结合两大要素，如图2-3所示。

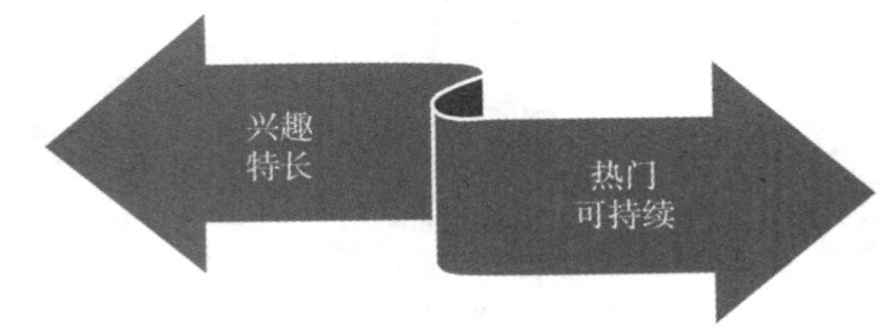

图2-3　内容定位的两大关键要素

在图2-3中可以看到，决定内容定位的两大关键要素分别是兴趣特长、热门可持续。兴趣特长很好理解，它是从短视频创作团队本身出发的，一方面让团队对持续产出的内容保持热情，另一方面保证内容的质量。而热门可持续则是从市场出发的，一方面保证当下产出的内容是受市场欢迎的，有一定的受众，另一方面确保该内容是可持续经营的，能够长期保证粉丝基础存在。目前，短视频领域受欢迎且存在持续发展空间的内容有以下6种类型。

（1）搞笑类

不难发现，不管短视频细化内容如何改变、平台如何变幻，搞笑类短视频一直都占据着十分重要的位置，甚至可以说，大部分短视频都与搞笑类内容互相涵盖，有着千丝万缕的联系。这种情况的形成有着它独特的内在原因：随着社会节奏日益加快，人们承受的压力也越来越大，搞笑类内容能给人们带来欢乐，调节人们的心情，起到舒缓压力的作用。

（2）教程类

教程类涵盖范围比较广，有美妆教程、穿搭教程、美食制作教程、软件技能教程等。这类内容拥有独到的经验与逐步分解、简单易学的步骤，能让观看短视频的观众在短时间内掌握一项小技巧。据统计，教程类内容在各个短视频平台的搜索量呈逐年上涨趋势。

（3）测评类

测评类内容在短视频平台拥有十分庞大的受众基础，不管是美妆测评、美食测评、电子产品测评还是游戏测评，它们都通过展示某款产品在购买、功能、服务等方面的体验过程与结果，满足观众不花一分钱“提前体验”的需求。据统计，绝大多数观众在购买某款产品前，特别是大金额产品前，会在网上查看相关的测评信息。测评类视频内容因此而生，也因此而盛。

（4）生活记录类

生活记录类短视频是记录播主的所见所闻、日常生活等内容的短视频，这类短视频展现了播主的生活态度，极具风格，能吸引偏爱这类风格的观众，拉近观众与播主之间的心理距离，满足观众对于不同类型生活的好奇心与向往之情。目前，生活记录类内容的范围正在扩大，喜爱这类内容的粉丝也

越来越多。

(5)解说类

解说类内容中，最为大众所知的是影视作品解说类内容，但游戏解说类内容也拥有大批忠实的粉丝。电影解说可以让人们提前了解一部电影或电视剧的主要内容及精彩之处，让大家提前判断是否值得一看。同时，对于个人时间较少的上班族等人群来说，电影解说可以让他们在短时间内迅速“看完”一部电影。

电影解说类内容创作群体越来越庞大，他们风格各异，有的拥有独特的搞笑风格，有的见解独到、内涵丰富，有的则将搞笑与深刻进行有机融合。只要电影与电视剧市场持续红火，电影解说类内容就能经久不衰。

(6)游戏类

游戏类内容捕获了大量的男性观众，而游戏直播、游戏测评、游戏音乐等都是吸引游戏群体的“利器”。近年来，越来越多的爆款游戏问世，其受众群体之大，受众群体的消费能力之高，大家有目共睹，如果短视频创作团队是相关领域的资深玩家，可以选择在游戏类内容中深耕。

2.2.2 短视频内容策划要点

内容策划就是将前期的选题和零碎的创意转化为具体的实施方案，为短视频拍摄和短视频后期制作提供蓝图。优质的短视频内容策划，能够使最终呈现在观众眼前的视频更加完整和具有特色，从而让自己的作品从众多的同类短视频中脱颖而出，并获得观众的认可和喜爱。策划一个优质的短视频内容，通常需要从以下 4 个要点出发，如图 2-4 所示。

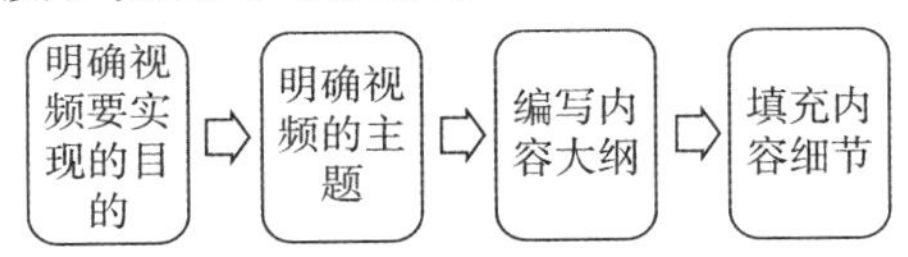

图 2-4 短视频内容策划的 4 个要点

下面将对短视频内容策划的 4 个要点分别进行介绍。

1. 明确视频要实现的目的

有的放矢才能事半功倍，短视频的内容策划也是一样。短视频创作团队需要明确策划内容的目的是什么，即账号通过什么样的路径实现变现。例如，有的账号直接以“种草号”的形式出现，慢慢增大带货的数量；有的账号以内容为主，在短视频内容吸引到足够的粉丝后，再进行变现；有的账号以打造个人 IP 为核心，逐渐提升知名度，实现后期转化。

不同目的的短视频账号，前期内容的策划方向是不同的，短视频创作团队需要明确自身账号发布短视频的初期目的，到底是带货、宣传个人品牌、两者结合还是其他目的，这样才能策划出精准、优质的内容。

2. 明确视频的主题

在明确短视频要实现的目的后，接下来就需要为单条短视频明确选题方向，进而确定一个最终主题，这个主题要能让用户产生观看兴趣，并能创作出抓住观众痛点、感染观众情绪的内容。

另外，需要注意的是，短视频内容领域要保持垂直，主题与主题之间的差别不能过大，需要在固定同一选题方向后不断深耕，创作出符合受众群体需要与审美的优质短视频内容。

3. 编写内容大纲

编写短视频的内容大纲，相当于为短视频搭建了一个基本的框架。在短视频的基本主题确定后，就要开始编写内容大纲。

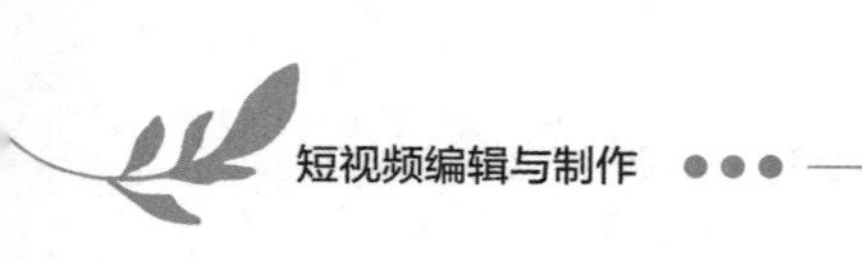

其实，编写内容大纲相当于将故事的基本梗概描绘出来，也就是将短视频讲述的核心内容，以文字的形式记录下来，而这个核心内容通常包含角色、场景、事件三大基本要素。例如，一位年轻的女性到品牌女包专柜买女包。这就是一个包含了三大要素的故事核心，其中角色是年轻女性，场景是品牌女包专柜，事件是购买女包。

但是，上述案例的故事给人感觉平平无奇，如果将其拍摄成短视频，明显缺少吸引观众的亮点。所以，对于短视频的内容大纲，编写者需要在有限的文字内，设定类似于反转、冲突等比较有亮点的情节，增强故事性，引起观众的共鸣，从而突出主题。

还是以上述案例为基础，可以试着将它进行优化。例如，可以将上述案例扩写为：一位年轻女性来到品牌女包专柜买女包，柜员见这名女性穿着比较朴素，认为对方没有足够的能力购买产品，所以服务态度十分恶劣，最后年轻女性突然亮出身份，表示自己是品牌总部派来的内部监察人员，并给了柜员一个很低的评分。

通过对这个故事添加一些情节后，内容就显得更加饱满，有了情绪上的起承转合，也拥有了吸引观众的亮点。

4. 填充内容细节

都说“细节决定成败”，短视频也是如此。对于拥有相同故事大纲的短视频而言，它们之间的真正区别是细节是否生动。

在具备完整的大纲后，需要对大纲进行细节的丰富和完善，这些细节主要是指人设、台词、动作乃至具体的镜头表现等，各项细节的具体含义如下。

◈ 人设：在设定好大致的故事情节后，确立更加具体的人物形象。在文本上，人设的具体体现是角色的性格关键词、角色出场的穿着打扮等。

◈ 台词：大纲中所有角色在出场后，都需要用语言对剧情进行推进，推动故事从开端到高潮再到结尾。同时，台词除了对剧情进行推进，也彰显着不同角色的不同性格。

◈ 动作：非常容易被忽略的一点，但它却是十分重要的内容细节之一。小到角色在哪句台词说完后挑了一下眉毛，大到角色之间的动作交互，都是填充内容细节不可缺少的部分。

细节可以增强角色的立体感，调动观众的情绪，使人物更加丰满。而在人设、台词、动作都确定后，考虑使用哪种镜头来呈现它，是至关重要的一步，短视频创作者应当在脑海中构想出具体画面。

还是以上一个案例为例，年轻女性来到品牌女包专柜买女包，那么在短视频的开头，是先拍摄年轻女性在商场中行走，以她的视角带入，还是先拍摄柜员在柜台百无聊赖的样子，从地点的角度切入，这涉及具体的镜头表达问题。

当具体的镜头落实到文本中，就形成了短视频脚本。建议新手创作者多动笔，将具体策划内容以文字的形式呈现出来，在有迹可循的同时，也便于进行优化，提高策划能力。

2.3 短视频脚本的编写

脚本是短视频的文字化表达，是短视频故事的最初体现，是演员理解故事的入口，更是编导人员与拍摄师沟通的桥梁。学会编写、策划优质的短视频脚本是短视频创作者的基本功之一。短视频的脚本不一定需要文字优美，但一定要重点突出、场景要素齐全、便于拍摄师理解。有时，短视频拍摄的最终效果如何，就是由脚本的质量所决定的。

2.3.1 短视频脚本的类型

短视频脚本分为 3 种不同的类型，分别是拍摄提纲、文学脚本、分镜头脚本。它们都起着描摹故事骨架的作用，但不同的脚本类型，在不同的拍摄场景下具有不同的优点：拍摄提纲在拍摄中起着提纲挈领的作用，十分适合采访型短视频；文学脚本则更方便镜头展示特定场景的情绪；分镜头脚本则要素齐全，将短视频拍摄工作中的每一个镜头都进行了具体的描绘，一目了然，十分清晰。下面对这 3 种不同的脚本类型进行具体阐释。

1. 拍摄提纲

拍摄提纲是短视频内容的基本框架，专用于提示各个拍摄要点。在拍摄新闻纪录片或采访视频时，拍摄走向是创作者无法提前预知的，所以，编导人员或拍摄师会先抓住拍摄要点制定拍摄提纲，方便在拍摄现场做灵活处理。拍摄提纲的组成要素如下。

◇ 作品选题：明确主题立意和创作方向，为作品明确创作目标。

◇ 作品视角：明确选题角度和切入点。

◇ 作品体裁：体裁不同，创作要求、创作手法、表现技巧和选材标准也不一样。

◇ 作品风格：明确作品风格、画面呈现效果和节奏。

◇ 作品内容：拍摄内容能体现作品主题、视角和场景的衔接转换，并能让创作人员清晰地了解作品的拍摄要点。

拍摄提纲相当于为拍摄划出一个大的范围，并确定几个关键要点，只要后期拍摄过程中不出现大方向的偏差即可。建议初入短视频领域的创作者，特别是文学功底比较薄弱的创作者，先从拍摄提纲入手，再逐步完善为文学脚本或分镜头脚本。

2. 文学脚本

文学脚本要求提出所有可控的拍摄思路。例如，在进行小说等文学作品的影视化时，文学脚本更方便镜头语言展示内容。许多短视频创作者也都会通过文学脚本来展示短视频的调性，同时用分镜头来把控节奏。

撰写文学脚本主要是规定人物所处的场景、台词、动作姿势和状态等。例如，知识讲解类短视频的表现形式以口播为主，场景和人物相对单一，因此其脚本撰写就不需要把景别和拍摄手法描述得很细致，只要在明确每一期的主题、标明所用场景之后，写出台词文案即可。所以，这类脚本对短视频创作者的语言逻辑能力和文笔的要求会比较高。

3. 分镜头脚本

分镜头脚本与拍摄提纲、文学脚本不同，它不仅是前期拍摄的脚本，也是后期制作的依据，还可以作为视频长度和经费预算的参考。

分镜头脚本对拍摄的内容要求十分细致，脚本中需要以分镜头为单位，明确每一个镜头的时长、景别、画面内容、演员动作、演员台词、配音、道具等各个方面。但细致有细致的好处，在脚本编写阶段就已然将每个细节都考虑清楚的分镜头脚本，不仅能让拍摄变得更加高效，还能帮助剪辑者明确后期制作的具体内容。

2.3.2 编写短视频脚本的“万能公式”

新手在编写短视频脚本时，可以套用一个“万能公式”，如图 2-5 所示。

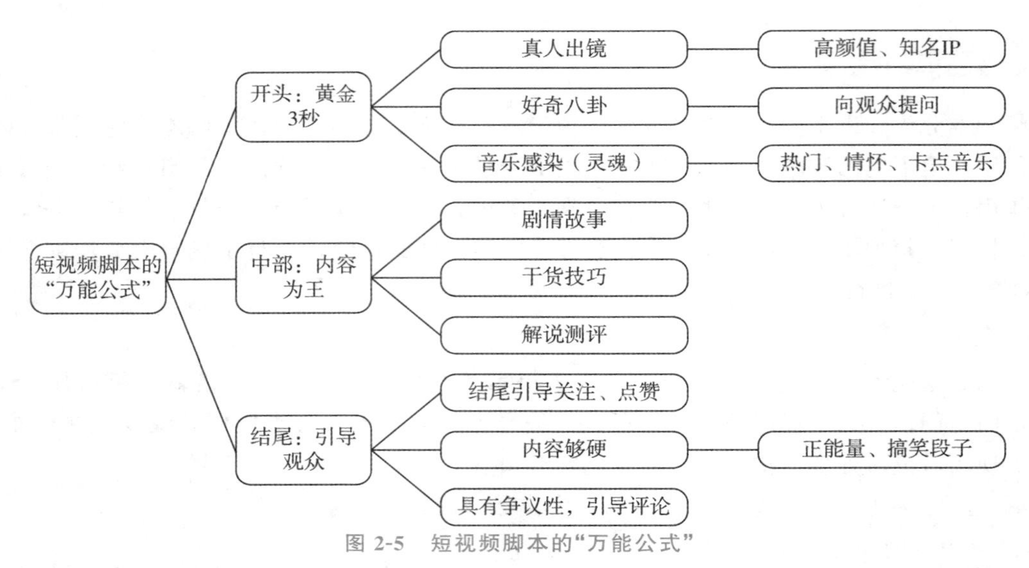

图 2-5 短视频脚本的“万能公式”

图 2-5 所示的“万能公式”，是从众多爆款短视频中总结出的规律，短视频创作者在编写脚本时可以参考，或在脚本编写完成后，对照“万能公式”进行二次修改。

2.3.3 编写短视频脚本的要点

短视频脚本里的镜头设计大多是写给拍摄师看的，脚本中主要体现出对话、场景演示、布景细节和拍摄思路。在编写脚本时需要注意以下几个要点。

◈ 故事情节：确定视频的主题和故事线索，确保故事有逻辑、连贯且吸引人。

◈ 视频长度：根据目标受众和平台要求，确定视频的时长。一般来说，短视频的长度控制在 1～3 分钟较为合适。

◈ 主要角色：确定视频中需要出现的主要角色，并对其进行简单的个性设定，以便更好地服务于剧情发展。

◈ 对话和声音设计：编写角色之间的对话，注意语言简洁明了，能够传达故事的关键信息。同时，考虑背景音乐、配音、音效等声音元素，让视频更具吸引力。

◈ 画面创意和镜头安排：构思画面的视觉表现手法，可以利用不同的镜头、拍摄角度和摄影技巧来丰富画面效果。

◈ 文字和图形呈现：如果需要，可以通过文字注释、动态文字或图形元素来帮助观众理解故事或强调重点。

◈ 视频结尾和彩蛋：给视频一个合适的结尾，可以留下悬念、提供解决方案或增加趣味性。此外，添加一些意想不到的彩蛋，可以让观众有更深的记忆和共鸣。

◈ 视频流程和剪辑：在编写脚本时要考虑视频拍摄和剪辑的流程，确保故事能够顺利进行，并且在后期制作中易于剪辑和调整。

◈ 受众：是短视频创作的出发点和核心。站在用户角度，用户思维至上，才能创作出用户喜欢的作品。

◈ 情绪：比起传统的长视频，短视频不只是文字和光影的堆砌，还需要密集的情绪表达。

◈ 细化：短视频就是用镜头来讲述故事，镜头的移动和切换、特效的使用、背景音乐的选择、字幕的嵌入，这些细节都需要一再细化，确保整个情景流畅，抓住受众心理。

2.4 短视频制作流程

剪辑是指在编辑视频、音频等方面，通过对选定的素材采取剪裁、调整顺序、增删特效等手段，达到一定的艺术效果或者表现手法。剪辑可以用于电影、电视剧、纪录片等各种形式的视频和音频作品的后期制作，也可以用于个人短视频、音频的制作。

剪辑是短视频后期制作中最基础、最重要的部分，其他的步骤需要在剪辑完成之后才能展开。因此，下面将学习短视频制作流程的相关知识，为后面的短视频后期制作打下坚实的基础。

2.4.1 短视频的拍摄

在做好短视频拍摄的前期工作之后，短视频创作团队就可以按照制定好的拍摄工作计划，运用拍摄设备进行有序的拍摄，得到原始的短视频素材。在拍摄短视频时，短视频创作团队要选择合适的拍摄设备，确定表现手法和拍摄场景，使用合适的机位、灯光布局和收音系统，以保证拍摄工作的有序进行。

拍摄阶段的主要工作人员有编导人员、拍摄师和演员。编导人员负责安排和引导演员、拍摄师的工作，并处理和控制拍摄现场的各项工作。拍摄师根据编导人员和脚本的安排，拍摄好每一个镜头。演员在编导人员的指导下完成脚本上设计的所有表演。在拍摄过程中，灯光、道具和录音等方面的工作人员也要全力做好配合工作。

2.4.2 短视频制作的前期准备

在进行短视频剪辑前，需要先做好剪辑的准备工作。其准备工作流程如图 2-6 所示。

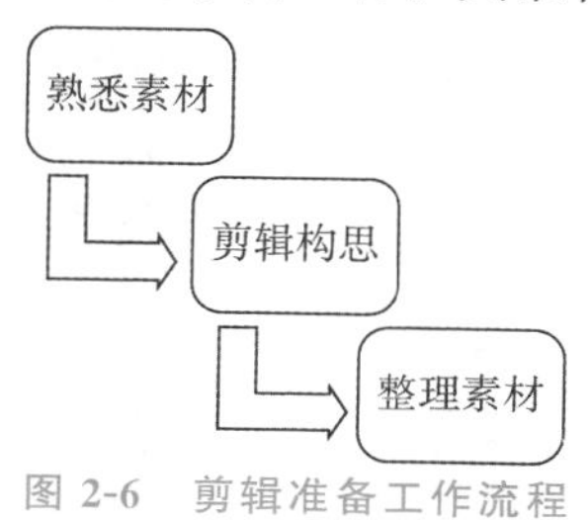

图 2-6　剪辑准备工作流程

下面将对剪辑前的准备工作流程进行介绍。

1. 熟悉素材

在剪辑视频前，需要先熟悉拍摄师前期拍摄好的素材，并对素材进行浏览，做到对拍摄的每一条素材都心中有数，从而按照要求或剧本理清短视频的剪辑思路。

2. 剪辑构思

在熟悉素材后，剪辑师可以结合拍摄出的素材和剧本，整理出剪辑思路，构思整个短视频的结构和框架，然后根据构思好的结构和框架进行每个场景和片段的剪辑。

3. 整理素材

确定短视频剪辑的结构和框架后，就需要对视频素材进行整理和筛选分类操作，其具体方法如下。

◇ 删除前期拍摄时的废弃素材或确定不需要的素材。

◇ 按照时间、地点、场景或人物整理素材，且在整理素材时，按照自己的习惯操作，主要是方便在剪辑时快速找到自己需要的素材，从而提高剪辑效率。

2.4.3 短视频的粗剪

在拍摄完短视频后，为了让短视频作品呈现出更好的视觉效果，还需要对其进行剪辑。特别是很多新手，误以为短视频都是一镜到底的，直接将拍摄好的视频随便加上一个音乐就进行发布，呈现的效果可想而知。

粗剪相当于为完整的短视频作品搭建一个整体框架，把多个视频素材进行拼接。例如，确定整个短视频有哪些部分，每一个部分应该放在哪里，从而生成一个有开头、中间、结尾的完整视频。在这一步骤里，最为关键的一个操作环节就是剪切。裁剪掉多个视频素材的无用环节，再将有用的视频内容进行拼接。

2.4.4 短视频的精剪

精剪就是在粗剪的基础上进行“减法”的操作，修剪掉多余的部分，对细节部分进行精细调整，使镜头之间的组接更流畅，节奏更紧凑。在精剪过程中，还需要加入音乐和音效等。精剪并不是一两次就能完成的，需要反复调整，才能剪辑出满意的作品。

使用剪映 APP 可以进行短视频的精剪操作。如果要进行短视频的修剪，则可以通过剪映 APP 中“剪辑”工具栏的“分割”和“删除”按钮进行操作，如图 2-7 所示；如果要加入音乐和音效，则可以通过剪映 APP 中“音频”工具栏的“音乐”和“音效”按钮进行操作，如图 2-8 所示；如果要添加文字，则可以通过剪映 APP 中的“文本”按钮进行操作。具体的操作详见本书第 6 章内容，这里不作详细讲述。

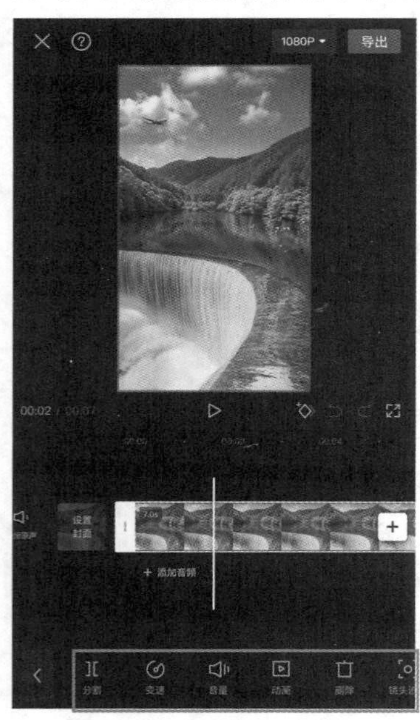

图 2-7 “剪辑”工具栏

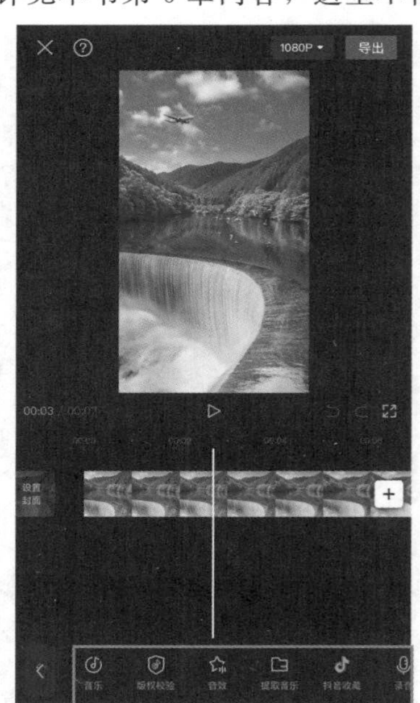

图 2-8 “音频”工具栏

2.4.5 短视频的包装

短视频的包装是指为短视频添加背景音乐、字幕、片头和片尾等内容，使整个短视频的内容更加丰富。

1. 添加背景音乐

背景音乐是影响短视频关注度的一个重要因素。合适的背景音乐可以为整个短视频的节奏与氛围

增添光彩，增强感染力。选择的背景音乐要符合短视频的内容主题和整体节奏，可以与短视频画面产生互动，但不能喧宾夺主。一般来说，纯音乐更为合适。

在添加背景音乐时，可以在剪映 APP 中点击“音频”按钮，在展开的二级工具栏中点击“音乐”按钮，进入“音乐”界面，选择合适的音乐，然后点击其右侧的“使用”按钮，即可套用音乐，如图 2-9 所示。

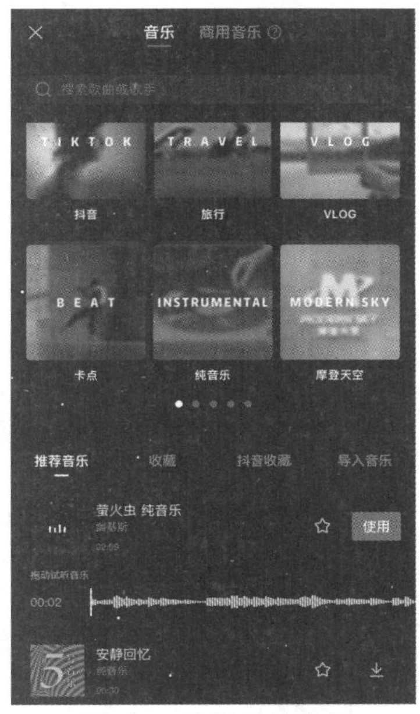

图 2-9　选择音乐套用

2. 添加字幕

字幕可以帮助用户理解短视频的内容，同时字幕的不同设计可以更好地展现短视频的风格。例如，搞笑类短视频的字幕通常会配合音效使用比较特别的字体，突出搞怪、夸张等特色。

在添加字幕时，可以在剪映 APP 中点击“文本”按钮，在展开的二级工具栏中点击“文本”按钮，进入“文本”界面，在该界面中可以新建文本和使用智能文案，还可以通过音乐识别歌词和字幕，如图 2-10 所示。

图 2-10　添加字幕效果

3. 添加片头和片尾

片头是短视频开场的序幕，片尾是短视频的尾声。片头和片尾是短视频中不可或缺的有机组成部分，它们既互相区别，又互相联系。片头通常以引出短视频的主题开始，把用户带进故事；片尾则以回顾、渲染短视频的主题结束，回应片头，引发观众的思考。因此，短视频的片头和片尾要体现出变化。

这里以剪映 APP 为例，为大家详细讲解给视频添加片头、片尾的具体操作步骤。

第 1 步：打开剪映 APP，导入一段“古镇”视频素材，将时间线移至开始位置处，点击“＋”按钮，如图 2-11 所示。

第 2 步：进入“素材库”界面，选择“片头”栏目下的“旅行”选项，然后选择合适的旅行片头视频，点击“添加”按钮，如图 2-12 所示。

图 2-11　点击“＋”按钮

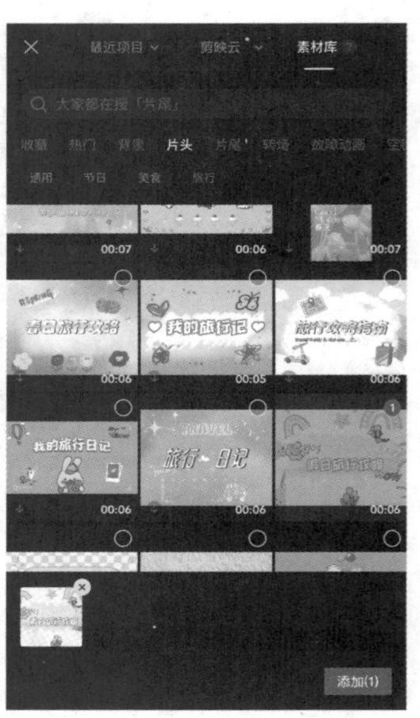

图 2-12　选择片头素材

第 3 步：添加旅行片头素材后，调整片头素材，如图 2-13 所示。

第 4 步：将时间线移至视频素材的结尾处，点击“＋”按钮，如图 2-14 所示。

图 2-13　调整片头素材

图 2-14　点击“＋”按钮

第 5 步：进入“素材库”界面，选择“片尾”栏目，然后选择合适的片尾视频，点击“添加”按钮，如图 2-15 所示。

第 6 步：添加片尾素材后，调整片尾素材，如图 2-16 所示。

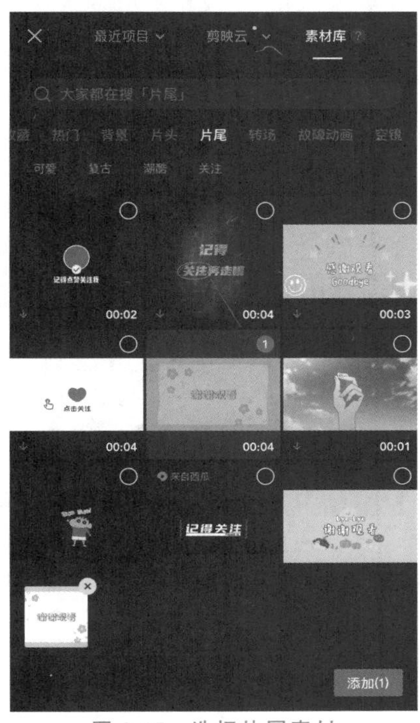

图 2-15　选择片尾素材

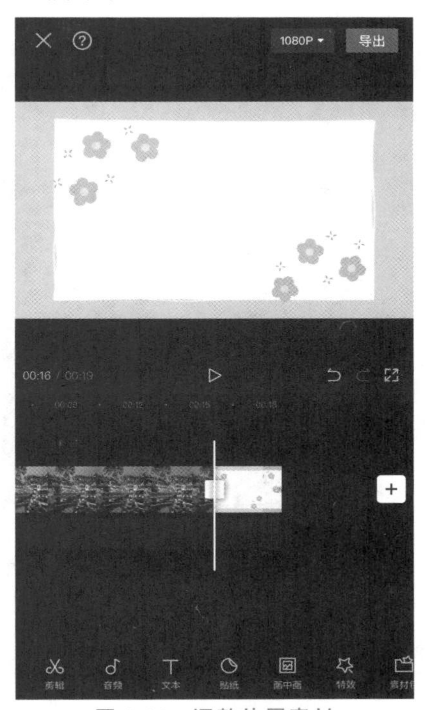

图 2-16　调整片尾素材

2.4.6　短视频的发布

短视频在制作完成之后，就要进行发布。在发布阶段，短视频创作者要做的主要工作包括选择合适的发布渠道、渠道短视频数据监控和渠道发布优化，其具体的工作如下。

◇ 选择合适的发布渠道：通过调研各大短视频平台，明确各大短视频平台的规则，最后有取舍地进行多渠道分发。

◇ 渠道短视频数据监控：首先获取运营数据，如短视频播放次数、停留时间、用户的关注、用户的群体等，然后使用多种分析方法分析数据，如可视化分析、数据挖掘算法、预测性分析等，最后建立效果评估模型，优化短视频内容。

◇ 渠道发布优化：首先优化标题，使其更利于搜索，然后优化封面、标签及内容介绍，更好地占据短视频平台的推广位置。

只有做好以上工作，短视频才能在最短的时间内打入新媒体营销市场，迅速吸引用户，进而获得知名度。

在了解短视频的发布工作后，可以使用抖音或者剪映等 APP 进行短视频的发布操作。这里以剪映 APP 为例，讲解短视频作品发布的操作步骤。

第 1 步：完成整个短视频的剪辑与制作后，点击视频编辑界面右上方的“导出”按钮，如图 2-17 所示。

第 2 步：开始导出视频，并在“努力导出中…”界面中显示导出进度，如图 2-18 所示。

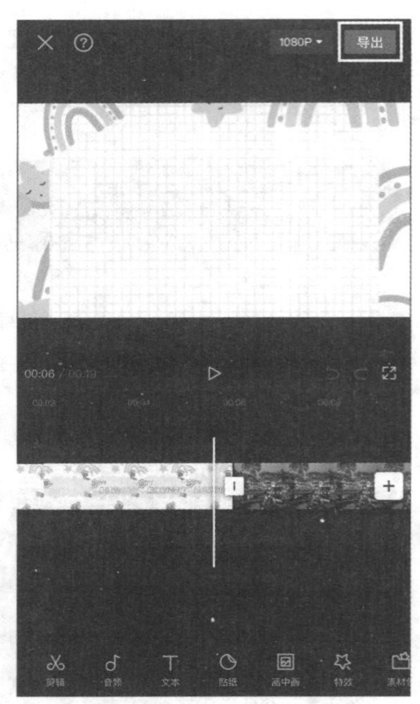

图 2-17　点击“导出”按钮

图 2-18　显示导出进度

第 3 步：完成短视频的导出操作后，将显示完成信息，在“完成”界面中点击“西瓜视频”按钮，如图 2-19 所示。

第 4 步：进入视频发布界面，输入标题，点击“发布至抖音　西瓜视频赢奖励”按钮，即可发布短视频，如图 2-20 所示。

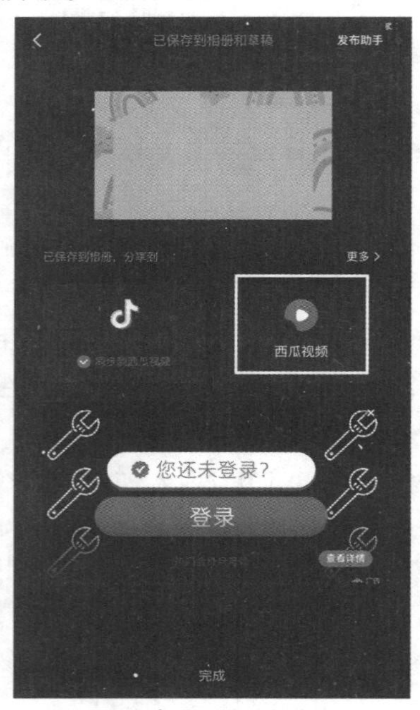

图 2-19　点击“西瓜视频”按钮

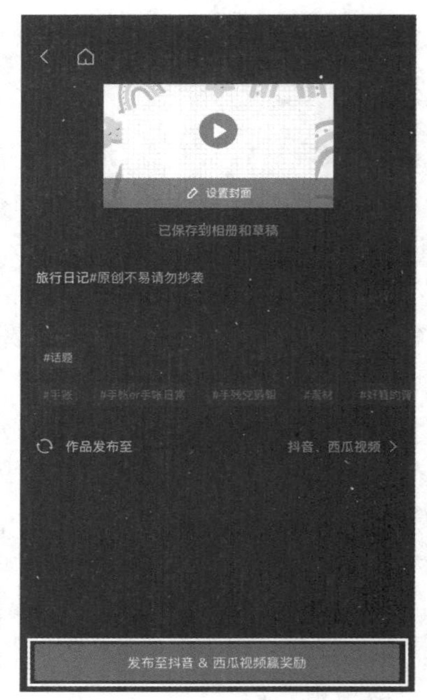

图 2-20　发布短视频

2.5 策划知识教学类、产品展示类短视频

短视频的策划除了可以从产品、粉丝、营销三个维度来进行，还可以从不同的类型着手。根据类

型策划短视频的方式更加普遍，也更加实用。创作者可以根据不同类型短视频的特点来进行针对性的策划。下面将详细介绍策划知识教学类、产品展示类短视频的方法。

2.5.1 策划知识教学类短视频

知识教学类短视频是短视频领域的蓝海，虽然大多数人都看到了知识教学类短视频的巨大潜力，但一直没能出现现象级的播主来改善知识教学类短视频在短视频领域的地位。鉴于知识教学类短视频的目的及形式，策划这类短视频的重点如下。

1. 对症下药的知识点

知识教学类短视频的受众比较特殊，这些受众需要学习的知识点也许并非来自义务教育的知识范畴，也并非行业专业知识。创作团队需要根据自身账号专注的知识定位，选取该领域中不艰深、足够实用且非入门级的知识点，否则容易让观众因为知识点过难、不实用或过浅而丧失持续学习的兴趣。

2. 适合的时长

目前，短视频的时长有的已经超过 10 分钟，但用 10 分钟的时间、竖屏讲述一个知识点，很难保证观众抱有足够的耐心。所以，在策划知识教学类短视频时，一定要把握好每个视频的时长，不能过短，因为无法容纳足够的知识量，也不能过长，让观众丧失耐心。短视频创作团队可以将一个较长的知识点分为上、下两个短视频或上、中、下三个短视频来阐述，但一个知识点建议不要超过三个短视频。

2.5.2 策划产品展示类短视频

产品展示类短视频是播主或商家，出于产品销售的目的所拍摄的。这类短视频主要展示产品的外观、使用方式、性能等，同时也可利用价格优惠吸引观众购买。产品展示类短视频的策划者，可以参考以下两点进行策划。

1. 融入合适的情境

将产品融入合适的情境，是一种十分高明的展现手法。例如，将包饺子神器放在包饺子的过程中进行展示，多功能衣架放在收纳衣服的情境中进行展示。如此设计，才能让观众更有代入感，能轻易联想到自己使用这款产品的情形，如图 2-21 所示。

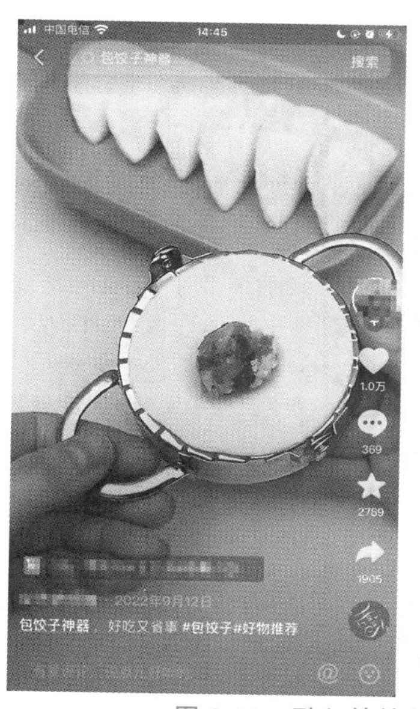

图 2-21 融入情境的产品展示类短视频

2. 与其他产品进行对比

在短视频平台销售的产品往往具有一定的优势，这一优势可能是价格方面、功能方面或兼而有之。在功能方面具有优势的产品，可以设计与同类产品相对比的展示环节，以突显这款产品的优势。而在价格上具有优势的产品，也可以进行这类对比，着重突显产品的高质量，让观众知道：便宜也有好货。

课后练习

1. 简述短视频创作团队的成员组成和短视频的定位原则。
2. 思考短视频的制作流程有哪些。

第3章　短视频制作的基本技能

本章导读

在完成短视频策划与制作流程之后，还需要在拍摄与剪辑短视频的过程中掌握短视频制作的基本技能。该基本技能是将前期设想转变为实际成果的关键。本章将详细介绍短视频镜头语言、短视频常用运镜手法、短视频画面构图及短视频后期制作的原则4个知识点。

学习目标

通过对本章4个知识点的学习，读者可以熟练掌握短视频镜头语言、短视频常用运镜手法、短视频画面构图及短视频后期制作的原则等基础知识。

知识要点

◇ 景别和镜头角度
◇ 光线
◇ 固定镜头和运动镜头
◇ 短视频常用运镜手法
◇ 画面构图的基本要求
◇ 常用的画面构图手法
◇ 短视频剪辑的目的
◇ 镜头组接方式
◇ 镜头转场方式
◇ 短视频调色原则
◇ 短视频字幕设计原则
◇ 背景音乐的选择原则

3.1 短视频镜头语言

镜头语言是指通过电影等视听媒体中的图像、音乐、声响、灯光等元素，来传达情感、思想和意境的一种表现手法。用户可以通过拍摄出来的画面来感受拍摄者透过镜头所要表达的意图。短视频中常见的镜头语言有景别、镜头角度、光线、固定镜头、运动镜头等。

3.1.1 景别

景别是指在焦距一定时，由于摄影机与被摄体的距离不同，被摄体在摄影机录像器中所呈现出的范围大小。景别通常分为5种，由近及远分别为特写、近景、中景、全景和远景，如图3-1所示。以拍摄人物画面为例，特写指人体肩部以上的画面，近景指人体胸部以上的画面，中景指人体膝盖以上的画面，全景指全部人体和周围部分环境的画面，远景指主角所处环境的画面。

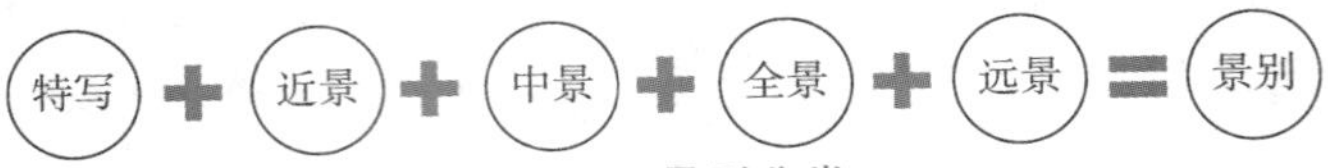

特写 + 近景 + 中景 + 全景 + 远景 = 景别

图 3-1 景别分类

在拍摄短视频时，如果只是简单完成一个短视频的拍摄任务，则无法达到电影般的质感。拍摄者想要拍摄出一个具有电影感的短视频，需要一个个精心设计的镜头作为辅助。

1. 特写

特写是拍摄人物面部、物体局部的镜头。特写具有取景范围小、画面内容单一的特点，可以从复杂环境中突显需要表现的对象，让观众形成深刻印象。在表现人物时，运用特写镜头能表现人物细微的情绪变化，揭示人物当时的心理活动。在表现物体时，运用特写镜头能清晰地表现物体的细节，增强画面的立体感和真实感。以拍摄香辣小龙虾为例，通过特写镜头，该短视频不仅能够清晰地看到香辣小龙虾的成品效果，还将菜品饱满诱人的色泽表现了出来，营造出一种令人垂涎欲滴的视觉效果，如图 3-2 所示。

图 3-2 特写镜头画面

2. 近景

近景表现的是人物胸部以上或景物局部的画面。在表现人物时，运用近景镜头可以细致地表现人物的面部特征和表情神态，尤其是人物的眼睛。在表现物体时，运用近景镜头可以让画面更加丰富多彩，增加画面的层次感。例如，某抖音账号发布的一条短视频作品中，辛夷花的拍摄就是采用近景拍摄的方法，如图 3-3 所示。运用近景镜头非常有利于拉近用户与画面中拍摄对象的心理距离，让用户产生强烈的亲切感。近景也是将拍摄对象推到用户眼前的一种景别。

图 3-3 近景镜头画面

3. 中景

中景主要用来表现人物膝盖以上的画面。在中景镜头中，大家可以清晰地看到人物的穿着打扮、相貌神态和上半身的形体动作。中景取景范围较宽，可以在同一个画面中展现多个人物及其活动，非常有利于交代人与人或人与物之间的关系。

例如，某短视频采用中景拍摄，不仅展现了人物膝盖以上的身体画面，还表现出了该人物的知性美，如图 3-4 所示。

电影中的中景镜头大多用于需识别背景或交代动作路线的场合。运用中景拍摄可以加深画面的纵深感，表现出一定的环境气氛。同时，对分镜头进行衔接，还能把冲突的经过叙述得有条有理。

图 3-4　中景镜头视频画面

4. 全景

全景主要用来表现人物全身或者场景的全貌，是一种表现力非常强的景别，在画面分镜头脚本中应用比较广泛。电影中的全景镜头能看到人物的一举一动，但在展现人物表情细节方面略显不足。

例如，某旅行类短视频作品中，就是采用全景拍摄的方法，完美地展示了颐和园的建筑美，如图 3-5 所示。

图 3-5　全景镜头视频画面

5. 远景

远景一般用来展示人物及其周围广阔的空间环境，展示自然景色和群众活动的大场面。远景具有视野宽广，能包容广大的空间；人物较小，背景占主要地位；画面给人以整体感，细节部分却不甚清晰的特点。

远景镜头下往往没有人物，或者人物只占有很小的位置。远景画面注重对景物和事件的宏观表现。例如，某摄影类短视频作品拍摄人物在树林里散步，就是采用全景拍摄的方法，来展现人物悠闲漫步于树林的状态，如图 3-6 所示。

图 3-6　远景镜头视频画面

在拍摄短视频的过程中，一般会应用多种景别，营造出理想的视觉效果。

3.1.2　镜头角度

在拍摄短视频时，不同的镜头角度可以呈现不同的视觉效果。镜头角度包括拍摄高度和拍摄方向，如图 3-7 所示。除此之外，还有心理角度、客观角度等。不同的角度可以呈现不同的画面效果，也具有不同的意义。

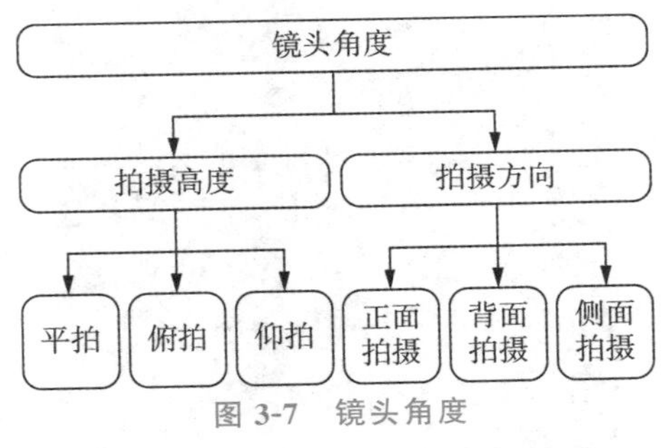

图 3-7　镜头角度

1. 平拍

平拍是指拍摄设备与拍摄对象处于同一高度的拍摄角度。采用平拍角度拍摄出来的画面，透视关系正常、不变形，并且画面端庄，构图具有对称美，符合人们的视觉习惯。

但是，平拍也有缺点，就是前后景物容易重叠，导致层次关系不明显，不利于空间的表现。同时，平拍的画面稍显呆板，立体感较差，但可以通过场面调度增加画面纵深感。

2. 俯拍

俯拍是指拍摄设备高于拍摄对象的拍摄角度。俯拍可以表现拍摄对象正、侧、顶三个面，增强物体的立体感、线条感，增加景深，使画面有层次感。俯拍镜头视野开阔，周围环境可以得到充分展

现。但是俯拍容易导致画面人物变形，所以不适合拍人像。

3. 仰拍

仰拍是指拍摄设备低于拍摄对象的拍摄角度。仰拍可以使画面中水平线降低，使前景和后景中的物体在高度上的对比产生变化，导致处于前景的物体被突出、被夸大，从而带来强烈的视觉效果。同时，仰拍可以使画面具有某种情趣和美感。

4. 正面拍摄

正面拍摄是指拍摄设备置于拍摄对象正前方的拍摄角度。使用正面拍摄手法拍摄出来的画面，会给人端庄、安定和稳重的感觉。但正面拍摄也有可能会导致动感差、无主次之分、透视效果较差的结果。

5. 背面拍摄

背面拍摄是指拍摄设备置于拍摄对象正后方的拍摄角度。背面拍摄与被拍物体处于同一视线方向，因此拍摄出来的画面往往能带给人更多的想象空间。

6. 侧面拍摄

侧面拍摄是指拍摄设备置于拍摄对象侧面的拍摄角度。侧面拍摄具有较大的灵活性，不仅有利于展现拍摄主体的整体轮廓，还有利于展现拍摄主体的侧面形象。

在拍摄时，拍摄距离也是影响画面效果的重要因素。拍摄距离主要是镜头和拍摄主体之间的距离。如果使用同一焦距的镜头，拍摄设备与拍摄主体之间的距离越近，拍摄设备能拍摄到的范围就越小，拍摄主体在画面中占据的位置也就越大，这样适合拍摄一些小型物体的细节；拍摄设备与拍摄主体之间的距离越远，拍摄设备的拍摄范围就越大，拍摄主体也就显得越小，对于展现细节是极其不利的。大家可根据具体的拍摄对象调整拍摄距离。

3.1.3 光线

在短视频拍摄时，离不开光线的运用。合理运用光线可以让视频画面呈现出更好的光影效果。常见的光线包括顺光、逆光、顶光、侧光，如图 3-8 所示。

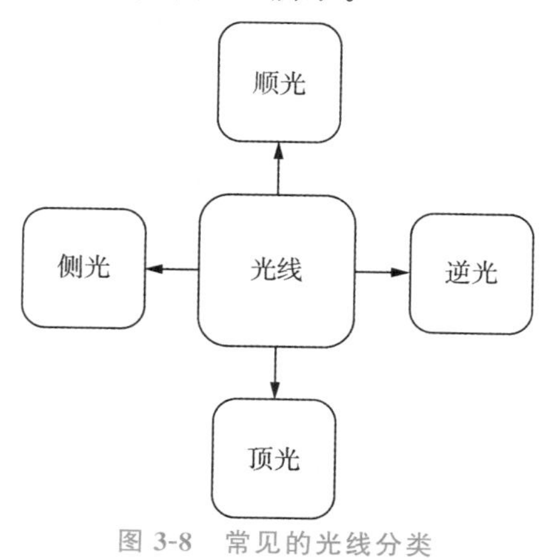

图 3-8 常见的光线分类

下面将对常用的光线进行介绍。

1. 顺光

顺光是拍摄中常用的光线，光线来自拍摄对象的正面，能够让拍摄对象更清晰地呈现出自身的细节和色彩，从而进行更全面的展现。例如，某摄影类短视频作品就采用了顺光拍摄，让被拍摄者的上半部分身体得到充分展示，如图 3-9 所示。

第3章

图 3-9　顺光拍摄视频画面

提 示

因为顺光光线太过平顺，会导致拍摄对象缺少明暗对比，不利于体现拍摄对象的立体感，所以一些需要体现立体感的镜头很少使用顺光拍摄。

2. 逆光

逆光拍摄也是短视频创作者在拍摄短视频时常用的一种光线。逆光的光源来自拍摄对象的后方，这是一种极具艺术魅力和表现力的光线，可以完美地勾勒出拍摄对象的线条。例如，某短视频创作者采用逆光拍摄人物，不仅很好地勾勒出人物线条，还为人物营造出一种朦胧的美感，如图 3-10 所示。

图 3-10　逆光拍摄视频画面

提示

逆光拍摄会让拍摄对象的阴影处于相机正面，如果不使用其他光源，将无法呈现出拍摄对象的正面细节，只能得到一张剪影照片。因此，在拍摄时还会加入一个顺光光源，这样既可以展现出拍摄对象的大量细节，还可以产生漂亮的轮廓线条。

3. 顶光

顶光来自拍摄对象的正上方，日常生活中常见的顶光就是正午时分的阳光，光线垂直照射在物体上，在物体下方投下阴影。

顶光就是从拍摄对象顶部向下照射的光。顶光不是一种理想的光线，比如，正午时分通常不宜外出拍摄视频。不过对于一些体积较小的拍摄对象来说，光在它们身上产生的阴影不会太明显，采用顶光拍摄，反而简便易行。例如，某短视频创作者在拍摄珍珠耳环时，就采用了顶光拍摄，本身体积较小的珍珠，在镜头中不仅体积被放大，还发出闪耀的光芒，如图 3-11 所示。

图 3-11　顶光拍摄视频画面

提示

顶光的主要缺点是在拍摄对象的下方会产生浓重的阴影，如果拍摄对象表面凹凸不平，可能会产生各种不太美观的阴影，所以最好使用光线柔和的光源提供顶光，让阴影轮廓模糊一点，这样才能更加美观。

4. 侧光

侧光来自拍摄对象的侧面。采用侧光拍摄短视频可以很好地体现出立体感和空间感，但容易出现一面明亮一面阴暗的情况。

侧光是光线从侧面照射到拍摄对象上的光。侧光可以营造出一种很强的立体感。例如，某短视频创作者在拍摄展示水果的画面时，就采用了侧光拍摄，灯光从侧面照在葡萄、圣女果上，营造出一种极强的立体感，如图 3-12 所示。

图 3-12　侧光拍摄视频画面

另外，拍摄短视频时，选用简单、干净的背景，可以有效增加画面的舒适度，同时还能避免出现喧宾夺主的情况。例如，同样是展示花瓶摆放效果的视频，选择整洁的背景与选择脏乱的背景结果完全不同。前者给人感觉更舒适，后者则容易引起观众的不适。因此，在拍摄短视频时，画面应简洁。

3.1.4　固定镜头

固定镜头是指安装在摄像机或相机上的无法调整焦距的镜头。它的焦距是固定的，不能随意变化。这种镜头适合在拍摄场景稳定、拍摄对象距离相对固定的情况下使用，如演讲、表演、体育比赛等。与变焦镜头相比，固定镜头通常更轻便、更简单，同时因为没有调焦的需求，所以能保持更高的光学质量。固定镜头的一个主要特点是无视角变换，这意味着拍摄对象的大小和拍摄距离不会对画面产生显著影响。

在使用固定镜头时，拍摄者要注意以下几点。

1. 保持稳定性

使用三脚架或其他稳定装置来固定相机，能确保画面稳定。这可以避免因相机晃动而拍摄出模糊或抖动的画面。

2. 注意光线

在拍摄短视频时，要选择适当的光线条件，避免出现过度曝光或欠曝光的情况。为了保证拍摄对象在画面中清晰呈现，在室内拍摄且使用固定镜头的情况下，最好用补光灯进行人工补光，以保证室内光线充足。

3. 展现空间感

在运用固定镜头拍摄时，拍摄者要充分展现纵深感，使整个视频画面囊括前景、中景和背景 3 个层次，并重点突出中景，虚化前景和背景，清晰地展现画面景别前后关系，给人一种层次递进的感觉。

4. 拍摄角度和构图

在使用固定镜头拍摄视频时，要选择合适的角度和构图方式，才能使画面更有吸引力。可以使用

水平、垂直或斜角度来拍摄，也可以尝试不同的对焦点和画面分割方式。

5. 突出动静对比

在固定镜头中，动静对比是一种重要的表现手法，一般是拍摄主体在动，而陪体不动。例如，在拍摄雨景时，拍摄主体是雨水，整个画面中只有雨水在运动，用户就会将视觉焦点集中在雨水上。

6. 保证记录完整

拍摄者在使用固定镜头拍摄横向运动或对角线运动的拍摄主体时，要在拍摄主体入画前就按下拍摄按钮，等到拍摄主体出画后再结束拍摄，完整记录拍摄主体入画、行进、出画的全过程，确保内容连贯。

3.1.5 运动镜头

运动镜头是指在影视作品中使用的一种特殊拍摄手法，用于强调剧情节奏、增强画面活力和动感。运动镜头通常使用运动相机进行拍摄，通过快速移动相机、追踪运动主体或者使用特殊装置，来创造出剧烈、动态、连贯的画面效果。运动镜头常用于体育赛事、战争片、动作片、追逐戏等情节中，可以增强观众的沉浸感和紧张感，使影片更具观赏性和冲击力。

3.2 短视频常用运镜手法

在拍摄短视频时，常用的运镜手法有推拉运镜、横移运镜、升降运镜、跟随运镜等，如图 3-13 所示。

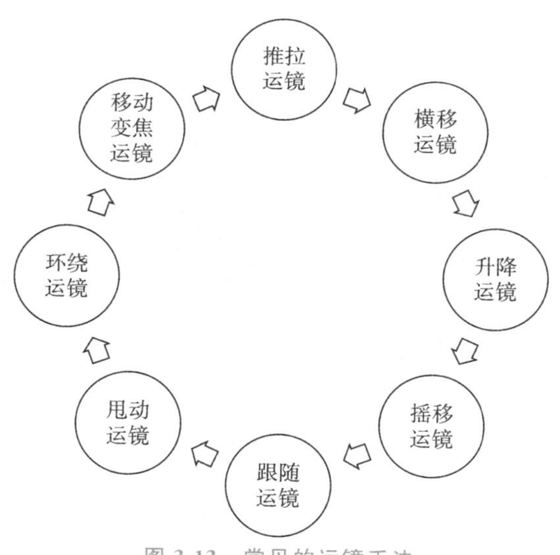

图 3-13 常见的运镜手法

本节将对常用的运镜手法进行详细介绍。

3.2.1 推拉运镜

推拉运镜是一种常见的摄影技巧，也是电影和电视剧拍摄中常用的运镜手法。推拉运镜是指通过移动摄像机的位置来改变景物与摄影机之间的远近关系，从而产生一种景物被视角改变的效果。推拉运镜可以用来表达人物的情感状态，增强戏剧张力，营造紧张或激动的氛围。此外，它还可以用来引导观众的注意力，突出重点或暗示故事情节的发展。

推拉运镜可以通过前后推动摄像机来实现，也可以通过调节镜头的焦距来实现。推拉运镜手法分为推镜头和拉镜头两种。

1. 推镜头

推镜头是指拍摄主体的位置固定不动，镜头从全景或其他景位向拍摄主体进行推进，逐渐推成近景或特写，这种镜头在实际拍摄中主要用于描写细节、突出主体、制造悬念等。

推镜头可以呈现出由远及近的效果，将摄像机向景物或人物推进，那么景物或人物将会显得更大、更近，一般适用于人物和景物的拍摄。如图 3-14 所示为推镜头的短视频拍摄画面。

图 3-14　推镜头的短视频拍摄画面

2. 拉镜头

拉镜头的拍摄手法与推镜头恰恰相反。拉镜头是指拍摄主体不动，构图由小景别向大景别过渡，镜头从特写或近景开始，逐渐变化到全景或远景，视觉上会容纳更多的信息，同时营造出一种远离主体的效果。

拉镜头可以呈现出由近及远的效果，将摄像机向景物或人物拉远，那么景物或人物将会显得更小、更远。如图 3-15 所示为拉镜头的视频拍摄画面。

图 3-15　拉镜头的短视频拍摄画面

推拉运镜是摄影的重要技巧之一，需要摄影师有一定的经验和技巧才能掌握。在拍摄中，摄影师需要根据镜头运动的速度、幅度和角度等因素，合理地选择推拉运镜的方式，以达到预期的拍摄效果。

3.2.2　横移运镜

横移运镜和推拉运镜相似，只是运动轨迹不同，推拉运镜是前后运动，横移运镜则是左右运动。横移运镜主要用于表现场景中人物之间的空间关系，适用于视频的中间，如图 3-16 所示。

横移运镜能够开拓画面，适合表现大场面、大纵深、多景物、多层次的复杂场景，具有画面完整、流畅、富于变化等特点。使用横移运镜可以展现出各种运动条件下拍摄主体的视觉艺术效果，让用户产生身临其境之感。

图 3-16　横移运镜的短视频拍摄画面

3.2.3　升降运镜

升降运镜是相机借助升降装置一边升降一边拍摄的手法。升降运镜带来了画面范围的扩展和收缩，能形成多角度、多方位的构图效果。

升降运镜手法分为升镜头和降镜头两种。升镜头是指镜头做上升运动，甚至形成俯视拍摄，这时的画面是十分广阔的地面空间，效果十分恢宏。降镜头是指镜头做下降运动进行拍摄，多用于拍摄较为宏大的场面，以营造气势。

例如，某短视频作品就采用了上升和下降镜头，如图 3-17 所示。

图 3-17　升降运镜的短视频拍摄画面

3.2.4　摇移运镜

摇移运镜是指相机本身所处位置不移动，借助相机的活动底盘，镜头上、下、左、右旋转拍摄，一般为左右摇镜头和上下摇镜头。其中，左右摇镜头常用来表现大场面，上下摇镜头常用来表现拍摄主体的高大、雄伟。如图 3-18 所示为以树影为前景，向左摇移运镜的短视频拍摄画面。

图 3-18　向左摇移运镜的短视频拍摄画面

使用摇移运镜可以将画面向四周扩展，从而突破画面框架的限制，扩大视野，创造视觉张力，让整个画面更加开阔。

3.2.5　跟随运镜

跟随运镜是指在电影或电视剧的拍摄过程中，摄影师或摄影助理通过手持或使用机械设备的方式，跟随演员或行人的运动来拍摄。这种拍摄方式能够让观众更好地参与故事情节，增强观看的真实感和代入感。

摄影师在进行跟随运镜拍摄时，需要与演员保持一定的距离，并随着演员的动作和移动，调整视角和构图，确保镜头稳定且跟随对象。

跟随运镜经常被运用于追逐戏、动作戏、对话场景等情节中，通过镜头的流畅运动，使观众身临其境地感受到故事的发展和角色的情绪变化。

跟随运镜要求摄影师具备扎实的摄影技巧和较高的专业素养，能够准确地捕捉到演员的运动轨迹和节奏。如图 3-19 所示为跟随运镜的短视频拍摄画面。

图 3-19　跟随运镜的短视频拍摄画面

3.2.6　甩动运镜

甩动运镜是一种电影摄影技术，通过特殊的设备和操作手法产生动态、有节奏感的运动效果。这种技术通常用于电影、电视剧等影视作品中，可以增加画面的冲击力和戏剧性。甩动运镜一般通过上下快速移动、左右快速移动或旋转相机来实现从一个拍摄主体向另一个拍摄主体的切换，使镜头切换的过渡画面产生模糊感，多用于表现画面的急剧变化，如图 3-20 所示。

图 3-20　甩动运镜的短视频拍摄画面

甩动运镜需要使用专业的运动控制设备(如云台或稳定器)，并由经验丰富的摄影师来完成。

3.2.7 环绕运镜

环绕运镜是一种电影摄影技术，通过摄影设备围绕拍摄主体 360°拍摄，使观众产生身临其境的感觉。环绕运镜操作难度比较大，且在拍摄时环绕的半径和速度要保持一致，如图 3-21 所示。这种技术常用于电影、电视剧等影视作品中，可以增加画面的动感和沉浸感。

图 3-21 环绕运镜的短视频拍摄画面

环绕运镜可以拍摄出拍摄主体周围的环境特点，也可以配合其他运镜方式来增强画面的视觉冲击力。环绕运镜与其他运镜方式的结合方法有以下 4 种，如图 3-22 所示。

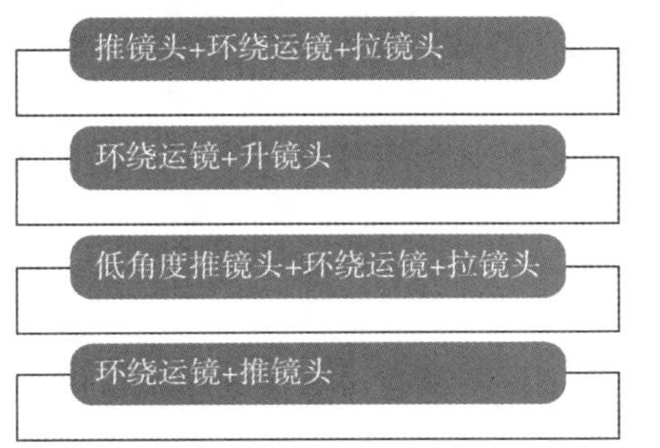

图 3-22 环绕运镜与其他运镜方式的结合方法

下面将对环绕运镜与其他运镜方式的结合方法分别进行介绍。

1. 推镜头＋环绕运镜＋拉镜头

推镜头、环绕运镜和拉镜头的组合，可以快速展现出人物形象。其操作方法是：将镜头从人物前侧方开始推进至人物的正前方时，以 180°环绕跟拍人物，并在绕至人物背后时，向后拉镜头。

2. 环绕运镜＋升镜头

环绕运镜和升镜头的组合，可以展示人物在情节中的重要性。其操作方法是：将镜头以低角度跟拍人物脚步近景，并同时环绕上升至人物上半身的中近景。

3. 低角度推镜头＋环绕运镜＋拉镜头

低角度推镜头、环绕运镜和拉镜头的组合，也可以展示人物的主体形象。其操作方法是：将镜头从反方向低角度向前推进，同时人物向前行走，当镜头与人物交会时再通过环绕运镜跟拍人物，最后再向后拉镜头。

4. 环绕运镜＋推镜头

环绕运镜和推镜头的组合，可以展示从全景到人物近景的变化。其操作方法是：将镜头从人物的右侧向左侧、由远及近推进并环绕，直至画面从全景变换到人物近景时结束。

3.2.8 移动变焦运镜

移动变焦运镜又称“希区柯克式变焦”，是电影拍摄中很常见的一种镜头技法。移动变焦运镜可以在向前移动镜头的同时进行变焦，从而产生一种拍摄主体大小不变，而背景大小改变的连续透视变形效果，如图 3-23 所示。

图 3-23　移动变焦运镜的短视频拍摄画面

移动变焦运镜可以产生一种扑面而来或倏然远逝的感觉，可以在相对静止的拍摄主体和远近变化的背景之间产生空间错位的观感，从而将拍摄主体推向视觉的中心。移动变焦运镜一般用于营造压迫、紧张的氛围。

3.3 短视频画面构图

短视频画面构图是对视频画面中的各个元素进行组合、调配，从而整理出一个相对可观的视频画面。短视频画面需要展现出作品的主题与美感，将视频的兴趣中心点引到主体上，给人以最大的视觉吸引力。这需要大家熟悉短视频画面构图的基本要求和常用的画面构图手法。

3.3.1 画面构图的基本要求

好的画面构图有着无可比拟的表现力，不仅能给用户传达信息，还能赋予用户审美情趣。短视频画面构图应遵循以下四大基本要求，如图 3-24 所示。

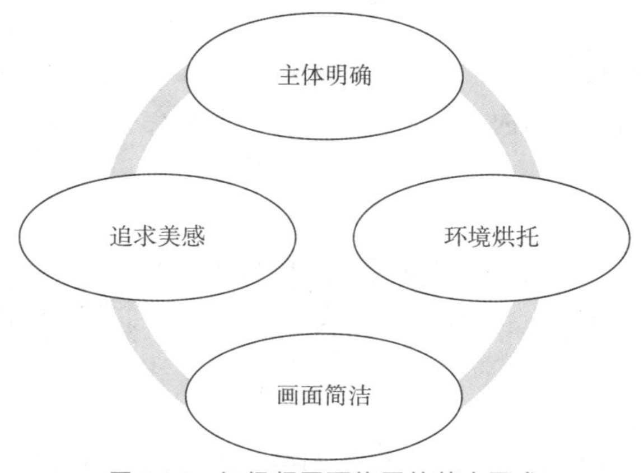

图 3-24　短视频画面构图的基本要求

下面将对短视频画面构图的 4 个基本要求分别进行介绍。

1. 主体明确

在拍摄短视频时，镜头中可能同时出现多个被拍摄物，但不管是何种情况，都应突出主体。突出主体是画面构图的主要目的，而视频主体往往是表现视频主题和中心思想的主要对象。依据人们的视觉习惯，将主体置于视觉中心位置，更容易突出主体。因此，在拍摄短视频时，主体要放在醒目的位置。

例如，某拍摄花朵的视频中，虽然人物也很重要，但该视频的主体是花朵，故视频的多个镜头都是突出花朵这一主体，如图 3-25 所示。

图 3-25　突出主体的短视频画面

2. 环境烘托

在拍摄短视频时，如果画面中只有主体却没有陪体，画面就会给人呆板的感觉。因此，很多有经验的摄影师就会选择用陪体，来衬托主体或烘托环境。

在拍摄短视频时，将拍摄对象置于合适的场景中，不仅能突出主体，还能给视频画面增加真实感，给用户身临其境的感觉。在拍摄摘花椒的短视频时，虽然花椒和人物才是主体，但是只拍这两样，画面会比较呆板，所以某短视频作品中，不仅拍摄了花椒和人物，还拍摄了蓝天、白云及屋舍，营造出一幅农民辛勤劳作的画面，如图 3-26 所示。

图 3-26　环境烘托的短视频画面

3. 画面简洁

拍摄短视频时，选用简单、干净的背景，不仅能增加画面舒适度，还可以避免分散观众对主体的注意力。如果遇到杂乱的背景，可以采取放大光圈的办法，虚化后面的背景，从而突出主体。如图 3-27 所示为画面简洁的短视频画面。

图 3-27　画面简洁的短视频画面

4. 追求美感

在拍摄短视频时，拍摄师应充分利用画面中的元素，运用对比、对称等方式，来增强视频画面的美感。

例如，某拍摄小白菊的短视频作品中，就用蓝天、白云与蝴蝶做对比，营造出一种浪漫清新的氛围，如图 3-28 所示。

图 3-28　具有美感的短视频画面

3.3.2　常用的画面构图手法

在拍摄短视频时，合理安排拍摄对象的位置，会使画面更具美感和冲击力。绝大多数热门的短视频作品都是借助优秀的构图手法，让作品主体突出、富有美感、有条有理、赏心悦目。那么，哪些构图手法是在短视频拍摄过程中经常用到的呢？

1. 中心构图法

中心构图法是短视频拍摄常用的构图手法，它能够突出画面重点，让人明确短视频主体，将目光锁定在主体上，从而获取短视频传达出的信息。中心构图法是将拍摄对象放置在相机或手机画面的中心进行拍摄。

中心构图法多用于美食制作、吃播等类型的短视频中。例如，在某美食类短视频画面中，可以明显看到面条在画面中间，周围加上一些鸡翅、番茄酱等来点缀，这样既能将用户视线引向图片中心，又能快速锁定视频要传达出来的主题，如图 3-29 所示。

图 3-29　中心构图法

2. 前景构图法

前景构图法是摄影师在拍摄时利用拍摄对象与镜头之间的景物进行构图的手法。前景构图既可以增加视频画面的层次感，使视频画面内容更加丰富，又能更好地展现视频的拍摄对象。常见的构图前景有叶子、花草、玻璃等。例如，某短视频作品就采用树叶作为构图前景，在视觉上营造出一种由下往上看的仰视感和身临其境的真实感，如图 3-30 所示。

图 3-30　前景构图法

3. 景深构图法

什么叫作景深？在短视频画面构图时，当聚焦某一物体，该物体从前到后的某一段距离内的景物是清晰的，而其他地方是模糊的，那么这段清晰的距离就叫作景深。景深构图法可以增强画面对比效果，突出主体元素。

例如，某短视频作品就采用景深构图法拍摄花朵，如图 3-31 所示。

图 3-31　景深构图法

景深构图法一般通过改变手机或相机的光圈来实现。光圈是一个用来控制进光量的装置。当感光度和快门速度不变时，光圈越大，进光量越多，画面就越亮，反之画面就会越暗。同时，光圈也会影响画面的景深。光圈越大，景深越浅，会出现背景模糊的情况，能营造一种朦胧意境美；反之，景深就越深，背景也会更加清晰。

4. 仰拍构图法

仰拍构图法是利用不同的仰拍角度进行构图的手法。仰拍的角度一般为 30°、45°、60°、90°等。仰拍角度不同，拍摄出来的视频效果也会有差异。30°仰拍是摄像头相对于水平线而言向上抬起 30°左右的角，然后进行拍摄，这样拍摄出来的视频能让画面中的主体散发庄严的感觉。

45°仰拍可以突显画面中主体的高大。例如，某短视频作品 45°仰拍人物，所拍摄的视频画面如图 3-32 所示。60°仰拍的画面主体看上去更加高大。90°仰拍时，镜头处于拍摄主体的正下方。有许多摄影爱好者喜欢 90°仰拍高大的树木，从而营造出一种梦幻的感觉。

图 3-32　45°仰拍人物的短视频画面

在采用仰拍构图法时，不一定非要精确到 30°、45°、60°、90°再拍摄，可以先试拍，找出仰拍效果最好的角度即可。

5. 光线构图法

视频拍摄离不开光线，光线对视频效果起着十分重要的作用。合理运用光线，可以让视频画面呈现出不一样的光影效果。常用的光线有 4 种，分别是顺光、逆光、顶光、侧光。

顺光是短视频拍摄中最常用的光线，光线来自拍摄对象的正面。顺光拍摄能够清晰、完整地呈现出拍摄对象的细节和色彩。例如，某美食类短视频作品采用顺光构图法拍摄，将美食完整地呈现了出来，并通过光线突显美食质感，隔着屏幕几乎都能闻到扑鼻的香味，刺激观众的味蕾，如图 3-33 所示。

图 3-33 顺光构图法拍摄的短视频画面

6. 黄金分割构图法

黄金分割是古希腊人发现的几何学规则，遵循这一规则构图的画面被认为是最和谐、完美的。对许多艺术领域的专业人士来说，黄金分割是他们创作的指导方针。

在短视频拍摄中，黄金分割可以是视频画面中对角线与某条垂直线的交点，也可以是以画面中各正方形的边长为半径，从而延伸出来的一条具有黄金比例的螺旋线，如图 3-34 所示。

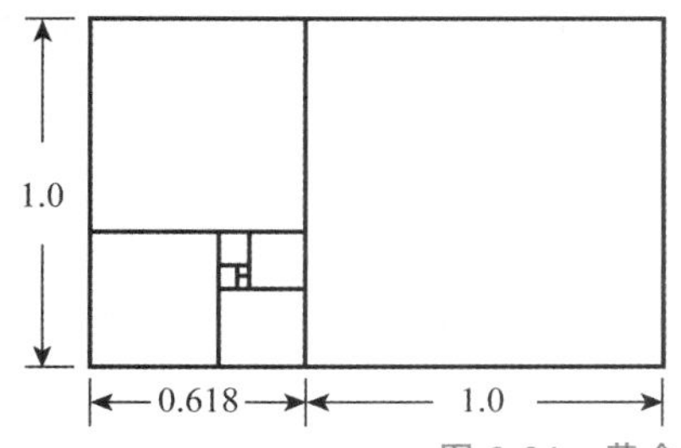

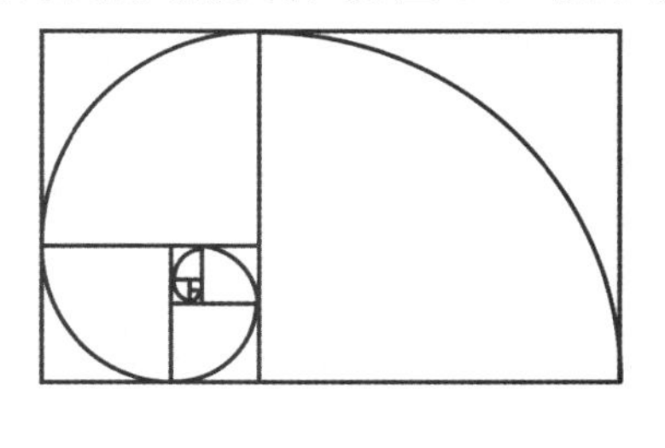

图 3-34 黄金分割的结构

运用黄金分割构图法进行短视频构图，一方面可以突出拍摄对象，另一方面在视觉上给人以舒适感，从而令观众产生美的享受。同时，运用黄金分割构图法拍摄照片也能达到相同的效果。黄金分割构图法可以说是众多构图方法里面较为人熟知、较常用的一种了。

7. 透视构图法

采用透视构图法拍摄短视频，可以增强视频画面的立体感。透视构图具有远小近大的规律，且这些物体组成的线条能够在视觉上引导观众往指定的方向看。例如，某短视频作品中的大桥就采用了单边透视构图法，让人想沿着大桥延伸的方向看，如图 3-35 所示。

图 3-35　单边透视构图的短视频画面

提 示

值得注意的是：透视分为单边透视和双边透视。单边透视是指画面中只有一边带有延伸感的线条。双边透视则指的是画面中两边都带有延伸感的线条。双边透视构图能够汇聚人们的视线，使视频画面具有动感和想象空间。

3.4 短视频后期制作的原则

短视频在完成拍摄后，还需要进行后期制作，这样才能让短视频更具感染力和视觉冲击力。高水平的后期制作能够赋予视频素材深刻的含义，对塑造短视频作品的调性至关重要。

3.4.1 短视频剪辑的目的

剪辑师经选择、取舍、分解和组接等操作，才能制作出一个画面连贯、主题明确、具有感染力的短视频。

短视频剪辑的目的主要有以下几点。

1. 让短视频画面按一定的节奏进行变化

为了让短视频有效吸引用户的目光，需要让短视频画面按一定的节奏进行变化，其具体方法如下。

◇ 镜头的时长可以影响短视频画面的节奏，其中短镜头可以加快节奏，给人一种紧张的感觉；而长镜头则可以减缓节奏，给人舒缓平和的感觉。因此，在剪辑短视频时，需要控制好每一段素材的时长。

◇ 在剪辑短视频时，可以根据短视频的主题来调整短视频画面的顺序，将具有关联性但反差强烈的画面组接在一起，让画面的变化保持新鲜感。

◇ 在剪辑短视频时，可以添加音乐让视频画面卡点变化。不同风格和节奏的音乐可以渲染出不同的氛围，从而让视频画面更具感染力。

2. 制作符合用户心理预期的短视频画面

为了制作出符合用户心理预期的短视频画面，首先需要剪掉无用的短视频画面，只保留必要、精

彩，有利于阐明短视频主题的画面，确保用户看到的每一幅画面都是精彩的、有助于理解短视频内容的。

3. 二次创作视频素材

短视频剪辑也是对视频素材的二次创作。将画面效果、风格和情感完全不同的视频素材进行剪辑，可以让画面更精彩，更吸引用户。

3.4.2 镜头组接方式

镜头组接是指在电影、电视剧或其他影像作品中，不同镜头之间的连接方式。镜头组接是为了实现流畅、连贯和有意义的视觉传达。镜头有全景接、移动接等 7 种组接方式，如图 3-36 所示。

图 3-36 镜头组接方式

下面将对镜头组接方式分别进行介绍。

◇ 全景接：相邻两个镜头的背景相似或一致，使观众在观看时感到场景的延续性。这种组接方式常用于表达连续行动或连贯剧情。

◇ 移动接：相邻两个镜头的移动方向一致或类似，例如，先是一个人从左边移动到右边的画面，接着是另一个人从左边移动到右边的画面。这种组接方式可以增加场景的连贯性和流动感。

◇ 视线接：相邻两个镜头的镜头角度和视线方向相似或一致，使得观众在观看时可以顺着人物的目光或视线移动，增加观众的参与感。

◇ 异像接：在相邻两个镜头之间插入一个特殊的镜头，如过渡画面、特殊效果或图像变形，以实现从一个场景到另一个场景的过渡。这种组接方式常用于表达梦幻、回忆或幻觉的效果。

◇ 行动接：相邻两个镜头的动作连贯或相似，例如，先是一个角色拿起一个物体的动作，接着是另一个角色将该物体接过来的动作。这种组接方式可以增加场景的连贯性和逻辑性。

◇ 观点接：从一个特定的视角出发，切换到另一个视角，以传达不同的观点或信息。这种组接方式常用于展示多个角色的不同观点或展示多个场景的关联性。

◇ 对比接：将两个截然不同的画面进行对比，突出不同场景或情感的反差。这种组接方式常用于表达剧烈变化或戏剧性的效果。

3.4.3 镜头转场方式

镜头转场可以通过不同的效果和技巧来实现，以起到传递信息、表达情感或者引发观众注意的作用。下面将介绍一些常见的镜头转场方式。

◇ 剪辑：最简单的转场方式，通过直接剪切两个镜头，以实现场景的流畅过渡。

◇ 淡入、淡出：通过图像逐渐变亮或变暗来实现镜头之间的过渡。淡入是亮度逐渐从黑暗到明亮，而淡出则是亮度逐渐从明亮到黑暗。

◇ 溶解：两个镜头在重叠的时刻一起显示，然后逐渐淡出一个镜头，淡入另一个镜头。这种方式常用于追溯回忆或表达梦幻的场景。

◇ 快速剪辑：通过快速地剪切不同的镜头，创造出紧张、节奏明快的效果。这种转场方式常用于动作片或悬疑片。

◇ 镜头推移：一个镜头通过推移或滑动进入，推动下一个镜头的出现。这种转场方式可以增加场景的流畅感和连贯性。

◇ 旋转或翻转：通过对画面进行旋转、翻转或翻滚来实现镜头之间的过渡。这种方式常用于梦幻或特殊效果的表达。

◇ 突然剪辑：突然切换到一个完全不同的场景或视角，以引起观众的注意。这种转场方式常用于表达剧烈变化或戏剧性的效果。

以上只是一些常见的镜头转场方式，实际上还有很多其他创新的转场方式，可以根据故事需要和艺术效果选择和运用不同的转场方式。

3.4.4 短视频调色原则

短视频调色是指对短视频画面的颜色进行调整，使其达到美观、舒适的效果。短视频调色需要遵循以下原则，如图 3-37 所示。

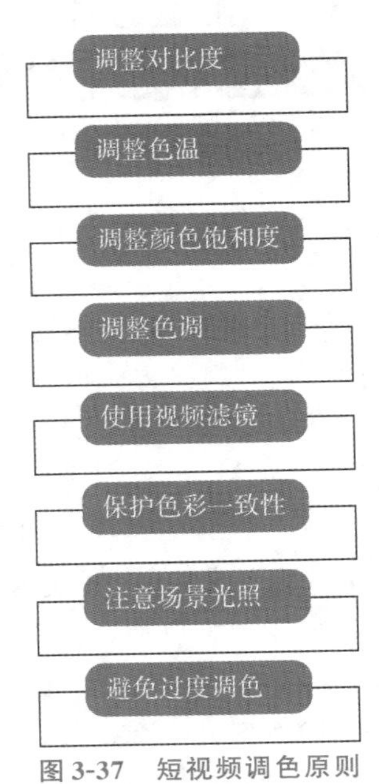

图 3-37　短视频调色原则

1. 调整对比度

调整画面明暗等的对比度可以改变画面的层次感和立体感。对比度可以使用曲线调整工具、色彩平衡工具等进行调整。

2. 调整色温

适当调整画面的色温可以改变画面的氛围和情绪。比如，增加暖色调可以营造温馨、舒适的感觉，增加冷色调可以营造冰冷、悬疑的感觉。

3. 调整颜色饱和度

增加或减少画面的颜色饱和度可以使画面的颜色更鲜艳或更柔和。颜色饱和度可以使用饱和度调

整工具或颜色平衡工具进行调整。

4. 调整色调

调整画面的色调可以改变画面的整体色彩效果。比如，增加蓝色调可以营造冷调风格，增加黄色调可以营造暖调风格。

5. 使用视频滤镜

滤镜可以改变画面的色彩和风格。滤镜可以通过添加特效和调整参数来改变。滤镜有黑白滤镜、复古滤镜、水彩滤镜等。

6. 保持色彩一致性

保持短视频中不同场景的色彩一致，可以使整个短视频看起来更加统一和流畅。色彩的一致性可以通过调色板或色彩预设等方式实现。

7. 注意场景光照

根据场景的光照情况，适当调整短视频的曝光度和对比度，保证主体能够清晰可见，并且保留细节。

8. 避免过度调色

过度调色可能会让视频显得不真实或过于夸张，因此要注意控制调色的程度，保持画面的自然和真实。

3.4.5 短视频字幕设计原则

短视频字幕的主要作用是帮助观众理解画面内容。短视频字幕设计需要遵循以下5个原则。

◈ 易读性：字幕应使用容易辨认的字体和适当的字号，避免使用过小、模糊或杂乱的字体，以确保观众能够轻松地阅读字幕并理解其含义。

◈ 简洁性：字幕内容应简明扼要，言之有物，避免使用冗长的句子。

◈ 时机合适：字幕的出现应与视频内容相呼应，出现在有相关对话或重要信息的时刻。字幕应该与视频的节奏和情绪相匹配，帮助观众理解视频内容。

◈ 对比度适宜：字幕颜色与背景图像对比度适宜是非常重要的，这能确保字幕的清晰度。

◈ 合理布局：字幕应该被合理地放置在视频画面中，避免遮挡重要的视觉元素。可在屏幕底部或其他适当位置放置字幕，确保字幕在不干扰画面内容的前提下起到提示和补充信息的作用。

3.4.6 背景音乐的选择原则

短视频的风格鲜明多样，且具有时间短、节奏快的特点。为了让观众在短时间内产生共鸣，需要用音乐来引导观众的情绪，因此，选择合适的短视频背景音乐至关重要。

在选择短视频的背景音乐时，需要遵循以下原则。

◈ 合法授权：确保所使用的音乐具有合法的授权，避免侵权。使用未经授权的音乐可能会导致法律纠纷和责任赔偿。可以使用一些免费或低成本的音乐。

◈ 情感匹配：选择与短视频内容和情感氛围相符的音乐。例如，欢快的音乐可以用于表达喜悦和活力，而柔和的音乐可以用于表达温馨和浪漫等。

◈ 节奏鲜明：选择具有明确节奏和强烈节拍的音乐，该类音乐能够增强短视频的动感和节奏感。

◈ 轻巧简洁：短视频的时长通常较短，因此宜选择简洁、轻快的音乐。该类音乐可以更好地吸引观众的注意力，并与视频画面保持统一。

课后练习

1. 思考常用的运镜手法有哪些。
2. 使用推拉运镜、横移运镜和移动变焦运镜手法拍摄短视频。

第 4 章　短视频的拍摄

本章导读

在正式拍摄短视频之前，还需要掌握短视频拍摄的相关知识。本章将详细介绍选择设备、短视频拍摄常用术语、使用相机拍摄短视频、使用手机拍摄短视频 4 个知识点。

学习目标

通过对本章多个知识点的学习，读者可以熟练掌握选择设备、短视频拍摄常用术语、使用相机拍摄短视频、使用手机拍摄短视频等基础知识。

知识要点

◇ 选择设备
◇ 短视频拍摄常用术语
◇ 设置短视频录制格式和尺寸
◇ 曝光设置
◇ 白平衡设置
◇ 手动对焦设置
◇ 拍摄延时短片
◇ 使用手机自动对焦功能拍摄短视频
◇ 使用手动对焦功能实现对焦锁定
◇ 拍摄延时摄影短视频
◇ 拍摄慢动作短视频

4.1 选择设备

工欲善其事，必先利其器。没有拍摄设备就无法拍出优质的短视频作品。因此，在拍摄短视频之前，要先熟悉短视频的拍摄设备，以便合理地进行购置，让拍摄过程变得更加顺利、高效。

4.1.1 拍摄设备

选择拍摄设备时需要考虑拍摄团队的专业度、规模和预算，不同的团队有不同的选择。下面从常见的拍摄设备进行介绍，供读者参考。

1. 手机

对于初入短视频行业的创作者来说，手机拍摄是不错的选择。现在智能手机已然成为人们工作、生活的必备物品，人们也越来越喜欢用手机来记录生活的点滴，智能手机的拍摄功能也越发强大。在这样的前提下，短视频创作者可以选择拍摄效果好的手机，搭配辅助设备进行短视频拍摄。

在价格上，手机比专业拍摄设备价格更低；在外形上，手机小巧轻便，易于携带；在功能上，手机自带视频拍摄功能，可以直接分享到各个短视频平台，实时显示短视频的播放、点赞等数据。使用智能手机拍摄短视频有以下 4 个优点，如图 4-1 所示。

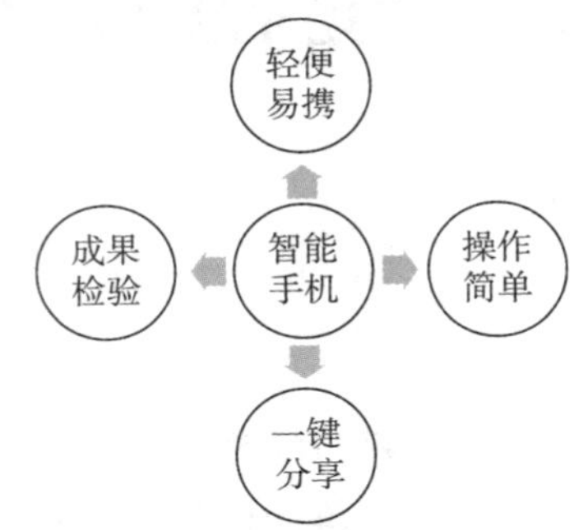

图 4-1 使用智能手机拍摄短视频的优点

◇ 轻便易携：与众多专业拍摄设备相比，手机最大的优点就是轻便易携带。手机与手掌的大小差不多，方便携带。拍摄时遇到手机电量不足的情况，短视频创作者也能使用便携电源给手机充电。

◇ 操作简单：与其他设备相比，手机可以说是操作最简单的智能拍摄设备。即使是新手，也能利用手机中的短视频 APP 和一些带剪辑功能的 APP 轻松拍摄和制作出效果不错的短视频作品。

◇ 一键分享：用手机拍摄、剪辑出的短视频，可以一键上传到短视频平台，不需要进行任何转存操作。如果拍摄团队利用其他拍摄设备录制短视频，在发布前往往都需要经过将视频传输到手机或电脑上的过程。

◇ 成果检验：手机具有其他拍摄设备无法比拟的特殊性，它不仅是拍摄设备，更是用户观看视频的工具，所以拍摄团队可以直接用手机来检验拍摄成果。手机呈现的效果与用户观看的效果是最为相近的，更便于拍摄者进行调整与更改。

智能手机是目前短视频拍摄者首选的入门拍摄设备。例如，某品牌的某款智能手机，有蔡司影像很适合拍摄短视频，如图 4-2 所示。

图 4-2 某智能手机

用手机拍摄短视频是十分常见的操作，但手机型号不同，其拍摄功能、视频最高分辨率、色彩调校也不尽相同，所以拍摄团队在选用手机拍摄短视频之前，要提前做好相关功课。

2. 相机

除手机之外，常用的视频拍摄道具还有相机。相机也是绝大多数创作者拍摄短视频的选择，目前市面上的相机主要分为无反相机(俗称“微单相机”)和单镜头反光数码相机，它们的区别如表 4-1 所示。

表 4-1 无反相机和单镜头反光数码相机对比

对比项	无反相机	单镜头反光数码相机
价格	价格较便宜，市面上 4000 元左右的无反相机拍摄出来的画面效果都非常好	价格较高，目前市面上的单镜头反光数码相机价格普遍在 5000 元以上
性能	功能较少，画质略为逊色	功能更多，画质更好
便携性	体形小巧，方便携带	机型较大，携带略有不便
适用人群	适用于想要改进视频画质但预算有限的人群	适用于对视频画质和后期要求较高，或是视频作品需要面对更广阔的用户、接商业广告的人群

值得注意的是，相机虽然有视频录制功能，但绝大多数时候都被用于拍摄静态的照片。因此，大多数人购买相机产品，主要还是考虑其拍照性能。当然，市场上也不乏拍照性能与录像性能俱佳的相机产品，而且随着短视频拍摄需求的增加，相机产品中短片拍摄功能的更新迭代也在加速。

例如，某款单镜头反光数码相机套机产品拍摄出来的画面清晰度高，画面色彩与肉眼见到的几乎无差别，如图 4-3 所示。在拍摄人物时，该相机配备了具有色彩识别功能的红外测光感应器，可以跟踪人物的脸部等部位的肤色来提高自动对焦的准确度，让画面不跑焦。无论是拍摄静态的照片，还是动态的短视频，该相机都非常适合。而且目前多数相机都内置 WiFi 功能，能够直接将拍摄完成的短视频导出并上传至社交网络，让共享变得更方便。

图 4-3 单镜头反光数码相机套机

3. 摄像机

除了手机和相机，还可以用摄像机来拍摄。一般的摄像机可以分为业务级摄像机和家用 DV 摄像机两种。业务级摄像机属于专业的视频拍摄工具，常用于新闻采访或者会议等大型活动的拍摄。虽然它体型巨大，不如手机轻便易携，且拍摄者很难长时间手持或者肩扛，但是它的专业性是无可比拟的。业务级摄像机具有独立的光圈、快门及白平衡等设置，拍摄的画质清晰度高，且电池蓄电量大，可以长时间使用，自身散热能力也强，当然价格也比较高。家用 DV 摄像机和业务级摄像机对比如表 4-2 所示。

表 4-2　家用 DV 摄像机和业务级摄像机对比

对比项	家用 DV 摄像机	业务级摄像机
价格	价格略低	价格较高
成像效果	性能高的家用 DV 摄像机的成像效果也能媲美业务级摄像机	成像效果优于家用 DV 摄像机
便携性	体型小巧，便于携带	体型较大，较为笨重，不易携带

家用 DV 摄像机和业务级摄像机各有特色，读者根据自己的需要选择即可。例如，某品牌的一款业务级摄像机，性能优异，拥有强大的变焦功能，可以轻松拍摄高清视频，如图 4-4 所示。该摄像机内置 WiFi 功能，能将拍摄好的视频作品直接导入手机，然后用手机中的后期制作软件编辑短视频，或是直接上传至社交平台。不仅如此，该摄像机还具备多种摄像辅助功能，比如，可调节亮度的 LED 摄影灯、具有全高清输出能力的 3G-SDI 端口，以及具有供电和信号传输能力的 MI 热靴（一种连接和固定外置闪光灯、GPS 定位器和麦克风的固定接口槽），这些功能都会大大减少用户购置附件的成本。

图 4-4　业务级摄像机

4. 电脑摄像头

电脑摄像头主要用于网络视频通话、高清拍摄，如图 4-5 所示。电脑摄像头最初生产时，由于技术不够成熟，其像素较低且外观粗糙，如今经过技术升级，电脑摄像头无论是外观还是性能都有了显著提升。近年来，电脑摄像头也开始用于短视频拍摄。电脑摄像头较其他拍摄设备更适用于需要长期固定位置进行拍摄的情况，如开箱类和吃播类短视频。

图 4-5　电脑摄像头

用于短视频拍摄的电脑摄像头的视频显示格式一般为 1080P（progressive scanning，逐行扫描），而且该摄像头还具备自动对焦功能，足够满足播主对短视频画质的要求。此外，很多摄像头都自带数字麦克风，不仅能够有效吸声降噪，还能有效保证视频拍摄过程中的音质效果稳定。

4.1.2 稳定设备

在拍摄短视频时，要保持短视频画面的稳定，就需要用到稳定设备。常见的稳定设备有三脚架、滑轨和手持云台等，下面将分别进行介绍。

1. 三脚架

三脚架是一款用途广泛的稳定设备，无论是使用智能手机、单镜头反光数码相机，还是摄像机拍摄视频，都可以用它进行固定。三脚架最大的特点在于“稳”。虽然现在大多数拍摄设备都具有防抖功能，但人的双手长时间保持静止不动，几乎不可能，这时候就需要借助三脚架来稳定拍摄设备，从而拍摄出更为平稳的短视频画面。生活中常见到的三脚架如图 4-6 所示。

图 4-6 三脚架

三脚架的三只脚管形成了一个稳定的结构，与它自带的伸缩调节功能结合，可以将拍摄设备固定在比较理想的拍摄位置。

稳定性与轻便性是选择三脚架的两个关键要素。制作三脚架的材质多种多样，使用轻质材料制成的三脚架会更加便于携带，适合需要辗转不同地点进行拍摄的创作者使用。在风力较大的情况下，可以制作沙袋或其他重物捆绑固定三脚架，维护其稳定。

2. 滑轨

拍摄静态的人或物时，借助滑轨移动拍摄可以实现动态拍摄。同时，在拍摄外景时，借助轨道车拍摄也可以使拍摄的画面平稳、流畅。滑轨如图 4-7 所示。

图 4-7 滑轨

3. 手持云台

手持云台可以在拍摄动态短视频时，向手机或相机的抖动方向进行反向运动，从而保持拍摄设备的相对静止和稳定。常见手持云台主要有手机云台和相机云台两种，如图 4-8 和图 4-9 所示。

图 4-8　手机云台

图 4-9　相机云台

4.1.3　补光设备

想要拍摄出画面细节清晰的短视频，光线十分重要。不管是在室内拍摄，还是去室外拍摄，光线一直都是一个难题。要想一步到位地解决光线问题，在预算有限的情况下，拍摄团队可以选择性价比较高的补光设备——补光灯。常见的补光设备有补光灯、LED 灯、冷光灯、闪光灯等。

补光灯可以固定在拍摄机器上方，为拍摄主体补充光线，拍摄团队在移动机位进行拍摄时，就无须担心光源位置的改变。补光灯有多种形式，运用较广泛的是环形补光灯，如图 4-10 所示。

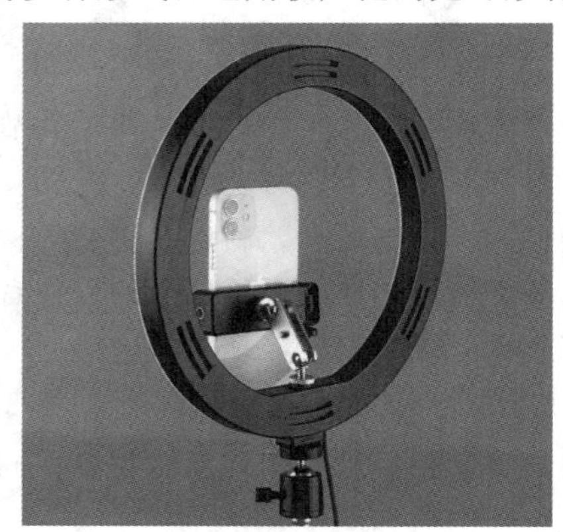
图 4-10　环形补光灯

大多数情况下，短视频拍摄的主体都是人，而补光灯可以将视频中的人物拍摄得清晰又自然。与普通光源相比，补光灯的光源位置不仅仅是一个点，因此它的光线不刺眼，能营造出更加自然的效果。

补光灯还能在人眼中形成“眼神光”，让播主的眼睛看起来更加有神。播主若对补光灯或室内光的色温不满意，则可以通过补光灯来调节。

4.1.4　录音设备

如果想要得到较为理想的效果，不仅要在短视频画面效果上花心思，还要在音频质量上下功夫。用手机或相机拍摄短视频时，由于距离不同，声音可能会忽大忽小，这时就需要借助麦克风来提升短视频的音频质量。

市面上的麦克风价格不一，但大多数的麦克风都具备音质好、适配性强、轻巧、易携带的特点，如图 4-11 所示。

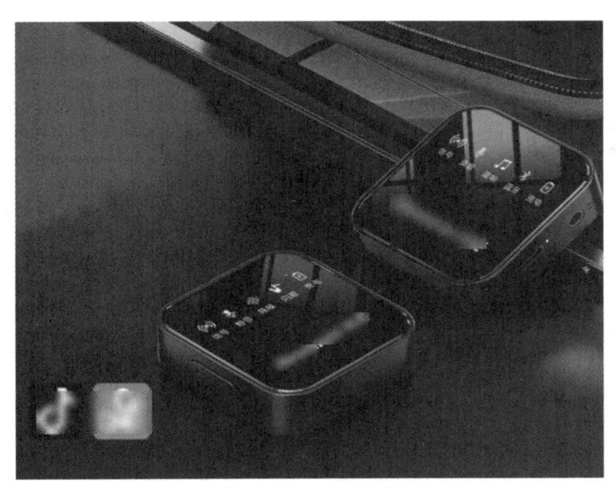

图 4-11　麦克风

图 4-11 中是一款市面上常见的麦克风产品，它有着强大的性能，不仅能够智能降噪，保证良好的音质，还适用于各种设备和场景，是一款不可缺少的产品。

不同场景的短视频应选用不同的麦克风。比如，拍摄旅行花絮类短视频，可以选用轻便、易携带的指向型麦克风，它可以录入 1 米范围内的海浪声、风声和人声；拍摄街头采访类短视频，可以选用线控连接相机的话筒；拍摄带解说的美食类短视频，可以选用无线领夹式麦克风，这类麦克风能有效降低环境声的干扰，突出人声，连吃面条的声音都可以被清晰地收录进去，同时具有 100 米范围内无线录音的功能，为拍摄增加灵活度。对于其他类型的视频，拍摄团队可按照自身需要选择麦克风。

4.1.5　其他设备

在拍摄短视频时，除了用到拍摄设备、稳定设备、补光设备和录音设备，还会用到自拍杆、小型摇臂等其他设备。

1. 自拍杆

自拍杆在短视频拍摄过程中非常常见，能够帮助创作者通过遥控器完成多角度拍摄动作。以下是生活中常见的自拍杆，如图 4-12 所示。

图 4-12　自拍杆

2. 小型摇臂

小型摇臂主要适用于单镜头反光数码相机和小型摄像机的辅助拍摄。使用小型摇臂能够实现全方位的拍摄，这极大地丰富了短视频的内容，增加了镜头画面的动感，给用户带来身临其境的真实感。小型摇臂如图 4-13 所示。

图 4-13　小型摇臂

4.2 短视频拍摄常用术语

在拍摄短视频时，还需要了解拍摄常用术语，这样可以更好地了解相机或手机的相关功能。下面将对短视频拍摄常用术语进行介绍。

4.2.1 光圈、快门和感光度

光圈、快门和感光度是影响画面曝光程度的三要素。下面将对这三个要素分别进行介绍。

1. 光圈

光圈决定镜头的进光量。光圈越大，进光量越多；光圈越小，进光量越少。大光圈适合拍摄暗场景，小光圈则适合拍摄明亮场景。

光圈用符号“*F*”表示，如 *F*1.4、*F*5.6、*F*8 和 *F*16 等。光圈对画面的影响主要有曝光和背景虚化两个方面。

2. 快门

快门是相机中的一个机械装置，用于控制光线进入相机所暴露时间的长度。当快门打开时，相机的感光元件(如胶片或数字传感器)暴露在外界光线下，光线进入相机并记录在感光元件上。当快门关闭时，暴露过程结束，感光元件停止接收光线。

快门速度通常以秒来表示，如 1/500 秒、1/1000 秒等。较快的快门速度意味着感光元件被光线暴露非常短的时间，适合拍摄快速移动的主体或抓拍瞬间的场景。较慢的快门速度则意味着感光元件将暴露更长的时间，适合拍摄静止的场景，或者在想要模糊运动效果时使用。

调整快门速度可以控制曝光的持续时间和影像的效果。较快的快门速度可以冻结移动主体，保持图像清晰。较慢的快门速度可以使图像呈现出流动、模糊的感觉。

快门速度应根据拍摄需求和场景条件来选择。需要注意的是，较慢的快门速度可能导致图像模糊，因此需要采取手持云台或使用三脚架等稳定设备的方式来避免相机晃动。

3. 感光度

感光度是拍摄设备的一个指标，用来衡量相机或胶片对光的敏感程度。感光度越高，相机或胶片对光的敏感程度就越高，在较暗的环境下拍摄照片越清晰。感光度一般用ISO值表示，常见的ISO值有100、200、400、800等。较低的ISO值(如100)适用于光线充足的场景，较高的ISO值(如800)适用于较暗的场景。然而，过高的ISO值可能会导致照片出现噪点和失真现象。感光度是拍摄时需要考虑的因素之一。

4.2.2 测光模式

相机可以对光线进行侦测，并根据侦测出的光线情况自动设置参数，调整画面的明暗度。常用的测光模式有全局平均测光、中央重点测光、点测光和多区域测光4种，如图4-14所示。

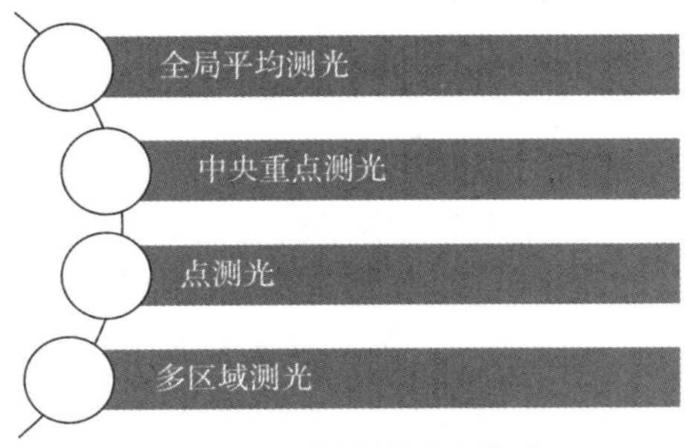

图4-14 常用的测光模式

下面将对不同的测光模式进行介绍。

◈ 全局平均测光：该测光模式下，相机将在整个画面上均匀地测量亮度，然后根据整体亮度进行曝光。

◈ 中央重点测光：该测光模式下，相机将只关注画面中心区域的亮度，其他区域的亮度对曝光没有影响。

◈ 点测光：该测光模式下，相机将只对画面中一个点(通常是焦点)进行测光，忽略其他区域的亮度。在使用长焦镜头时，相机会根据焦点的位置进行测光，获得更准确的曝光。

◈ 多区域测光：该测光模式下，相机会将画面分为几个区域，并分别测量每个区域的亮度，然后综合这些测量结果进行曝光。

不同的测光模式适用于不同的拍摄情景。需要根据具体场景和拍摄要求选择合适的测光模式，以确保获得正确的曝光。

4.2.3 曝光补偿

曝光补偿是指在自动曝光模式下，通过调整曝光补偿值来改变图像曝光程度。当整体环境明亮、局部画面灰暗时，需要增加曝光补偿；当整体环境较暗、拍摄主体明亮时，需要减少曝光补偿。

例如，在一个向阳的窗户前拍摄人物或景物时，对逆光的人物或景物就需要增加曝光补偿，让人物或景物更清晰；当拍摄黑色物体时，就要减少曝光补偿，让黑色更纯，这样才能拍出黑色物体的效果。

4.2.4 对焦模式

对焦模式是指相机或摄像机在拍摄过程中，调整镜头的焦点以获得清晰图像的一种工作模式。对焦模式可以根据拍摄需求来选择。

常见的对焦模式包括单次自动对焦、连续自动对焦和手动对焦，如图 4-15 所示。

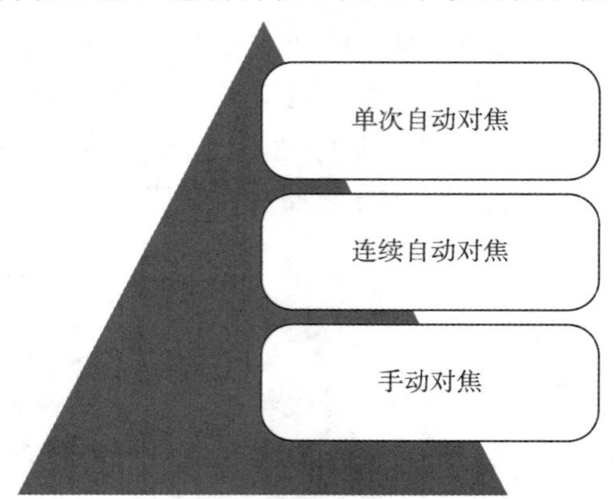

图 4-15　常见的对焦模式

下面对不同的对焦模式进行介绍。

◇ 单次自动对焦：在按下快门按钮时，相机会自动对准并锁定焦点，然后拍摄图像。该对焦模式适用于拍摄静态或基本不动的目标，在拍摄前需要重新对焦，当目标静止时，相机不会再继续对焦。

◇ 连续自动对焦：相机会持续追踪并对焦移动的目标，确保其始终保持清晰。该对焦模式适用于拍摄运动中的目标，如体育比赛或野生动物。持续对焦可以跟踪目标并随其移动进行自动对焦。

◇ 手动对焦：用户可以手动旋转镜头调整焦距以获得清晰的图像。该对焦模式适用于需要更精确控制焦点的情况，如微距拍摄或特殊拍摄效果。

选择适合的对焦模式可以帮助摄影师在不同场景中获得更好的拍摄效果，并充分发挥镜头的功能。

4.2.5　景深

景深用于描述照片或影像中的前景、背景在焦点范围内的清晰度或模糊度。景深受多个因素影响，如焦距、光圈和物体距离等。较大的光圈(小光圈值)和较长的焦距可以导致浅景深，即使只有一部分物体在焦点范围内也能呈现清晰的效果，其他地方则模糊。相反，较小的光圈(大光圈值)和较短的焦距可以导致深景深，即使较远处的物体也能保持相对清晰。

深景深和浅景深都可以在摄影中创造特定的效果。浅景深通常用于突出主体，将背景模糊化，从而营造出更具艺术性的效果，比如肖像摄影。而深景深则适合整个场景都需要清晰呈现的情况，例如风景摄影。

因此，景深在摄影中可以通过光圈、焦距来调整，对于创造不同的视觉效果起到关键作用。

4.2.6　色温与白平衡

色温与白平衡也是视频拍摄时经常用到的术语，下面将分别进行介绍。

1. 色温

色温指的是光源的颜色偏移或蓝色调强度。它是以开尔文(K)为单位来表示的数值。较低的色温值(例如 2000K 至 4000K)被认为是暖色调，会给照片或图像带来较多的红色。而较高的色温值(如 6000K 至 10000K)则被认为是冷色调，会给照片或图像带来较多的蓝色。如图 4-16 所示为色温图谱。

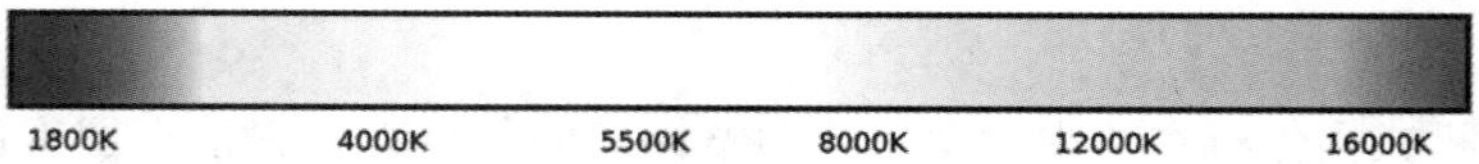

1800K　4000K　5500K　8000K　12000K　16000K

图 4-16　色温图谱

2. 白平衡

白平衡是指在摄影或显示设备中调整颜色使图像看起来自然的过程。它通过校正图像中的颜色偏差来确保还原真实的颜色。白平衡可以用于调整图像的整体色调，使其更贴近实际场景中的颜色。在背景光源不同时，需要进行不同的白平衡设置来达到准确的颜色还原效果。

白平衡可以通过手动设置相机的白平衡选项或后期处理软件调整。一些常见的白平衡模式包括自动白平衡(相机根据场景自动选择最佳白平衡设置)、预设白平衡(手动选择不同的预设模式，如日光、阴天、荧光灯等)和自定义白平衡(根据场景中的灰色参考卡进行设置)。通过正确调整白平衡，我们可以更准确地还原照片或图像中的颜色，使其看起来更自然和真实。

4.2.7 色彩模式

色彩模式是使用相机进行视频拍摄的一个重要设置选项，用于调整图像的颜色和饱和度。不同品牌和型号的相机可能会提供不同的色彩模式。常见的色彩模式有标准模式、鲜艳模式、风光模式等，如图 4-17 所示。

图 4-17 常见的色彩模式

下面将对常见的色彩模式进行介绍。

◇ 标准模式：这是常见的色彩模式，通常提供相对准确的颜色和适宜的饱和度。该模式可用于大多数场景，呈现自然和平衡的颜色。

◇ 鲜艳模式：这个模式会增加图像的饱和度和对比度，使颜色更加鲜艳、明亮。它适用于需要强调、夸大颜色效果的场景，例如拍摄鲜花或日落。

◇ 风光模式：这个模式着重增强蓝天和绿色植物等风景元素的饱和度和对比度。它能够提供更加生动和丰富的风景照片效果。

◇ 人像模式：这个模式旨在提高肤色的饱和度和增加细节，并突出主体。它通常会给人物照片带来柔和的效果，使肤色更加自然。

◇ 黑白模式：该模式将图像转换为黑白或灰度，忽略颜色信息。这对于追求经典或艺术风格的照片是有用的。

需要注意的是，这些色彩模式仅会对 JPEG 格式的图像产生影响。对于拍摄保存为 RAW 格式的图像来说，设置色彩模式并不直接改变原始图像数据，但后期处理软件可以根据该设置提供建议性的处理选项。

4.2.8 升格与降格

升格与降格是电影摄像中常见的一种技术手段。一般情况下，为了让视频在放映时，是正常速度的连续性画面，会采用 24 帧/秒的拍摄标准进行拍摄，也就是每秒拍摄 24 张图片。但是，为了实现慢动作、快动作等特殊的放映效果，就需要进行升格或降格拍摄。当拍摄速度高于 24 帧/秒时为“升格”，在升格后放映出来的短视频画面属于慢动作；当拍摄速度低于 24 帧/秒时为“降格”，在降格后放映出来的短视频画面属于快动作。

提示

在拍摄升格视频时，一般选择48帧/秒、60帧/秒、120帧/秒、240帧/秒的高帧率进行拍摄。

4.2.9 延时摄影

延时摄影也被称为间隔拍摄或时间流逝摄影，是一种捕捉连续图像并以一定时间间隔播放的技术。将这些图像连续播放，观众可以看到时间的推移和事物的变化。

延时摄影可以捕捉到一些令人惊叹的效果和有趣的场景变化，经常用来拍摄云海、日转夜、城市生活、建筑制造、生物演变等场景变化。延时摄影的方法有利用快门线或相机内自带的间隔功能拍摄和利用相机本身自带的延时摄影功能拍摄两种。

4.2.10 视频制式

视频制式是指用于摄像和播放视频的标准化系统。它包括视频帧率、分辨率、编码格式等方面。常见的视频制式有NTSC制式、PAL制式、SECAM制式等，如图4-18所示。

图4-18 常见的视频制式

下面将对常见的视频制式进行介绍。

◇ NTSC制式：NTSC[National Television Standards Committee，(美国)国家电视标准委员会]制式是美国和一些其他国家使用的视频制式。它采用30帧/秒的帧率，并在每秒钟发送两个场，即60个半帧。

◇ PAL制式：PAL(phase alteration line，逐行倒相)制式是欧洲和大部分亚洲国家使用的一种视频制式。它采用25帧/秒的帧率，并在每秒钟发送两个场，即50个半帧。

◇ SECAM制式：SECAM(sequentiel couleur a Memoire，按顺序传送色彩与存储)制式是法国和一些东欧国家使用的一种视频制式。与NTSC制式和PAL制式不同，SECAM制式通过依次扫描红、绿、蓝三个色彩信息的方式来传输颜色信号。

◇ HD制式：HD(high definition，高清)制式是指具有比标清制式更高分辨率的视频制式。常见的高清制式包括720P(1280像素×720像素)和1080i/1080P(1920像素×1080像素)。

◇ Ultra HD/4K制式：Ultra HD或4K视频制式是指具有更高分辨率的视频。其中，4K通常指3840像素×2160像素，而Ultra HD制式为3840像素×2160像素。

视频制式在不同国家和地区有所差异，取决于电视系统和视频标准。当拍摄和播放视频时，理解所使用的视频制式很重要，这可以确保视频兼容和适应目标平台或设备的要求。

4.2.11 视频分辨率、帧率和码率

视频分辨率、帧率和码率也是视频拍摄的常用术语。下面将对这3个常用术语进行介绍。

1. 视频分辨率

视频分辨率是指视频图像的像素数量，通常以水平像素数乘垂直像素数来表示。较高的分辨率意味着更多的像素，从而可以提供更清晰、更细致的图像。常见的视频分辨率有480P、720P、1080P、2K、4K和8K等。视频分辨率可根据用途、目标观众和可用的技术设备来选择。较高的视频分辨率

通常需要更高的处理能力和存储空间，所以在选择视频分辨率时需要考虑到可行性和实际需求。

2. 视频帧率

视频帧率是指单位时间内显示的视频帧数，通常以每秒钟的帧数来表示。帧率决定了在播放时每秒显示多少静止图像，较高的帧率可以提供更流畅、更逼真的动画效果。常见的视频帧率有 24 帧/秒、25 帧/秒等，下面将分别进行介绍。

◇ 24 帧/秒：这是电影行业使用的标准帧率，也被称为电影帧率。它可以提供较好的影院观影体验，而且在大型影片中比较常见。

◇ 25 帧/秒：这是欧洲和许多其他地区使用的标准帧率。与 24 帧/秒相比，画面会稍微平滑一些。

◇ 30 帧/秒：这是北美和许多其他地区使用的标准帧率。它提供了相对流畅的画面，用于广播、电视节目和大部分在线视频平台。

◇ 60 帧/秒：又称为高帧率(high frame rate，HFR)，画面更加流畅，在快速移动或活动场景中效果明显，常用于游戏、运动赛事直播和某些电影制作。

◇ 更高的帧率：有些专业设备和摄影技术支持更高的帧率，如 120 帧/秒或 240 帧/秒。这些高帧率主要用于特定应用，例如慢动作拍摄或特殊效果的制作。

3. 视频码率

视频码率是指视频数据在单位时间内的传输速率，通常以每秒传输的比特数来表示。它决定了视频文件的大小和质量。较高的码率可以提供更清晰、更丰富的图像细节，但也会增加文件大小。

视频码率的选择受多种因素影响，如分辨率、帧率、压缩算法和目标平台等。

4.3 使用相机拍摄短视频

很多人认为单镜头反光数码相机主要是用来摄像的，其视频拍摄功能远远不如专业的摄像机，甚至不如高端手机。其实这种认识是错误的。单镜头反光数码相机具有非常强大的视频拍摄功能，只要设置好相关的拍摄参数，同样可以拍摄出非常精彩的短视频作品。下面就为大家讲解使用单镜头反光数码相机拍摄短视频的操作要点，以帮助各位短视频创作者拍摄出专业级别的视频作品。

4.3.1 设置短视频录制格式和尺寸

在使用相机拍摄短视频时，需要提前设置好短视频录制格式和尺寸，这一步非常重要。有许多缺乏经验的拍摄者经常是拿起相机就开始拍摄，这导致拍摄完成后才发现拍摄出的视频尺寸不对，但此时可能已经错过重新拍摄的机会了，后期也会造成很多麻烦和问题。

在单镜头反光数码相机中，设置短视频录制格式与尺寸的操作很简单，在相机的设置菜单中设置即可。视频格式通常包括 MOV 和 MP4 两种。视频尺寸包括画面尺寸和帧率。画面尺寸通常有“1920 像素×1080 像素”“1280 像素×720 像素”“640 像素×480 像素”3 种。帧率通常有“24 帧/秒”“25 帧/秒”“50 帧/秒”等。我们要根据拍摄视频的实际需要来选择格式与尺寸。

不同相机支持拍摄短视频的质量是有差别的，这主要体现在短视频的尺寸上，也就是我们常说的清晰度。目前，市场上大部分的单镜头反光数码相机都支持拍摄高清视频。在没有特殊要求的情况下，建议录制 1920 像素×1080 像素、25 帧/秒、MOV 格式的高清视频，如图 4-19 所示。

图 4-19　设置短视频录制格式和尺寸

提示

尺寸与帧率都会影响视频的存储空间，视频的尺寸越大所占的存储空间就越大，比如高清视频的尺寸为 1920 像素×1080 像素，这种视频所占用的存储空间较大。帧率为 50 帧/秒的视频比帧率为 25 帧/秒的视频所占存储空间更大。大多数视频的帧率为 25 帧/秒，但有时为了后期制作需要可以选择 50 帧/秒，比如后期制作慢动作时就需要选择 50 帧/秒。

4.3.2　曝光设置

在取景相同的前提下，短视频作品质量好坏的关键在于短视频曝光参数的设置是否合理。短视频拍摄时的曝光通常由光圈值、快门速度及感光度(ISO)三者共同决定。相机一般自带 4 种曝光模式，分别用字母 M、A、S、P 来表示，如图 4-20 所示。其中，M 模式表示手动曝光模式；A 模式表示光圈优先曝光模式；S 模式表示快门优先曝光模式；P 模式表示程序自动曝光模式。

图 4-20　单镜头反光数码相机的 4 种曝光模式

提示

单镜头反光数码相机中的 Auto 模式属于全自动模式，光圈、快门、感光度、白平衡等参数都是自动设置的，拍摄者只管按快门拍摄即可。但是由于能够自行控制的参数寥寥无几，画质不一定能达到预期效果，所以使用单镜头反光数码相机的人很少会使用 Auto 模式。而 P 模式只配对相机中的光圈和快门，也就是说，在 P 模式下，只有曝光模式是自动的，其他拍摄参数还是需要自己手动去调整。

使用单镜头反光数码相机拍摄视频时，建议使用手动曝光模式进行拍摄，也就是使用 M 模式。使用手动曝光模式可以准确地设定相机的拍摄参数，无论是快门速度、光圈值，还是感光度(ISO)，都能直接修改，精确地控制画面的曝光成像。

4.3.3 白平衡设置

白平衡是相机中非常重要的一项功能，它的作用是在不同色温的环境下，使拍摄出来的画面呈现出正确的色彩。单镜头反光数码相机虽然都有自动白平衡功能，但由于拍摄短视频时环境变化因素较多，使用自动白平衡功能会直接导致所拍摄的各个视频片段的画面颜色不一，画面效果出入较大。因此，使用单镜头反光数码相机拍摄短视频时，建议手动调节白平衡，即手动调节色温值，如图 4-21 所示。

图 4-21 调节相机白平衡

色温可以控制画面的色调。色温值越高，画面的颜色越偏黄色；反之，画面的颜色越偏蓝色。一般情况下，将色温调节到 4900～5300K，这是一个中性值，适合大部分拍摄题材。

4.3.4 手动对焦设置

单镜头反光数码相机的对焦模式分为自动对焦模式（AF 模式）和手动对焦模式（MF 模式），如图 4-22 所示。单镜头反光数码相机在实时取景时的自动对焦能力较弱，并且自动对焦也会影响画面的曝光，因此，建议在拍摄视频时尽量使用手动对焦模式。

图 4-22 单镜头反光数码相机的对焦模式

使用手动对焦模式拍摄视频，首先需要提前准备好一台带滑轨的三脚架，将单镜头反光数码相机固定在三脚架上，保证拍摄画面的稳定。设置手动对焦模式的具体方法如下。

第 1 步：将对焦模式开关滑动至“MF”位置，开启手动对焦模式。

第 2 步：按下“实时显示拍摄/短片拍摄”按钮，启动实时显示拍摄。

第 3 步：通过“方向键”调整液晶显示器中的整体画面及构图，大致确定对焦位置。

第 4 步：通过“自动对焦点选择/放大”按钮，放大画面，从而找到画面中的主体。如果难以获得最佳对焦效果，可采用稍大动作操作对焦环，寻找最清晰的位置。

第 5 步：半按下“快门”按钮，这时候可以清晰地显示出画面。当确定对焦位置并完成对焦后，应再次检查被拍摄对象及其周围环境是否发生了变化，确定画面整体没有问题后，轻轻地释放“快门”按钮即可。

提 示

不同品牌、不同型号的单镜头反光数码相机在按键上稍有差异，如有的单镜头反光数码相机“自动对焦点选择”按钮与“放大”按钮是合并在一起的，有的单镜头反光数码相机是分开的。在实际操作过程中，拍摄者根据自己单镜头反光数码相机的按键位置操作即可。

4.3.5 拍摄延时短片

目前，大多单镜头反光数码相机都带有延时拍摄功能，用户只需要在拍摄短视频时，开启延时功能即可拍摄延时短片。

拍摄延时短片的具体方法如下。

第 1 步：在摄像功能下进入“设置”菜单，选择“延时短片”选项。

第 2 步：按 SET 键进入“延时短片”界面，点击“启用”选项启用“延时短片”功能。

第 3 步：按 SET 键即可使用默认设置进行延时摄影拍摄。

第 4 步：在相机上按 INFO 键，进入“调节间隔/张数”界面，设置拍摄的间隔时间和拍摄张数。

第 5 步：设置完毕后，按 SET 键，然后按相机上的 START/STOP 键准备拍摄，并对拍摄主体进行对焦，然后按下单镜头反光数码相机上的快门键，即可拍摄延时短片。

4.4 使用手机拍摄短视频

由于智能手机功能日益强大，越来越多的用户开始使用智能手机拍摄短视频。目前市场上智能手机的拍摄功能大同小异。下面以苹果手机为例，介绍使用手机拍摄短视频的操作方法。

4.4.1 设置短视频分辨率和帧率

在手机上设置短视频分辨率和帧率的具体方法如下。

第 1 步：在手机桌面上，点击“设置”图标，如图 4-23 所示。

第 2 步：进入“设置”界面，选择“相机”选项，如图 4-24 所示。

图 4-23 点击“设置”图标

图 4-24 选择“相机”选项

第 3 步：进入“相机”界面，选择“录制视频”选项，如图 4-25 所示。

第 4 步：进入“录制视频”界面，选择短视频的分辨率和帧率，如选择“1080p HD/30 fps”选项，如图 4-26 所示，即可完成手机短视频分辨率和帧率的设置。

图 4-25　选择“录制视频”选项

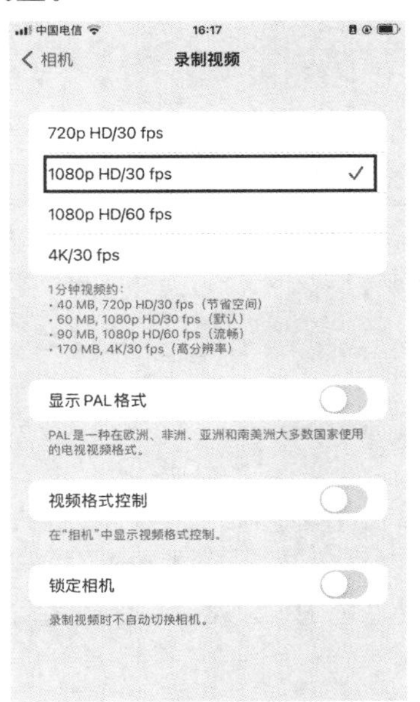

图 4-26　选择“1080p HD/30 fps”选项

4.4.2　设置短视频格式

将苹果手机拍摄的照片和视频复制到 Windows 系统的计算机上后，会出现无法正常打开的情况。这是因为拍摄的照片和视频格式分别为 HEIF 和 HEVC，而这两种格式的文件如果想在 Windows 系统环境中打开，需要使用专门的软件。因此，为了避免出现这种问题，可以将“格式”设置为“兼容性最佳”，具体的操作方法如下。

第 1 步：在手机桌面上，点击“设置”图标，如图 4-27 所示。

第 2 步：进入“设置”界面，选择“相机”选项，如图 4-28 所示。

图 4-27　点击“设置”图标

图 4-28　选择“相机”选项

第 3 步：进入“相机”界面，选择“格式”选项，如图 4-29 所示。

第 4 步：进入“格式”界面，选择“兼容性最佳”选项，如图 4-30 所示，即可完成手机短视频格式的设置。

图 4-29　选择“格式”选项

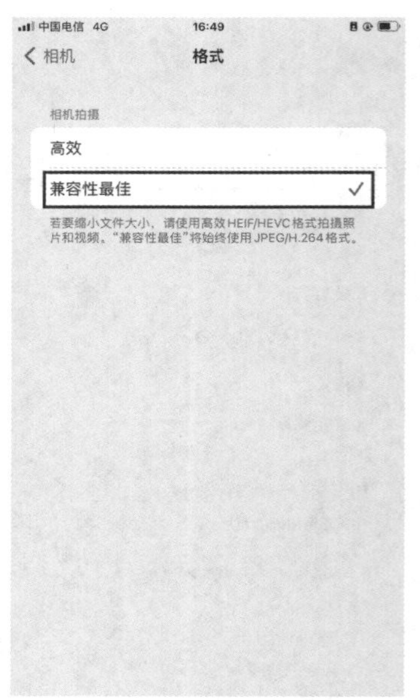

图 4-30　选择“兼容性最佳”选项

4.4.3　使用手机自动对焦功能拍摄短视频

自动对焦是手机根据其内置的对焦传感器和算法自动调整镜头位置，以获得适当的焦点。手机自动对焦功能可以分为多种模式，包括单次自动对焦（AF-S）功能和连续自动对焦（AF-C）功能。前者用于拍摄静态场景，后者适用于追踪运动物体。

使用手机自动对焦功能拍摄短视频的具体方法如下。

第 1 步：在手机桌面上，点击“相机”图标，如图 4-31 所示。

第 2 步：进入拍摄界面，点击“视频”选项，如图 4-32 所示。

图 4-31　点击“相机”图标

图 4-32　点击“视频”选项

第 3 步：进入视频拍摄界面，将摄像头对准需要拍摄的物体，则开始出现自动对焦画面，如图 4-33 所示，再点击“录制”按钮，即可使用自动对焦功能拍摄短视频。

图 4-33 出现自动对焦画面

4.4.4 使用手动对焦功能实现对焦锁定

手动对焦功能通常用于需要更精确控制的情况下，例如拍摄微距或特定主题。手动对焦功能是在拍摄前，使用轮盘来移动焦点，达到所需的焦距，调节好焦点拍摄出有效的照片。

使用手动对焦功能实现对焦锁定的具体方法如下。

第 1 步：在手机桌面上，点击“相机”图标，进入拍摄界面，点击“视频”选项，进入视频拍摄界面，在手机屏幕上长按，将实现对焦锁定，如图 4-34 所示。

第 2 步：点击“录制”按钮，即可在对焦锁定状态下拍摄短视频，如图 4-35 所示。

图 4-34 实现对焦锁定

图 4-35 在对焦锁定状态下拍摄短视频

4.4.5 拍摄延时摄影短视频

使用手机中的“延时摄影”功能可以拍摄延时摄影短视频，其具体方法如下。

第 1 步：在手机桌面上，点击“相机”图标，进入拍摄界面，如图 4-36 所示。

第 2 步：点击“延时摄影”选项，进入“延时摄影”拍摄界面，点击“录制”按钮，如图 4-37 所示。

第 3 步：开始拍摄延时摄影短视频，如图 4-38 所示。拍摄完成后，再次点击“录制”按钮，延时摄影短视频拍摄完成。

图 4-36　进入拍摄界面

图 4-37　点击“录制”按钮

图 4-38　拍摄延时摄影短视频

4.4.6　拍摄慢动作短视频

使用手机中的“慢动作”功能可以拍摄慢动作短视频，其具体方法如下。

第 1 步：在手机桌面上，点击“相机”图标，进入拍摄界面，如图 4-39 所示。

第 2 步：点击“慢动作”选项，进入“慢动作”拍摄界面，点击“录制”按钮，如图 4-40 所示。

第 3 步：开始拍摄慢动作短视频，如图 4-41 所示。拍摄完成后，再次点击“录制”按钮，慢动作短视频拍摄完成。

图 4-39　进入拍摄界面

图 4-40　点击“录制”按钮

图 4-41　拍摄慢动作短视频

课后练习

1. 使用相机拍摄一段玫瑰花的短视频。
2. 使用手机拍摄一段春天风景的短视频。

第5章　抖音短视频的制作

本章导读

抖音是智能手机用户的新宠，无论什么年龄、什么职业都可以来抖音消磨闲暇时间。抖音不仅可以浏览短视频，还可以拍摄与制作短视频，其拍摄、剪辑功能十分强大。本章将详细介绍使用抖音拍摄短视频、抖音短视频的后期处理与发布两个方面的内容。

学习目标

通过对本章多个知识点的学习，读者可以熟练掌握使用抖音拍摄短视频、后期处理与发布短视频的基础知识。

知识要点

◈ 拍摄设置
◈ 分段拍摄
◈ 使用特效拍摄
◈ 快慢速拍摄
◈ 选择背景音乐
◈ 倒计时拍摄
◈ 合拍短视频
◈ 剪辑短视频素材
◈ 添加文字和贴纸
◈ 添加短视频效果
◈ 使用模板编辑短视频
◈ 发布与管理短视频

5.1 使用抖音拍摄短视频

抖音自带拍摄短视频的功能，不仅可以进行正常短视频的拍摄，还可以进行分段拍摄，并在拍摄短视频的过程中，为短视频添加滤镜和特效，完成后期的短视频发布操作。

5.1.1 拍摄设置

在使用抖音拍摄短视频之前，需要先对短视频进行常规设置，如打开构图网格、使用滤镜和美化功能等。下面将介绍拍摄设置的具体方法。

第1步：打开抖音，点击“短视频制作”按钮，进入抖音拍摄界面，界面右侧为用户提供了多种设置功能，如果用户要使用“滤镜”功能，则可以点击“滤镜”按钮，如图5-1所示。

第2步：进入“滤镜”界面，在该界面中可以左右滑动屏幕选择滤镜效果，即可在拍摄短视频前应用滤镜效果，如图 5-2 所示。

图 5-1　点击“滤镜”按钮

图 5-2　选择滤镜效果

第 3 步：在抖音拍摄界面的右侧点击“设置”按钮，如图 5-3 所示。

第 4 步：进入“设置”界面，点击“网格”右侧的按钮，开启九宫格网格拍摄，如图 5-4 所示。

图 5-3　点击“设置”按钮

图 5-4　开启“网格”功能

5.1.2　分段拍摄

使用“分段拍摄”功能可以在不进行后期剪辑的情况下，看到不同的镜头画面组接的效果，免去了拍摄后再进行后期剪辑的步骤。在分段拍摄视频时，一般可以在拍摄过程中暂停拍摄，在转换镜头或者调整好拍摄角度后，再继续拍摄下一个镜头。

分段拍摄的具体操作步骤如下。

第 1 步：打开抖音，点击“短视频制作”按钮，如图 5-5 所示。

第 2 步：进入短视频制作页面，系统默认为“快拍”模式，在界面下方点击“分段拍”按钮，如

图 5-6 所示。

图 5-5　点击“短视频制作”按钮

图 5-6　点击“分段拍”按钮

第 3 步：进入分段拍模式，长按“拍摄”按钮进行拍摄，如图 5-7 所示。

第 4 步：点击“拍摄”按钮，可以停止短视频拍摄，如图 5-8 所示，此时，第一段短视频拍摄完毕，在“拍摄”按钮周围会显示一段红色的进度条，显示第一段短视频拍摄的时长。

图 5-7　长按“拍摄”按钮

图 5-8　停止视频拍摄

第 5 步：如果拍摄的片段不满意或者想重新拍摄，则点击右侧的“删除”按钮，如图 5-9 所示，即可删除已拍摄的短视频。

第 6 步：继续点击“拍摄”按钮，拍摄剩余的短视频片段，拍摄完成后，点击右下方的“√”按钮，如图 5-10 所示。

第 7 步：预览短视频拍摄效果，可以看到两段短视频已经自动合成为一段短视频。此时，如果需要继续拍摄后续短视频，可点击“<”按钮，回到拍摄界面继续进行拍摄，如图 5-11 所示。

图 5-9　点击“删除”按钮

图 5-10　点击“√”按钮

图 5-11　点击“＜”按钮

5.1.3　使用特效拍摄

在拍摄短视频时，可以使用“特效”功能拍摄带特效的短视频。使用特效拍摄的具体操作步骤如下。

第 1 步：打开抖音，点击“短视频制作”按钮，进入短视频制作页面，点击底部左侧的“特效”按钮，如图 5-12 所示。

第 2 步：展开特效窗口，在“热门”选项区中，选择“清凉一夏”特效，如图 5-13 所示。

图 5-12　点击“特效”按钮

图 5-13　选择“清凉一夏”特效

第 3 步：此时屏幕上会出现该特效的效果，点击“拍摄”按钮，如图 5-14 所示。

第 4 步：使用特效拍摄短视频，如图 5-15 所示，再次点击“拍摄”按钮，完成特效视频拍摄。

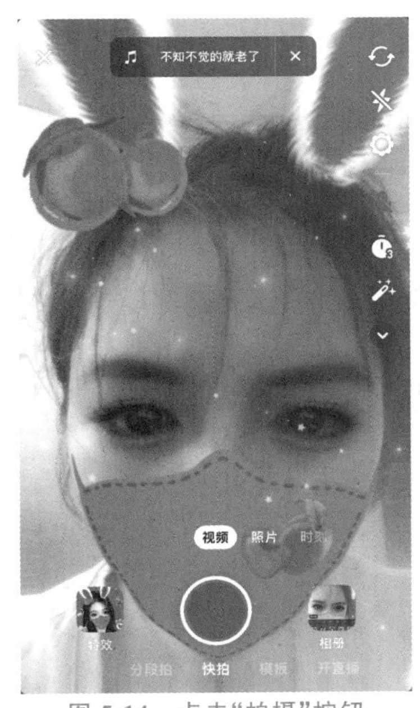

图 5-14 点击“拍摄”按钮

图 5-15 使用特效拍摄短视频

5.1.4 快慢速拍摄

有时，为了使短视频的画面更具有表现力，剪辑人员会将短视频的速度加快或放慢，而抖音中，拍摄者可以直接使用“快慢速”功能拍摄出或快或慢的视频素材，省去了后期加工的工作。使用快慢速拍摄技巧拍摄短视频的具体操作步骤如下。

第 1 步：打开抖音，点击“短视频制作”按钮，进入短视频制作页面，点击右侧的“快慢速”按钮，如图 5-16 所示。

第 2 步：进入“快慢速”功能界面，默认采用“标准”模式，可以选择其他 4 种速度模式进行拍摄，如图 5-17 所示。

图 5-16 点击“快慢速”按钮

图 5-17 “快慢速”功能界面

第 3 步：点击“极慢”按钮，切换到极慢速拍摄模式，如图 5-18 所示。

第 4 步：点击“拍摄”按钮，并迅速打开水龙头开关，开始拍摄水龙头流水情况，如图 5-19 所示。

第 5 步：再次点击“拍摄”按钮，完成短视频拍摄，然后在短视频编辑界面中，可以看到，在极慢速度下录制的水龙头开启的一瞬间，水从出水口缓慢流出的画面，以及停在半空中的状态，如图 5-20 所示。

图 5-18　点击“极慢”按钮

图 5-19　拍摄水龙头流水情况

图 5-20　预览极慢速短视频效果

5.1.5　选择背景音乐

使用“音乐”功能可以快速添加背景音乐，其具体的操作步骤如下。

第 1 步：打开抖音，点击“短视频制作”按钮，如图 5-21 所示。

第 2 步：进入短视频制作页面，点击界面顶部的“选择音乐”按钮，如图 5-22 所示。

图 5-21　点击“短视频制作”按钮

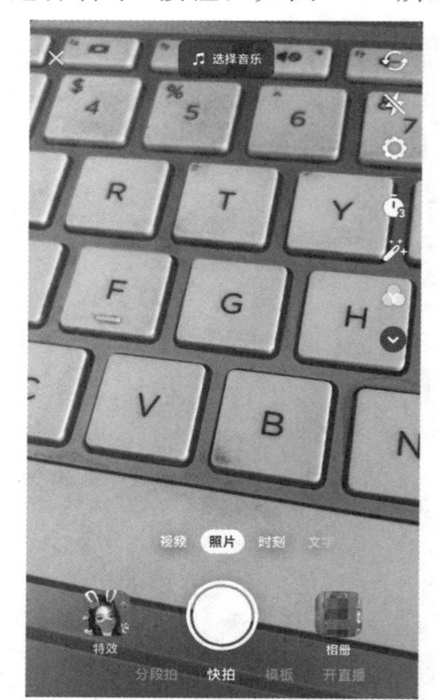

图 5-22　点击“选择音乐”按钮

第 3 步：进入“选择音乐”界面，点击右侧的“搜索”按钮，如图 5-23 所示。

第 4 步：进入“搜索”界面，点击“发现更多音乐”按钮，如图 5-24 所示。

图 5-23　点击“搜索”按钮

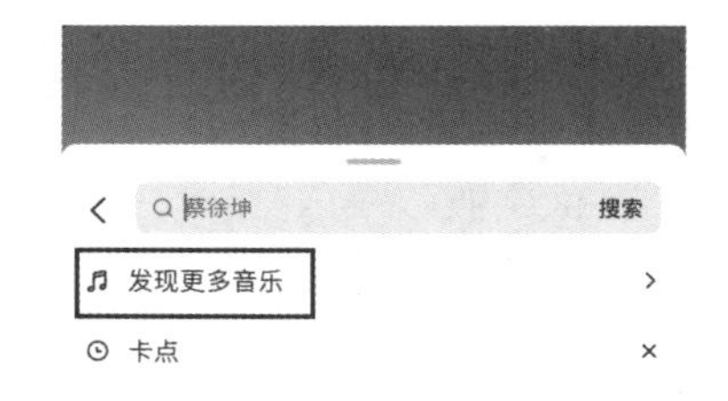

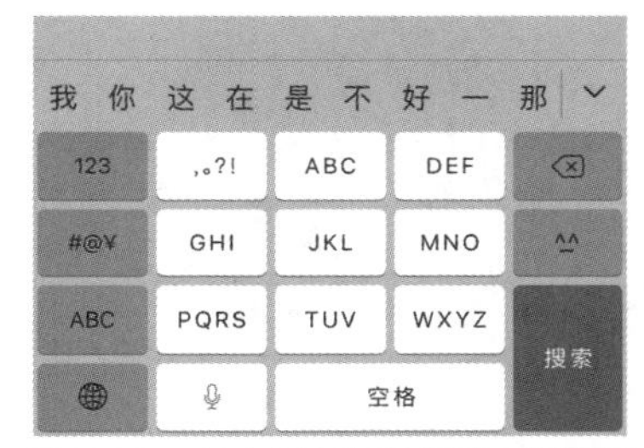

图 5-24　点击“发现更多音乐”按钮

第 5 步：进入“发现音乐”界面，在音乐列表中上下滑动屏幕，可以查看各种不同类型的音乐，点击“查看全部”按钮，如图 5-25 所示。

第 6 步：进入“推荐”界面，点击需要试听的音乐名称，如图 5-26 所示。

第 7 步：开始试听音乐，点击其右侧的“使用”按钮，如图 5-27 所示，即可添加背景音乐。如果用户要收藏音乐，则点击音乐名称右侧的“收藏”按钮即可。

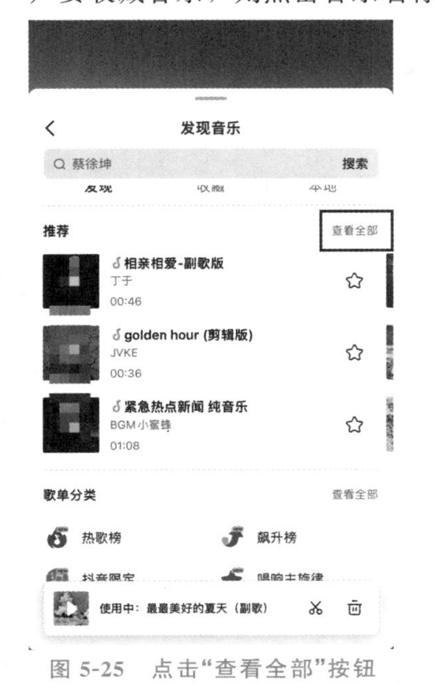

图 5-25　点击“查看全部”按钮

图 5-26　点击音乐名称

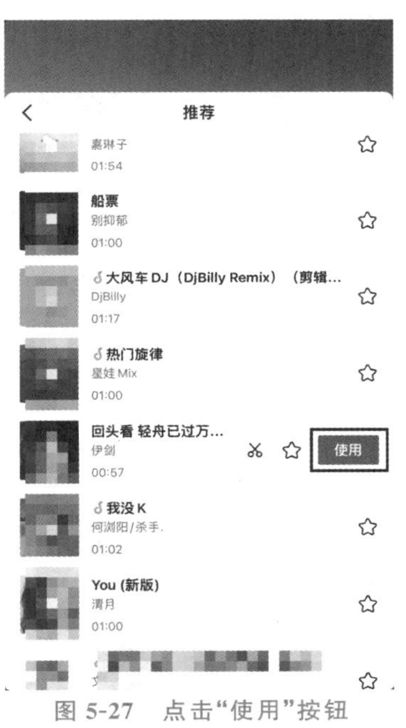

图 5-27　点击“使用”按钮

5.1.6　倒计时拍摄

抖音中的“倒计时”拍摄有两个功能：第一个功能是在自拍时，设置好倒计时的长度，在点击“拍摄”按钮后等待相应的时间即可开始自动拍摄；第二个功能是当设计了多个片段拍摄时，可以设置每一个片段的时长，进行音乐卡点拍摄。使用倒计时拍摄短视频的具体操作步骤如下。

第 1 步：打开抖音，点击“短视频制作”按钮，进入短视频制作页面，点击界面顶部的“选择音乐”按钮，如图 5-28 所示。

第 2 步：进入“选择音乐”界面，点击“搜索”按钮，如图 5-29 所示。

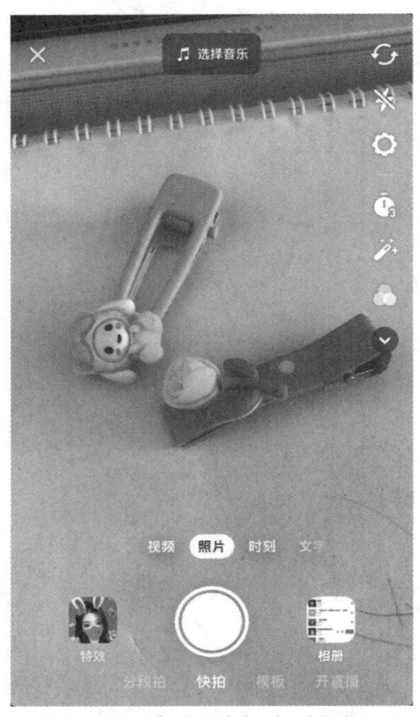

图 5-28　点击“选择音乐”按钮

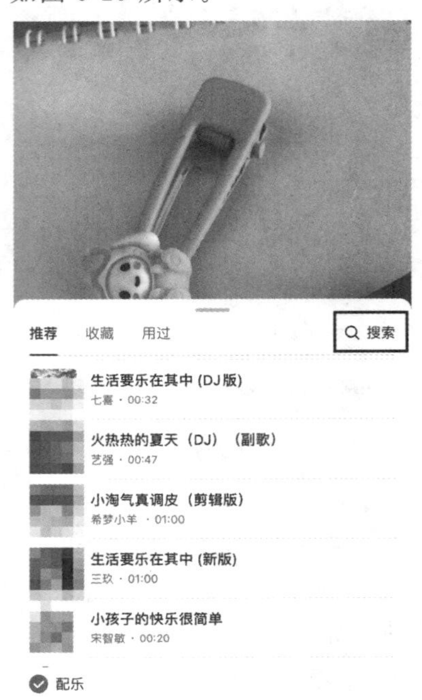

图 5-29　点击“搜索”按钮

第 3 步：进入“搜索”界面，在搜索文本框中输入“卡点”，点击“搜索”按钮，如图 5-30 所示。

第 4 步：选择要使用的卡点音乐，点击“使用”按钮，如图 5-31 所示。

图 5-30　输入搜索内容

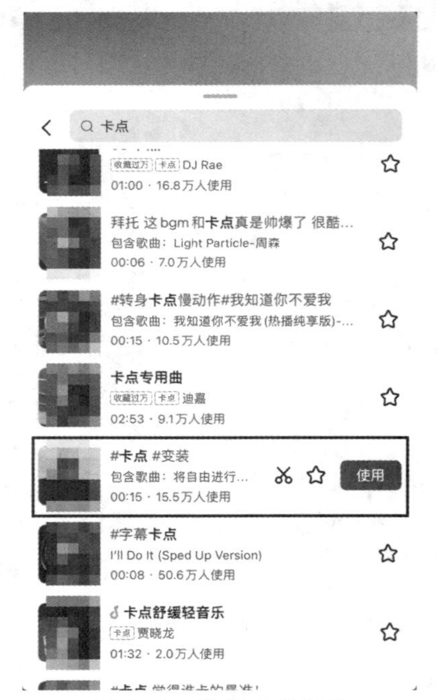

图 5-31　选择卡点音乐

第 5 步：回到拍摄界面，点击“分段拍”按钮，如图 5-32 所示。

第 6 步：进入“分段拍”模式，点击右侧的“倒计时”按钮，如图 5-33 所示。

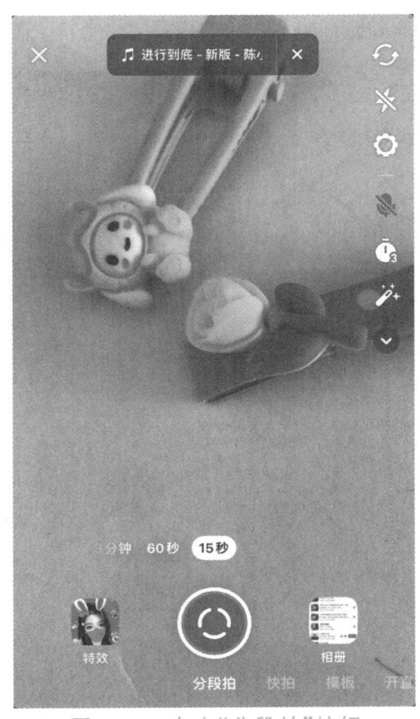

图 5-32 点击“分段拍”按钮

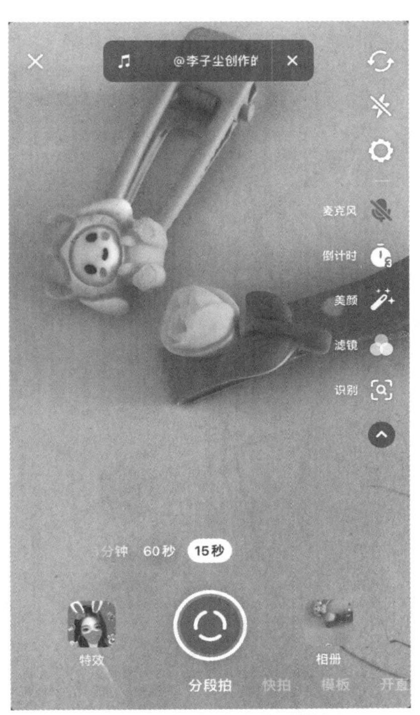

图 5-33 点击“倒计时”按钮

第 7 步：进入“倒计时”界面，可以设置倒计时的长度，有 3s 和 10s 可以选择，如图 5-34 所示。

第 8 步：根据声波图找到音乐的节奏点，将红色滑块拖动至节奏点的位置，此位置就是第一个音乐卡点位置，也是第一段短视频的时间长度，如图 5-35 所示。

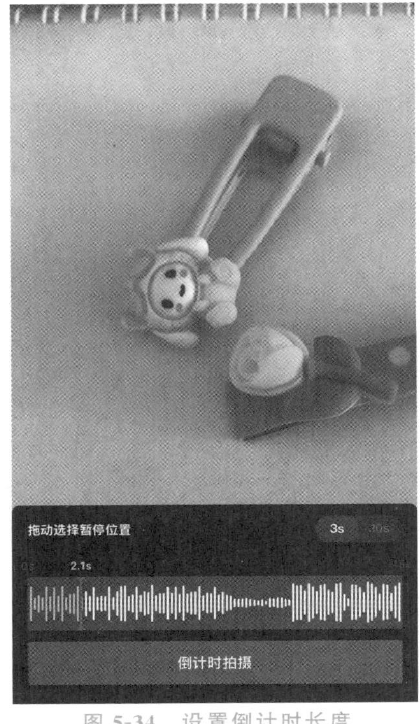

图 5-34 设置倒计时长度

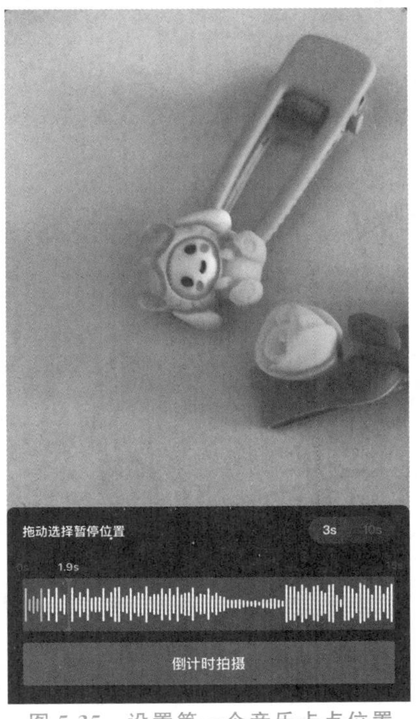

图 5-35 设置第一个音乐卡点位置

第 9 步：点击下方的“倒计时拍摄”按钮，开始拍摄第一段短视频，此时画面中会显示倒计时数字，倒计时结束后开始自动拍摄，如图 5-36 所示。

第 10 步：拍摄到第一个节奏点的位置，软件会自动停止拍摄，如图 5-37 所示。

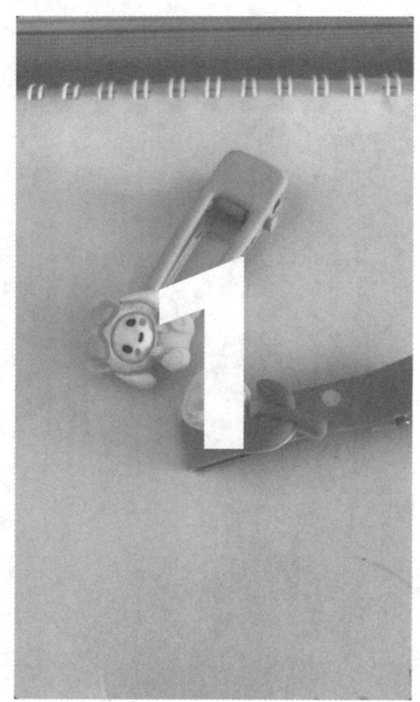

图 5-36　显示倒计时数字

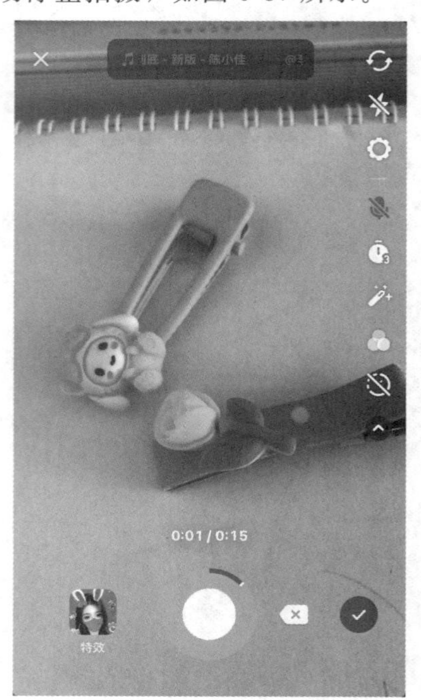

图 5-37　拍摄第一段卡点短视频

第 11 步：再次点击“倒计时”按钮，根据卡点音乐设置第二段短视频的拍摄时长，如图 5-38 所示。

第 12 步：点击下方的“倒计时拍摄”按钮，开始拍摄第二段短视频，如图 5-39 所示。

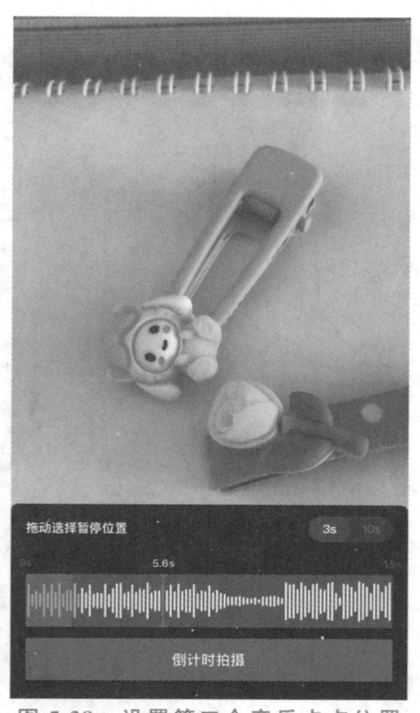

图 5-38　设置第二个音乐卡点位置

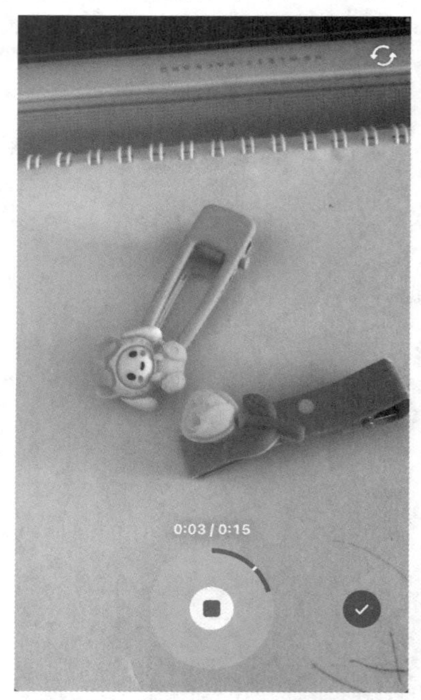

图 5-39　拍摄第二段卡点短视频

第 13 步：使用同样的方法，依次设置其他节奏点的位置，并拍摄卡点短视频，短视频的段数取决于设置的节奏点个数，如图 5-40 所示。

第 14 步：拍摄完所有的短视频片段后，软件自动跳转到视频编辑界面，则倒计时卡点短视频拍摄完成，如图 5-41 所示。

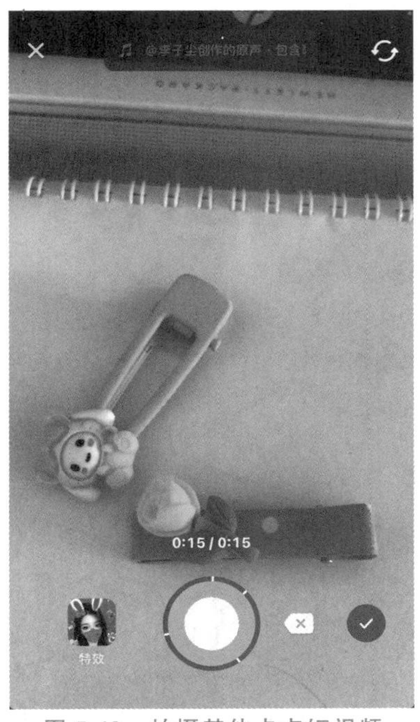

图 5-40　拍摄其他卡点短视频

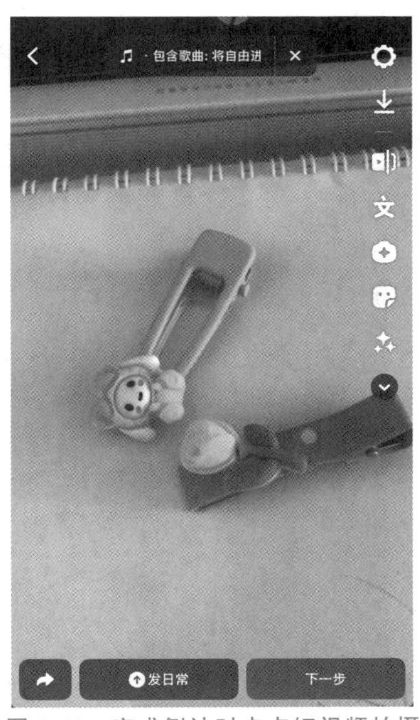

图 5-41　完成倒计时卡点短视频拍摄

5.1.7　合拍短视频

使用抖音中的“合拍”功能可以与其他人发布的短视频进行合拍，也就是在一个界面中同时显示自己和别人的作品。合拍短视频的具体方法如下。

第 1 步：打开抖音，找到要合拍的短视频，点击右下方的“分享”按钮，如图 5-42 所示。

第 2 步：进入“分享”界面，点击“合拍”按钮，如图 5-43 所示。

图 5-42　点击“分享”按钮

图 5-43　点击“合拍”按钮

第 3 步：进入“合拍”界面，点击其右侧的“布局”按钮，如图 5-44 所示。

第 4 步：进入“布局”界面，选择合适的布局样式，如“左右”布局样式，如图 5-45 所示。

图 5-44　点击“布局”按钮

图 5-45　选择“左右”布局样式

第 5 步：点击短视频画面，退出“布局”界面，拖动小窗口调整原视频的位置，点击“拍摄”按钮，即可开始拍摄合拍短视频，如图 5-46 所示。

第 6 步：拍摄完成后，点击右下方的“√”按钮，预览合拍的短视频，如图 5-47 所示。

图 5-46　点击“拍摄”按钮

图 5-47　预览合拍的短视频

提 示

在合拍短视频时，既可以在拍摄短视频时进行合拍，也可以将已经拍摄好的短视频进行合拍，其操作方法是：点击右下方的“相册”按钮，如图 5-48 所示，在弹出的界面中选择本地拍摄的短视频即可，如图 5-49 所示。

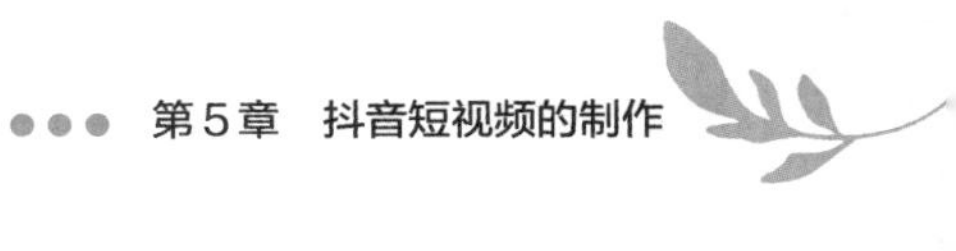

图 5-48　点击“相册”按钮

图 5-49　合拍本地短视频

5.2 抖音短视频的后期处理与发布

在使用抖音拍摄完短视频后，还可以对短视频进行后期处理与发布。本节将详细讲解后期处理与发布抖音短视频的方法。

5.2.1 剪辑短视频素材

使用抖音中的“相册”功能，可以将手机本地相册中的视频素材添加到抖音进行剪辑操作，其具体的操作步骤如下。

第 1 步：在抖音的短视频制作页面中，点击右侧的“相册”按钮，如图 5-50 所示。

第 2 步：进入添加素材界面，点击“多选”按钮，选中要添加的素材，点击右下角的“下一步”按钮，如图 5-51 所示。

图 5-50　点击“相册”按钮

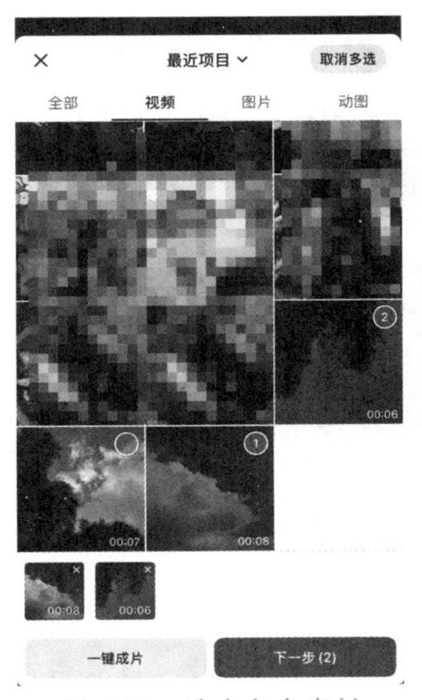

图 5-51　选中多个素材

第 3 步：进入视频编辑界面，点击“剪裁”按钮，如图 5-52 所示。

第 4 步：进入视频“剪裁”界面，选择第一段短视频，拖动黄色剪裁框，可以调整第一段短视频的长度，如图 5-53 所示。

图 5-52　点击“剪裁”按钮

图 5-53　调整第一段短视频的长度

第 5 步：采用同样的方法，依次选择其他短视频，调整其他短视频的长度，如图 5-54 所示。

第 6 步：选择第一段短视频，点击“变速”按钮，如图 5-55 所示。

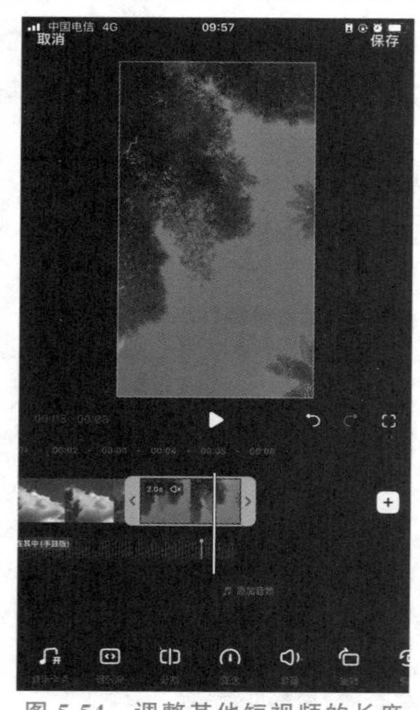

图 5-54　调整其他短视频的长度

图 5-55　点击“变速”按钮

第 7 步：弹出“变速”窗口，向左拖动白色滑块，调整第一段短视频播放速度，如图 5-56 所示，调整完成后，点击“√”按钮，完成第一段短视频播放速度的调整。

第 8 步：选择第二段短视频，点击“变速”按钮，弹出“变速”窗口，向右拖动白色滑块，调整第二段短视频播放速度，如图 5-57 所示，调整完成后，点击“√”按钮即可。

图 5-56 调整第一段短视频播放速度

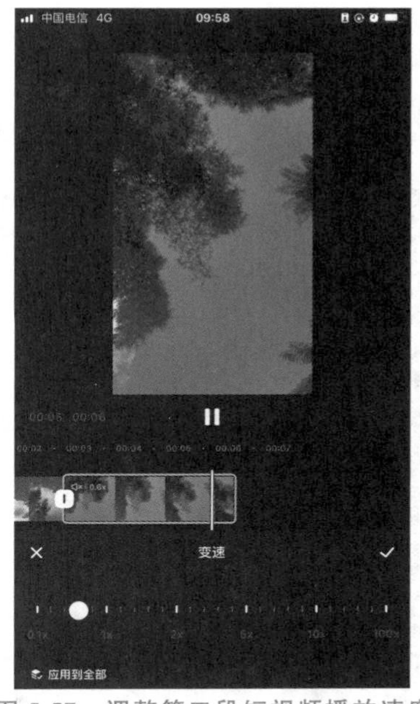

图 5-57 调整第二段短视频播放速度

5.2.2 添加文字和贴纸

使用“字幕”功能可以为短视频添加标题字幕、对白字幕、解说字幕等，不仅可以为短视频增色，还可以更好地向观众传递短视频的主题、情感等信息。使用“贴纸”功能可以为短视频添加各种贴纸，从而起到装饰短视频的效果。下面将介绍添加文字和贴纸的具体操作步骤。

第 1 步：添加一段已经拍摄好的短视频素材，在视频编辑界面中，点击界面右侧的“文字”按钮，如图 5-58 所示。

第 2 步：弹出文字编辑界面，输入要添加的文字，如图 5-59 所示。

图 5-58 点击“文字”按钮

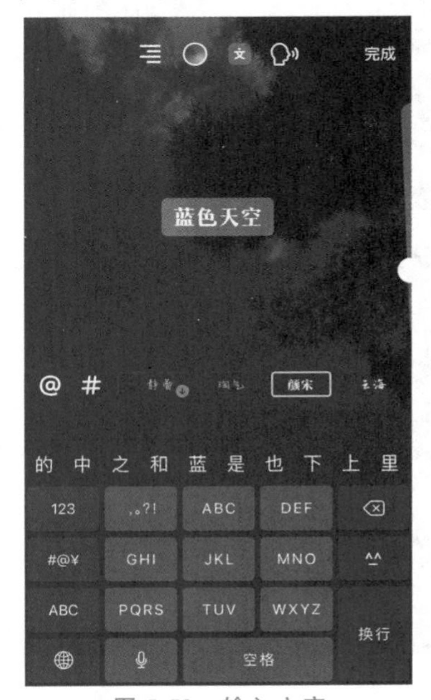

图 5-59 输入文字

第 3 步：在下方的“文字样式”设置区中，设置文字样式，如图 5-60 所示。

第 4 步：点击界面顶部的[文]按钮，为文字添加不同的描边和填充效果，如图 5-61 所示。

图 5-60　设置文字样式

图 5-61　添加描边和填充效果

第 5 步：点击界面顶部的“排列”按钮，可以设置文字的排列方式，如图 5-62 所示。

第 6 步：设置完成后点击右上角的“完成”按钮，如图 5-63 所示。

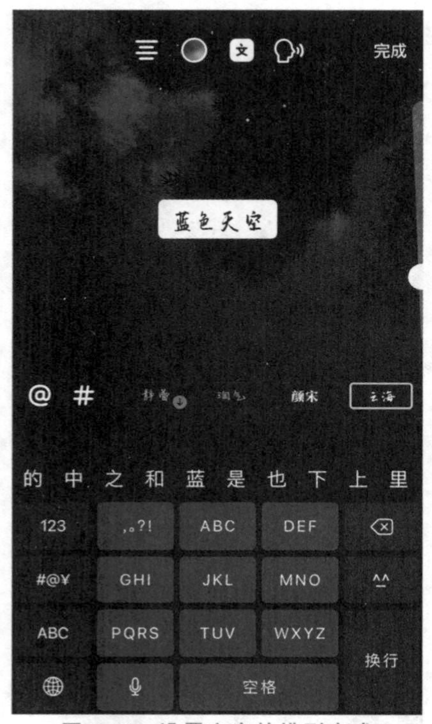

图 5-62　设置文字的排列方式

图 5-63　点击“完成”按钮

第 7 步：回到视频编辑界面，调整文字在画面中的位置，如图 5-64 所示。

第 8 步：点击画面中的文字，弹出文字编辑菜单，选择“设置时长”选项，如图 5-65 所示。

图 5-64　调整文字位置

图 5-65　选择“设置时长”选项

第 9 步：弹出“贴纸时长”编辑窗口，拖动下方视频缩览图上的白色剪裁框，调整文字显示时长，并控制文字显示开始和结束的时间点，如图 5-66 所示。

第 10 步：如果要修改文字内容，则可以选择“编辑”选项，如图 5-67 所示，操作完成后，点击右下角的“√”按钮，完成字幕的添加操作。

图 5-66　控制文字显示开始和结束的时间点

图 5-67　选择“编辑”选项

第 11 步：在视频编辑界面的右侧，点击“贴纸”按钮，如图 5-68 所示。

第 12 步：在弹出的“贴纸”界面中包括多种不同类型的贴纸，点击“搜贴纸”按钮，如图 5-69 所示。

图 5-68　点击“贴纸”按钮

图 5-69　点击“搜贴纸”按钮

第 13 步：在搜索框中输入“云彩”，点击“搜索”按钮，即可搜索出云彩贴纸，点击选择云彩贴纸，如图 5-70 所示。

第 14 步：选中的贴纸会显示在短视频画面中，通过单手指可以移动贴纸的摆放位置，也可以通过双手指缩放、旋转贴纸，如图 5-71 所示。

图 5-70　点击选择云彩贴纸

图 5-71　添加与调整贴纸

第 15 步：点击画面上的贴纸，弹出编辑菜单，选择“设置时长”选项，如图 5-72 所示。

第 16 步：弹出“贴纸时长”窗口，拖动下方视频缩览图上白色的剪裁框，调整贴纸的显示时长，并控制贴纸开始和结束的时间点，如图 5-73 所示，操作完成后，点击右下角的“√”按钮，完成贴纸的添加操作。

图 5-72　选择"设置时长"选项

图 5-73　控制贴纸开始和结束的时间点

5.2.3　添加短视频效果

在拍摄完短视频后，使用"特效"功能，可以为短视频添加各种效果，让短视频更加炫酷多彩。添加短视频效果的具体方法如下。

第 1 步：添加一段已拍摄好的短视频素材，在视频编辑界面的右侧，点击"特效"按钮，如图 5-74 所示。

第 2 步：此时屏幕底部会弹出"特效"窗口，在添加特效时，首先移动视频缩览图上白色的时间轴到特效开始的位置，如图 5-75 所示。

图 5-74　点击"特效"按钮

图 5-75　移动至特效开始的位置

第 3 步：点击"彩色爱心"即可应用特效，松开时特效结束，此时缩览图上生成一段蓝色的片段，即运用的特效，如图 5-76 所示。

第 4 步：在“特效”窗口中，点击“撤销”按钮，可以撤销前面的操作，也可以分段添加特效，添加特效后，点击右上角的“保存”按钮，如图 5-77 所示，可以保存操作结果。

图 5-76　应用特效

图 5-77　撤销或保存特效

5.2.4　使用模板编辑短视频

抖音中提供了“模板”功能，可以通过模板快速一键成片，下面将讲解具体的操作方法。

第 1 步：打开抖音，在短视频制作页面中，点击右侧的“相册”按钮，如图 5-78 所示。

第 2 步：进入添加素材界面，点击“多选”按钮，选中要添加的图片，然后点击“一键成片”按钮，如图 5-79 所示。

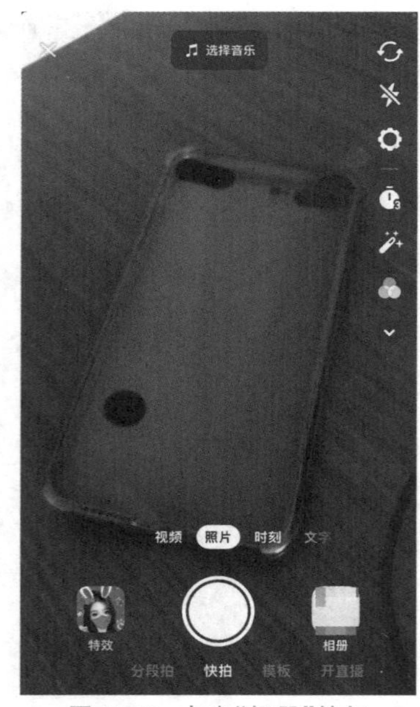

图 5-78　点击“相册”按钮

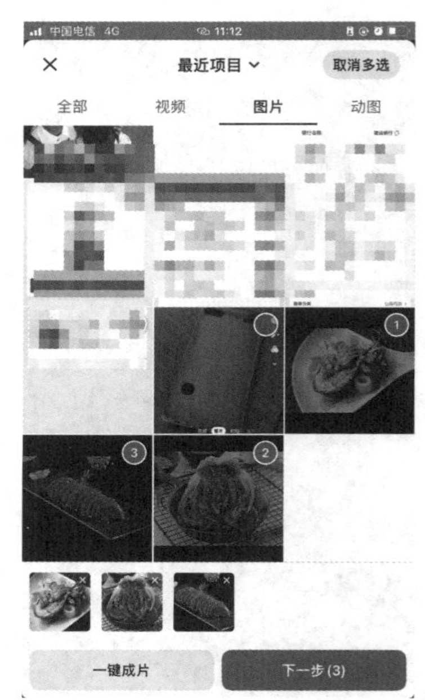

图 5-79　点击“一键成片”按钮

第 3 步：此时，抖音开始智能识别和合成短视频，并显示合成进度，如图 5-80 所示。

第 4 步：短视频合成后，进入视频编辑界面，可以预览短视频的合成效果，如图 5-81 所示。

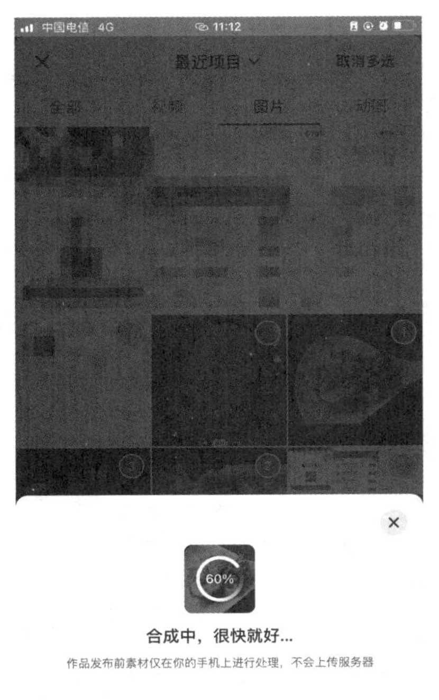

图 5-80 显示合成进度

图 5-81 预览短视频的合成效果

第 5 步：如果对已有的合成效果不满意，则可以点击其右侧的“选模板”按钮，如图 5-82 所示。

第 6 步：弹出“推荐模板”窗口，选择合适的模板效果，然后点击“点击编辑”按钮，如图 5-83 所示。

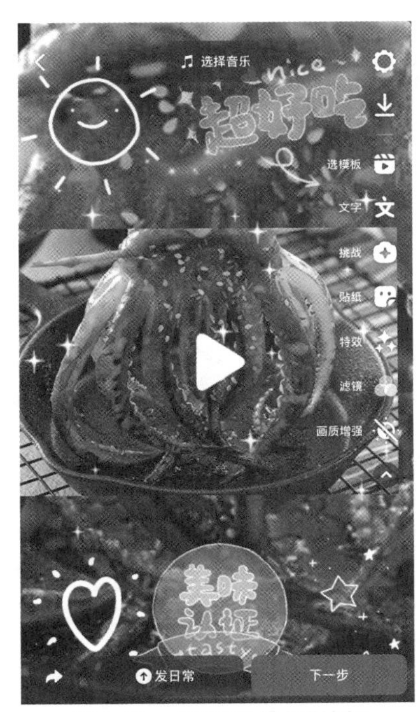

图 5-82 点击“选模板”按钮

图 5-83 点击“点击编辑”按钮

第 7 步：进入“模板编辑”页面，在该界面中可以调整图片的顺序和图片效果，如图 5-84 所示。

第 8 步：点击“文字编辑”按钮，进入“文字编辑”界面，重新输入文字，如图 5-85 所示，编辑完成后，点击“√”按钮即可。

图 5-84　编辑模板中的图片

图 5-85　编辑模板中的文字

5.2.5　发布与管理短视频

在完成短视频的制作后，还可以为短视频添加封面、标题和文字信息，最后发布短视频。发布与管理短视频的具体方法如下。

第 1 步：在“发布”界面中，点击右上方缩览图下的“选封面”按钮，如图 5-86 所示。

第 2 步：进入封面编辑界面，拖动下方视频缩览图上的红色选取框，选择要作为封面的画面，如图 5-87 所示。

图 5-86　点击“选封面”按钮

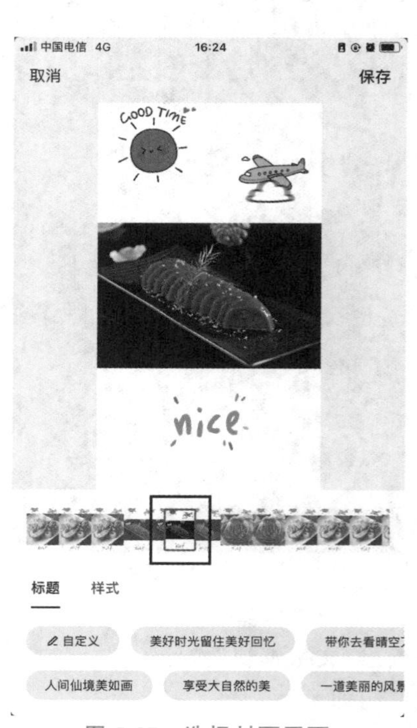

图 5-87　选择封面画面

第 3 步：在封面编辑界面底部的“标题”界面中，有丰富的标题文字选项，点击选择合适的封面标题，如图 5-88 所示。

第 4 步：点击“样式”选项，进入“样式”界面，该界面提供了丰富的文字样式选项，点击选择“美食”文字样式，如图 5-89 所示。

图 5-88　选择封面标题

图 5-89　选择“美食”文字样式

第 5 步：点击画面中的文字，进入文字编辑界面，修改文字内容，如图 5-90 所示，操作完成后，点击右上角的“完成”按钮即可。

第 6 步：回到封面编辑界面，调整文字的大小和位置，完成封面的设置，如图 5-91 所示，点击右上角的“保存”按钮即可。

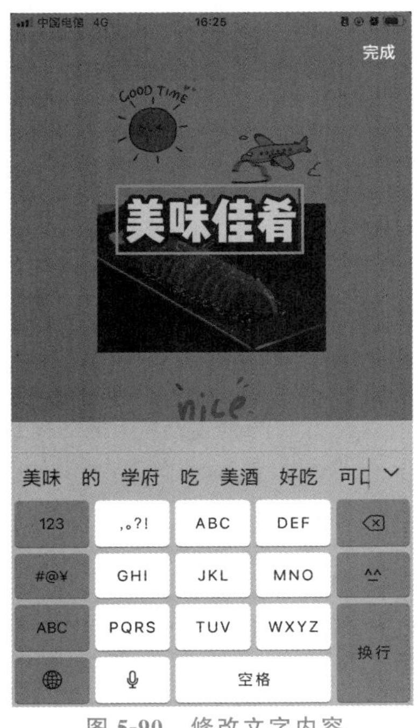

图 5-90　修改文字内容

图 5-91　调整文字的大小和位置

第 7 步：在“发布”界面中，编辑好标题等相关信息，点击右下角的“发布”按钮，如图 5-92 所示。

第 8 步：发布短视频，如图 5-93 所示。

图 5-92　编辑标题等信息

图 5-93　发布短视频

课后练习

1. 使用抖音拍摄一段美食短视频。
2. 使用抖音后期制作一段家常菜短视频。

第 6 章　手机端短视频的后期制作

本章导读

剪映 APP 是由剪映官方推出的一款手机视频编辑工具，用于手机端短视频的剪辑制作和发布。剪映 APP 有非常全面的剪辑功能，有多种滤镜和美颜效果，也有丰富的曲库资源。即使是新手，在掌握剪映 APP 的各种功能后，也能剪辑出具有大片感的短视频。因此，短视频创作者需要掌握剪映 APP 中的各种功能，如剪辑、音频、特效、字幕和剪同款等功能，以便熟练运用这些功能制作出精美的短视频作品。本章将详细介绍视频素材的添加、处理与精剪，视频效果的添加与制作，添加字幕与导出短视频，剪映 APP 高级剪辑功能的应用等知识点。

学习目标

通过对本章多个知识点的学习，读者可以熟练掌握剪映 APP 的工作界面、视频素材的添加与处理、视频素材的精剪、视频效果的添加与制作、添加字幕与导出短视频、剪映 APP 高级剪辑功能的应用等基础知识。

知识要点

◇ 添加视频素材并调整顺序
◇ 分割视频素材
◇ 调整画面角度
◇ 设置视频倒放
◇ 调整播放速度
◇ 视频防抖
◇ 添加背景音乐并踩点
◇ 根据音乐节拍修剪视频素材
◇ 更换短视频片段
◇ 添加转场效果
◇ 添加与编辑音效
◇ 合成画面效果
◇ 添加画面特效
◇ 短视频调色
◇ 添加与编辑字幕
◇ 设置封面并导出短视频
◇ 更改画面比例和背景样式
◇ 调节曲线变速
◇ 设置视频抠像
◇ 使用关键帧

6.1 熟悉剪映 APP 的工作界面

剪映 APP 中有很多当下很先进的剪辑“黑科技”，主要包括抠像、曲线变速、视频防抖、图文成片、切割、变速、倒放等高阶功能。

在剪映 APP 中导入素材之后，即可进入剪映 APP 的编辑界面，编辑界面主要包括预览区域、编辑区域、快捷工具栏区域，如图 6-1 所示。

图 6-1　剪映 APP 编辑界面

剪映 APP 的视频创作区工具栏位于编辑界面的最下方，主要分为一级工具栏和二级工具栏。一级工具栏主要包括剪辑、音频、文本、贴纸、画中画、特效、素材包等主要功能，如图 6-2 所示。点击一级工具栏按钮后可进入二级工具栏，如点击“剪辑”按钮即可进入“剪辑”功能的二级工具栏。“剪辑”功能的二级工具栏包括分割、变速、动画等具体功能，如图 6-3 所示。当然有些功能下面还设有三级工具栏，这里只为大家展示一、二级工具栏。

图 6-2　一级工具栏

图 6-3　二级工具栏

下面来看看剪辑工具栏、音频工具栏、文本工具栏、特效工具栏中的主要功能以及剪映 APP 编辑界面中的其他功能。

6.1.1 剪辑工具栏

剪辑工具栏中的主要功能如下。

◇ 分割：快速自由分割视频，一键剪切视频。

◇ 变速：分为常规变速与曲线变速，节奏快慢自由掌控。

◇ 音量：调整视频音量。

◇ 动画：主要给视频添加不同的动画，包括入场动画、出场动画和组合动画。

◇ 删除：删除不必要的视频段落。

◇ 智能抠像：一键将主体人物与背景分离。

◇ 编辑：主要包括视频镜像、画面的旋转及画幅尺寸的裁剪，多种比例随心切换。

◇ 美颜美体：主要包括智能美颜、智能美体、手动美体三大功能，能够智能识别脸型、身材，快速进行人物美化，也可通过手动调整参数定制独家专属美颜方案。

◇ 蒙版：合成图像的重要工具，其作用是在不破坏原始图像的基础上实现特殊的图层叠加效果，通过剪映 APP 可以创建不同形状的蒙版。

◇ 抠像：用拾色器吸取想要抠取的颜色，用强度和阴影设置进行抠图。

◇ 替换：选中一段素材，可以在手机相册或者素材库中替换新的素材。

◇ 防抖：可以一键处理视频因拍摄不稳产生的抖动情况。

◇ 不透明度：调整选中视频的透明度值。

◇ 变声：自带变声音效，包括基础、搞笑、合成器、复古等不同风格的声音效果。

◇ 降噪：一键优化视频中的声音噪点。

◇ 复制：选中视频段落，并进行简单复制。

◇ 倒放：将视频顺序倒置，一键实现视频倒放功能。

◇ 定格：选中定格画面后，一键将活动画面停止在一个画面上。

6.1.2 音频工具栏

音频工具栏中的主要功能如下。

◇ 音乐：为视频添加音乐，在音乐库中按照想要的类型去选择所需要的音乐。

◇ 版权校验：从外部添加的音乐素材，为避免版权纠纷可以通过此功能进行校验。

◇ 音效：联网可以下载当下火爆的视频音效，包括笑声、综艺、机械、BGM 等。

◇ 提取音乐：可从其他视频中提取出想要的音乐素材。

◇ 抖音收藏：在抖音上收藏的音乐，可以在剪映 APP 上登录抖音账号同步进行使用。

◇ 录音：按住录音按键，可直接录制语音，生成配音素材。

6.1.3 文本工具栏

文本工具栏中的主要功能如下。

◇ 新建文本：输入文字后可以进行字体、样式、花字、气泡、动画等文字设计。

◇ 文字模版：抖音自带花字字体库，可根据需求随意选择，并且可更改文字。

◇ 识别字幕：能够自动识别视频、录音中的声音文本，形成字幕。

◇ 识别歌词：自动识别视频中的歌词，形成文本。

6.1.4 特效工具栏

特效工具栏中的主要功能如下。

◇ 画面特效：一键添加视频特效，特效种类丰富，可根据需求进行选择。

◇ 人物特效：为画面主体人物添加效果。

◇ 素材包：收录海量特效素材，在同一个主题下，将音效、贴纸、花字等不同类型的素材进行组合形成组合特效。剪映的素材设计师们从各类最新的综艺节目和电视节目中获取灵感，围绕视频的不同场景和情绪表达，持续生产好用的组合素材，为剪映的用户创作提供灵感。

◇ 滤镜：多种风格滤镜，视频一键调色。

◇ 比例：可根据视频需求调整画幅比例，通常为 9∶16、16∶9、1∶1、4∶3、2∶1 等不同比例。

◇ 背景：为视频添加背景，可以任意选择画布颜色、样式，同时也可以进行背景模糊。

◇ 调节：手动对视频的亮度、对比度、饱和度、光感、锐化等参数进行调整。

6.1.5 其他功能

剪映 APP 编辑界面中的其他功能如下。

◇ 贴纸：可以任意添加独家设计的贴纸，也可根据关键词进行搜索。

◇ 画中画：在原始画面的基础上，增加新的视频素材。

6.2 视频素材的添加与处理

在短视频制作之前，可以用剪映 APP 丰富、强大的功能对导入的素材进行预处理。本节将详细讲解视频素材的添加与处理方式。

6.2.1 添加视频素材并调整顺序

使用“开始创作”功能可以将相册中的视频或图片导入剪映 APP，其具体操作步骤如下。

第 1 步：打开剪映 APP，点击“开始创作”按钮，如图 6-4 所示。

第 2 步：在弹出的页面中，勾选将要进行剪辑的视频素材（视频或照片），点击“添加”按钮，如图 6-5 所示。

图 6-4 点击“开始创作”按钮

图 6-5 勾选视频素材

第 3 步：导入素材之后，就自动进入了剪映 APP 的编辑界面，如图 6-6 所示。

第 4 步：用手指按住要调整位置的第二段视频素材，然后将其拖动到相应的视频素材后面“|”符号的位置，这样就完成了素材顺序的调换，如图 6-7 所示。

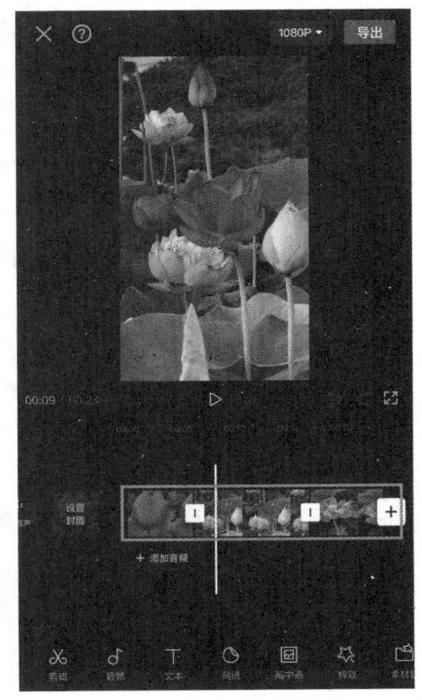

图 6-6 添加视频素材

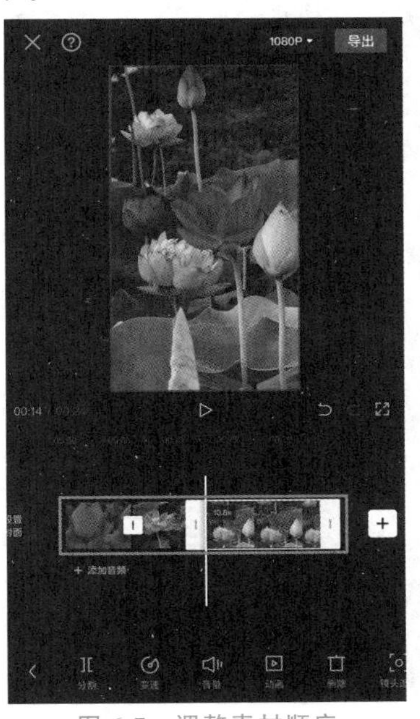

图 6-7 调整素材顺序

6.2.2 分割视频素材

分割视频素材即将一段完整的视频素材使用剪辑中的分割工具分割开。分割视频素材的操作步骤如下。

第 1 步：打开剪映 APP，点击“开始创作”按钮，添加“桃花”视频素材，如图 6-8 所示。

第 2 步：将剪辑轨道上的时间轴定位到需要剪断的位置，点击工具栏上的“剪辑”按钮，如图 6-9 所示。

图 6-8 添加“桃花”视频素材

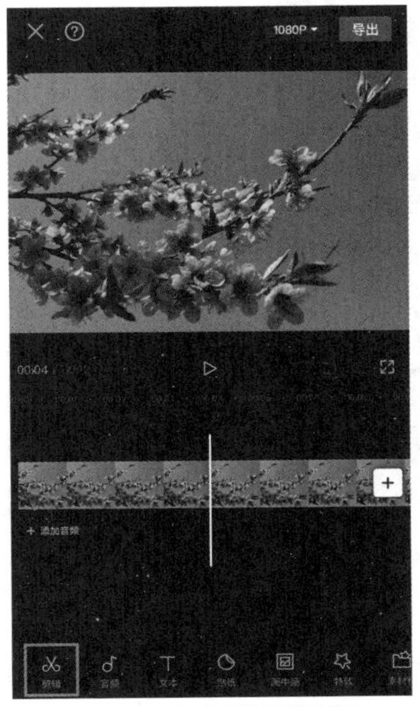

图 6-9 点击“剪辑”按钮

第 3 步：进入二级工具栏，在二级工具栏中点击“分割”按钮，如图 6-10 所示。

第 4 步：将视频分割成两段视频素材，如图 6-11 所示。

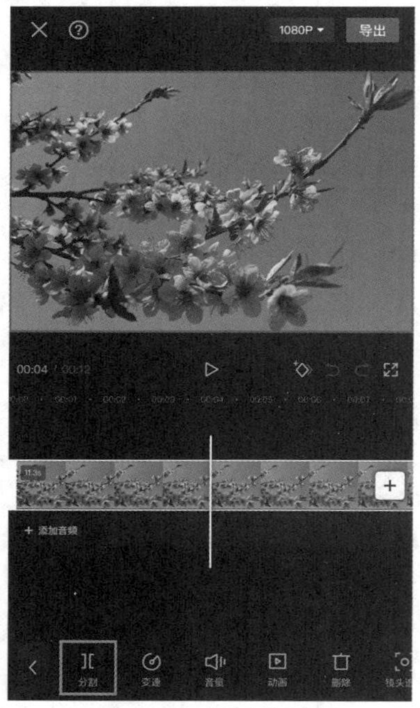

图 6-10　点击“分割”按钮

图 6-11　分割视频素材

第 5 步：点击选中多余的视频素材，接着点击“删除”按钮，如图 6-12 所示。

第 6 步：删除多余的视频素材，完成视频素材的分割，如图 6-13 所示。

图 6-12　点击“删除”按钮

图 6-13　删除多余的视频素材

6.2.3　调整画面角度

在剪辑视频素材的过程中，为了让所拍摄的视频画面变得更美观，更符合人们的视觉习惯，这时使用剪映 APP 的自由旋转功能就可以轻松调整视频画面的角度，让视频按照我们想要的画面角度来呈现。

第 1 步：打开剪映 APP，点击“开始创作”按钮，添加“小白猫”视频素材，如图 6-14 所示。

第 2 步：双指按住视频窗口中的图像，顺时针旋转双指即可按顺时针方向调整视频画面的角度，如图 6-15 所示。

图 6-14　添加“小白猫”视频素材

图 6-15　手动调整视频角度

第 3 步：选中要变换的视频，点击剪映编辑界面下的“编辑”按钮，如图 6-16 所示。

第 4 步：进入“剪辑”界面，点击“旋转”按钮即可旋转视频，如图 6-17 所示。

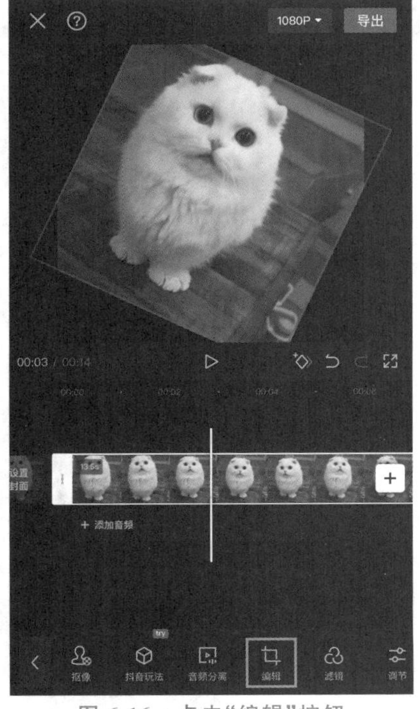

图 6-16　点击“编辑”按钮

图 6-17　点击“旋转”按钮旋转视频

6.2.4 设置视频倒放

我们看到很多精彩的视频会采用倒放的方式进行展现。剪映 APP 能一键实现视频的倒放。下面以汽车行驶的短视频为例，学习如何实现视频的倒放。

第 1 步：打开剪映 APP，点击“开始创作”按钮，添加“车辆”视频素材，点击“剪辑”按钮，如图 6-18 所示，进入“剪辑”二级工具栏。

第 2 步：在二级工具栏中点击“倒放”按钮，如图 6-19 所示。

第 3 步：倒放完成后，点击“返回”‹按钮，退出编辑界面，倒放效果如图 6-20 所示。

图 6-18 点击“剪辑”按钮

图 6-19 点击“倒放”按钮

图 6-20 预览倒放视频效果

6.2.5 调整播放速度

制作一段短视频时，我们可以通过视频变速来调整视频时长。视频变速可以分为加快视频和放慢视频。剪映 APP 中的变速功能分为常规变速与曲线变速，其中，常规变速就是将短视频进行基础的加速或放慢。下面将以常规变速为例，为大家讲解如何调整播放速度，具体的操作步骤如下。

第 1 步：打开剪映 APP，点击“开始创作”按钮，添加“火焰”视频素材，选中视频直接进入“剪辑”的二级工具栏，点击“变速”按钮，如图 6-21 所示。

第 2 步：在变速功能的下级工具栏中选择点击“常规变速”按钮，如图 6-22 所示。

第 3 步：进入“常规变速”界面，拖动变速轴上的小圆圈调整变速倍数，然后点击✓按钮确认，如图 6-23 所示。

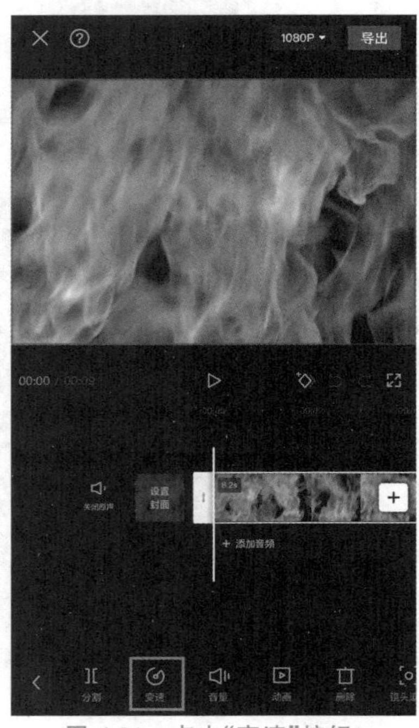

图 6-21 点击“变速”按钮

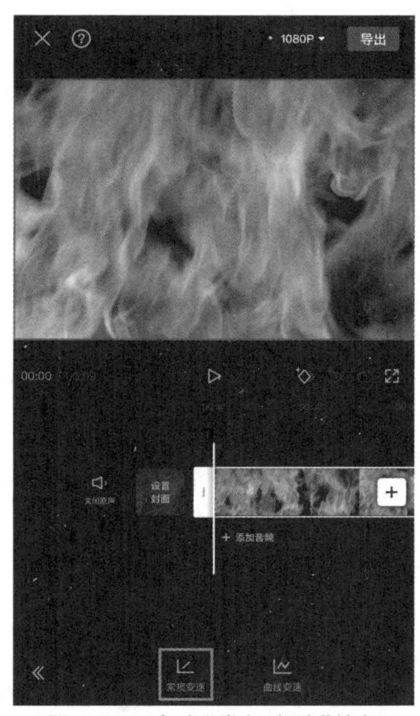

图 6-22 点击"常规变速"按钮

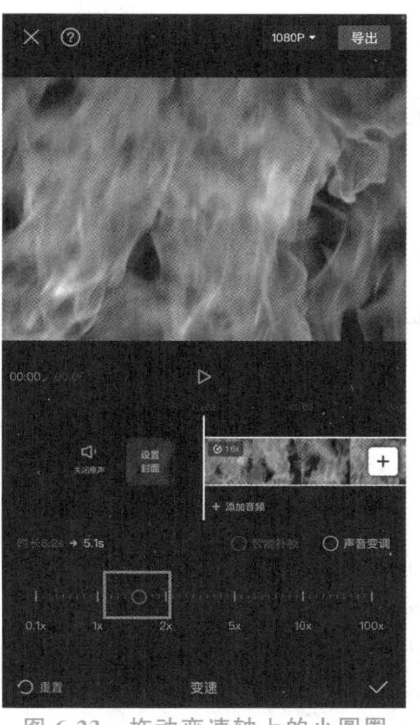

图 6-23 拖动变速轴上的小圆圈

6.2.6 视频防抖

我们在拍摄短视频时，有时会因为拍摄的原因让视频发生抖动，此时，可以使用剪映 APP 的防抖功能来减轻视频的抖动，让视频画面看起来很稳定。视频防抖的具体操作步骤如下。

第 1 步：打开剪映 APP，点击"开始创作"按钮，添加"秋千"视频素材，选中视频直接进入"剪辑"的二级工具栏，点击"防抖"按钮，如图 6-24 所示。

第 2 步：进入"防抖"界面，该界面上有四个参数选项，分别是"无""裁切最少""推荐""最稳定"，选择"推荐"选项，再点击✓按钮确认，即可添加防抖功能，如图 6-25 所示。

图 6-24 点击"防抖"按钮

图 6-25 选择"推荐"选项

6.3 视频素材的精剪

在剪辑短视频时，还可以对短视频进行精剪操作，如通过背景音乐和节拍来修剪视频素材、更换视频片段等。本节将详细讲解视频素材的精剪方法。

6.3.1 添加背景音乐并踩点

剪映 APP 中，添加音乐的方式主要有 4 种：在剪映平台自带的音乐库中，使用推荐音乐或者自行搜索音乐；导入抖音视频中的音乐；提取视频里的音乐；导入本地音乐。

下面主要讲解第一种通过剪映平台自带的音乐库添加音乐的操作步骤，并在添加音乐后，对音乐进行踩点操作。

第 1 步：打开剪映 APP，点击“开始创作”按钮，导入一段没有音乐的“风铃”视频，接着点击“音频”按钮，如图 6-26 所示。

第 2 步：进入“音频”二级工具栏，点击“音乐”按钮，如图 6-27 所示。

图 6-26 点击“音频”按钮

图 6-27 点击“音乐”按钮

第 3 步：进入剪映音乐库，可以选择剪映推荐的音乐，点击音乐进行试听后，如果对音乐满意就可点击“使用”按钮，如图 6-28 所示。

第 4 步：按住所选音乐的音频调整位置，拖动音频两端修改起始时间，调整完成后，点击“返回”«按钮，即可为视频成功添加音乐，如图 6-29 所示。

图 6-28 试听音乐

图 6-29 添加音乐

第 5 步：选择音频轨道上的音频，点击工具栏中的“节拍”按钮，如图 6-30 所示。

第 6 步：在“节拍”页面中打开“自动踩点”开关，在弹出的页面中点击“添加点”按钮，如图 6-31 所示。

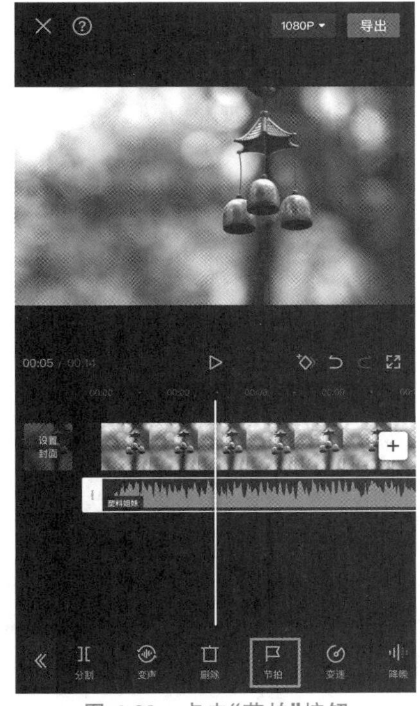

图 6-30 点击“节拍”按钮

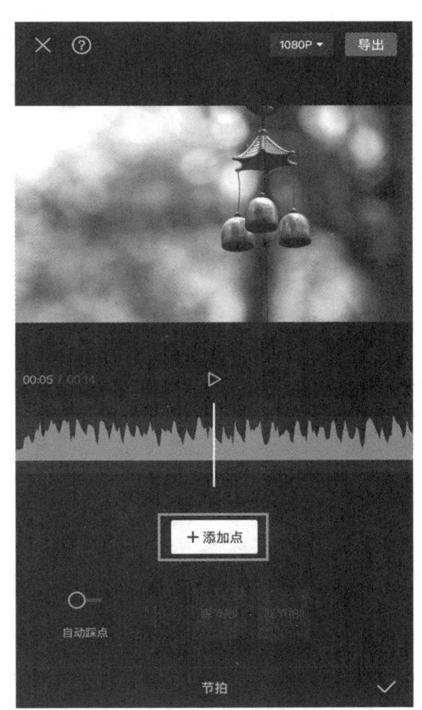

图 6-31 点击“添加点”按钮

第 7 步：在“节拍”页面中选择“踩节拍Ⅱ”选项，这时音频轨道下面出现了一些节点，点击✓按钮确认，如图 6-32 所示。

第 8 步：完成音乐踩点，如图 6-33 所示。

图 6-32　选择“踩节拍Ⅱ”选项

图 6-33　完成音乐踩点

6.3.2　根据音乐节拍修剪视频素材

最近，在抖音、快手等自媒体平台上流行一些卡点短视频，这些卡点短视频既具有强烈的节奏感又好玩。下面学习使用剪映 APP 的音乐节拍功能修剪视频素材的方法与步骤。

第 1 步：打开剪映 APP，点击“开始创作”按钮，导入“女包 1”～“女包 6”图像素材，如图 6-34 所示。

第 2 步：点击“音频”按钮，进入二级工具栏，点击“音乐”按钮，进入剪映音乐库，点击“卡点”按钮，如图 6-35 所示。

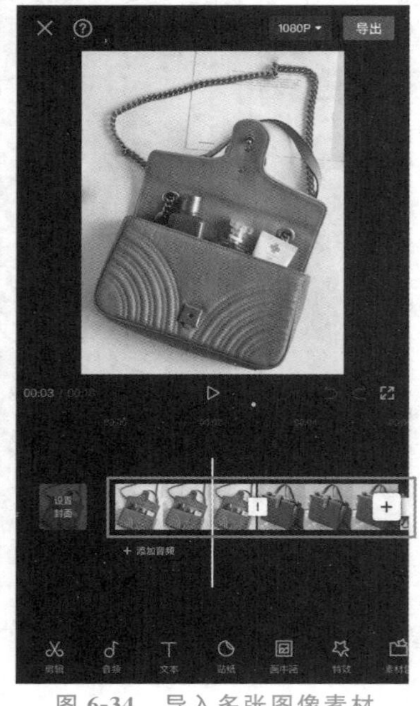

图 6-34　导入多张图像素材

图 6-35　点击“卡点”按钮

第 3 步：进入“卡点”音乐库，选择一首合适的音乐，点击“使用”按钮，如图 6-36 所示，即可添加卡点音乐。

第 4 步：选择音频轨道上的音频，点击工具栏中的“节拍”按钮，如图 6-37 所示。

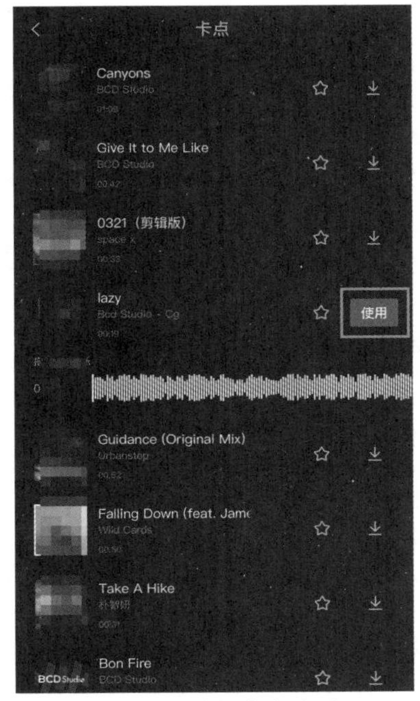

图 6-36　选择卡点音乐

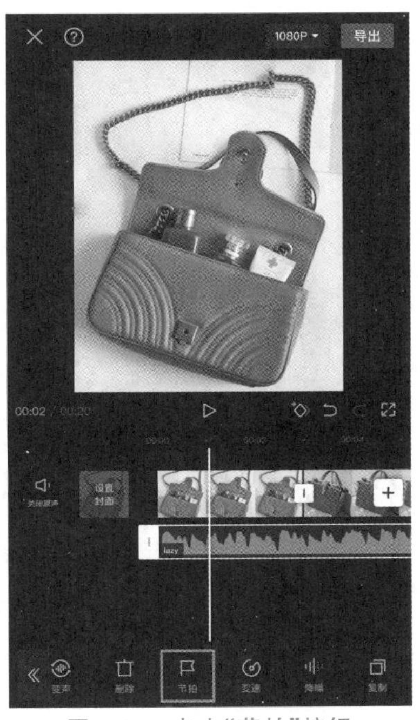

图 6-37　点击“节拍”按钮

第 5 步：在“节拍”页面中打开“自动踩点”开关，在弹出的页面中点击“添加点”按钮，如图 6-38 所示。

第 6 步：在“节拍”页面中选择“踩节拍Ⅱ”选项，这时音频轨道下面出现了一些节点，点击✓按钮确认，如图 6-39 所示。

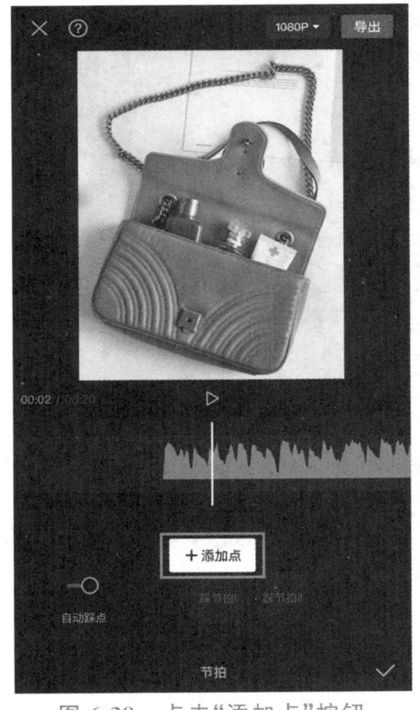

图 6-38　点击“添加点”按钮

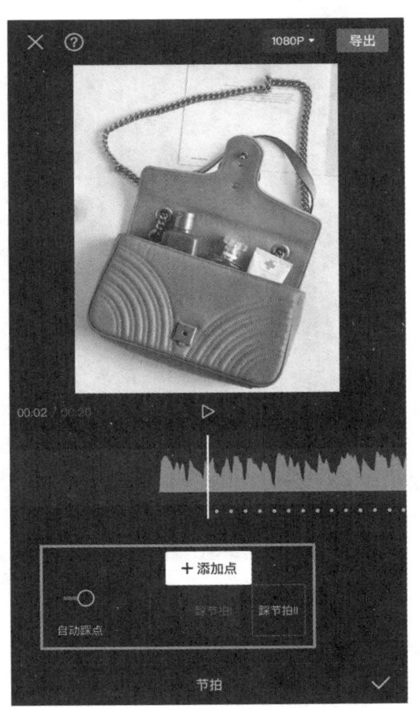

图 6-39　选择“踩节拍Ⅱ”选项

第 7 步：添加节拍完成，如图 6-40 所示。

第 8 步：选择第一张图片，在第一个节点的位置，分割图片，并删除多余的图片，如图 6-41 所示。

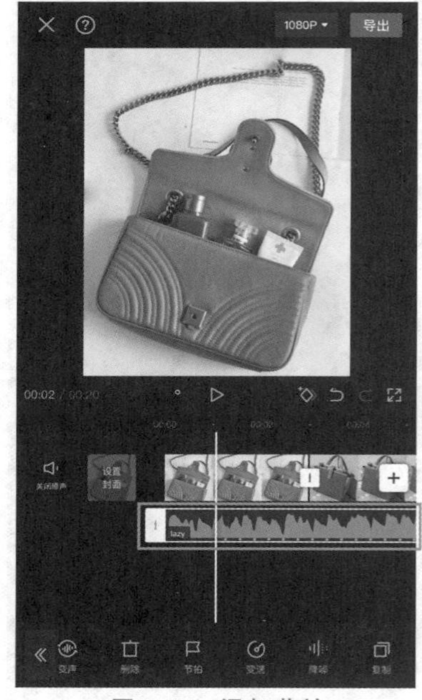

图 6-40　添加节拍

图 6-41　分割并删除第一张图片

第 9 步：使用同样的方法，每隔 4 个节点，依次分割并删除其他图片，如图 6-42 所示，然后删除多余的音乐，完成按音乐节拍修剪素材的操作。

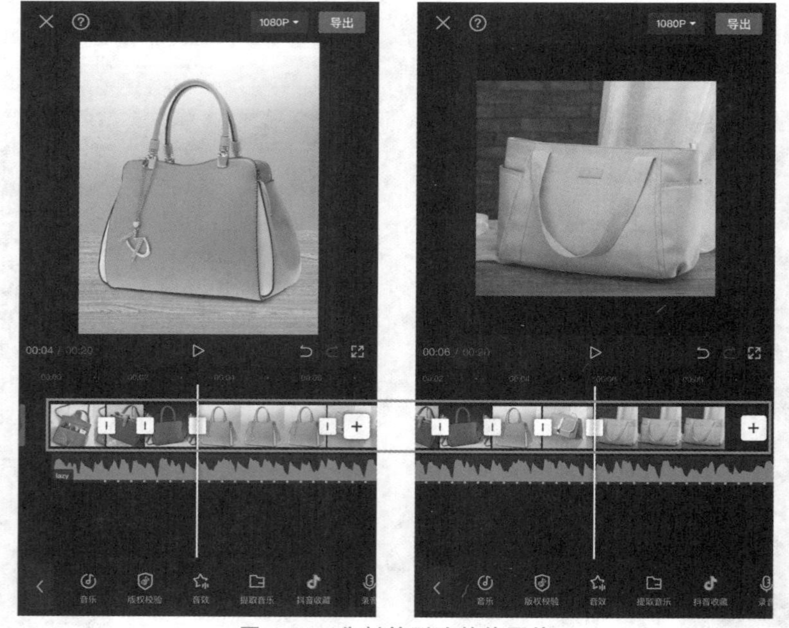

图 6-42　分割并删除其他图片

6.3.3　更换短视频片段

在制作短视频的过程中，为了让制作效果更加完美，需要更换掉不好的视频素材。下面将介绍更换短视频片段的具体操作方法。

第 1 步：打开剪映 APP，点击“开始创作”按钮，导入一段“天空”视频素材，将该视频素材分割成两段，如图 6-43 所示。

第 2 步：选中后一段要替换的素材，在编辑页面下方的工具栏中点击“替换”按钮，如图 6-44 所示。

图 6-43 添加并分割“天空”视频素材

图 6-44 点击“替换”按钮

第 3 步：在素材页面中选择想要替换的素材，在替换页面中预览替换素材的效果，如图 6-45 所示，点击页面右下角的“确认”按钮，完成素材的替换。

第 4 步：调整替换的素材，如图 6-46 所示。

图 6-45 预览替换素材的效果

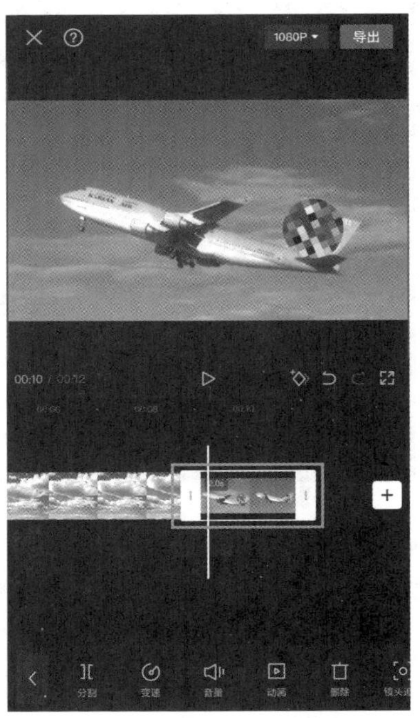

图 6-46 调整替换的素材

提示

替换的视频素材必须比原视频的时长长，这样才能完成替换。如果要将素材替换成表情包，则在点击“替换”按钮之后，在搜索栏里搜索表情包，选择适合的表情即可替换。

6.4 视频效果的添加与制作

使用剪映 APP 还可以为短视频添加转场、音效、特效等，增添短视频的美观度。本节将详细讲解视频效果的添加与制作方法。

6.4.1 添加转场效果

视频转场是视频与视频之间的一种过渡效果，一般使用在视频合并的时候。为了避免视频之间的衔接过于生硬，一般会给视频加上转场效果。添加转场的具体操作步骤如下。

第 1 步：打开剪映 APP，点击“开始创作”按钮，导入“婚鞋 1”～“婚鞋 7”图像素材，点击按钮，如图 6-47 所示。

第 2 步：为素材连接处添加转场效果，点击“运镜”标签中的“3D 空间”选项，调整转场数值(调整范围为 0.1～1.5 秒)后，点击按钮确认，即可在两个图像素材之间添加转场效果，如图 6-48 所示。

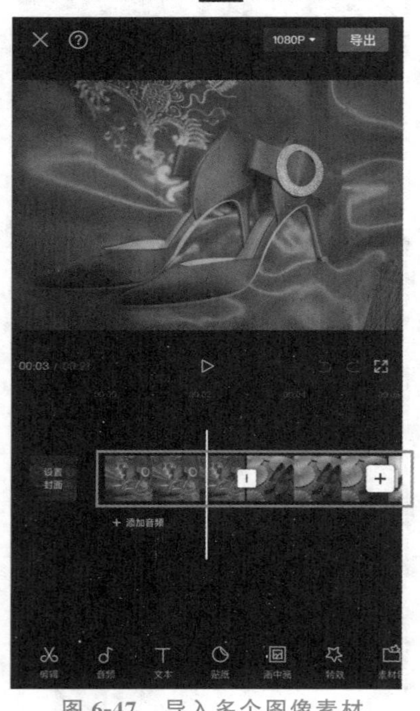

图 6-47　导入多个图像素材

图 6-48　选择“3D 空间”转场

第 3 步：预览转场效果，如图 6-49 所示。

第 4 步：按照上一步的方法，为所有素材添加合适的转场效果，如图 6-50 所示。

图 6-49 预览转场效果

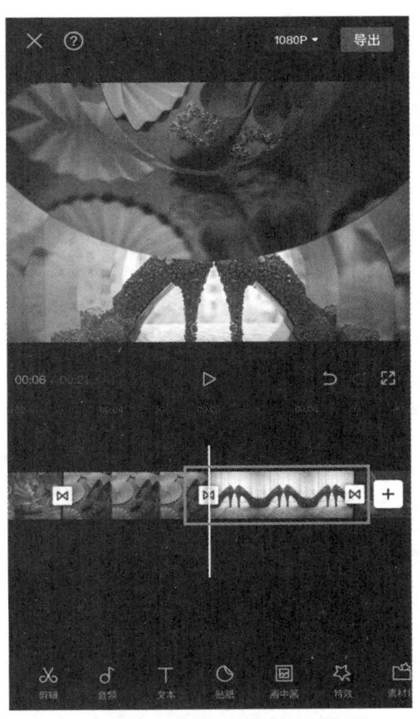

图 6-50 添加多个转场效果

6.4.2 添加与编辑音效

音效最大的作用是增强用户的体验感，好的音效可以使用户融入作品，并产生共鸣。剪映 APP 可以联网下载当下最火爆的视频音效。添加音效的操作步骤如下。

第 1 步：打开剪映 APP，点击“开始创作”按钮，导入“海滩”视频，点击“音频”按钮，进入二级工具栏，如图 6-51 所示。

第 2 步：将时间轴定位在视频画面上需要添加音效的位置，点击“音效”按钮，进入音效库，如图 6-52 所示。

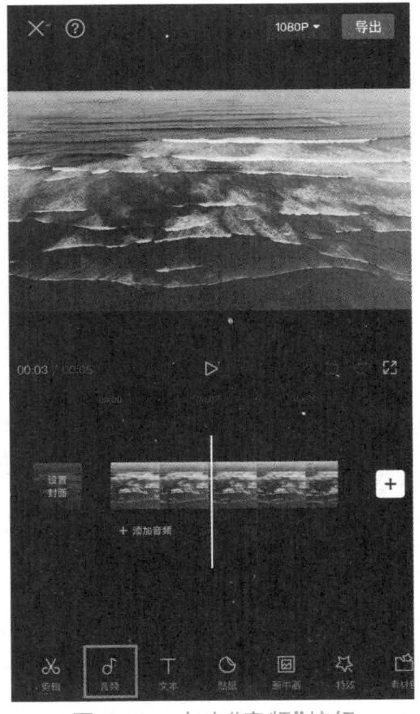

图 6-51 点击“音频”按钮

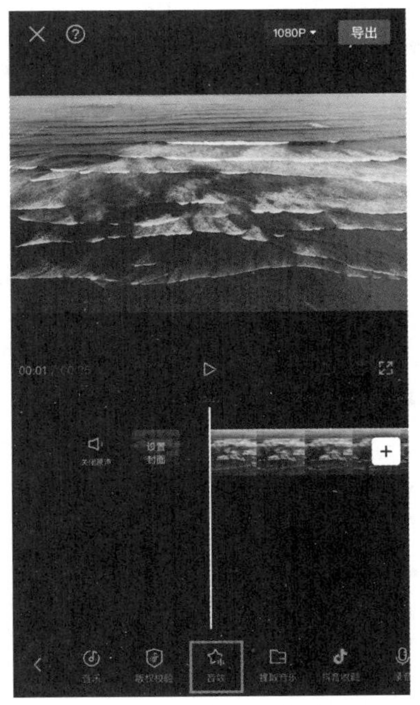

图 6-52 点击“音效”按钮

第 3 步：在输入框中输入想要的音效关键词(如海浪声)，选择并点击心仪的音效进行试听，如果对音效满意就可点击"使用"按钮，如图 6-53 所示。

第 4 步：按住添加的音频调整位置后，点击"返回"<按钮，即可完成添加音效的操作，如图 6-54 所示。

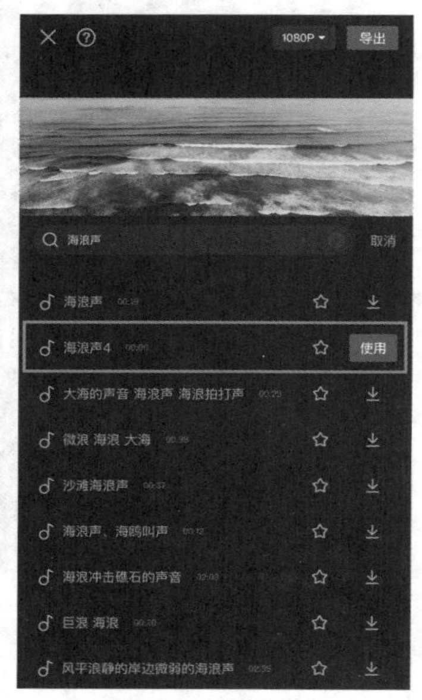

图 6-53　选择音效

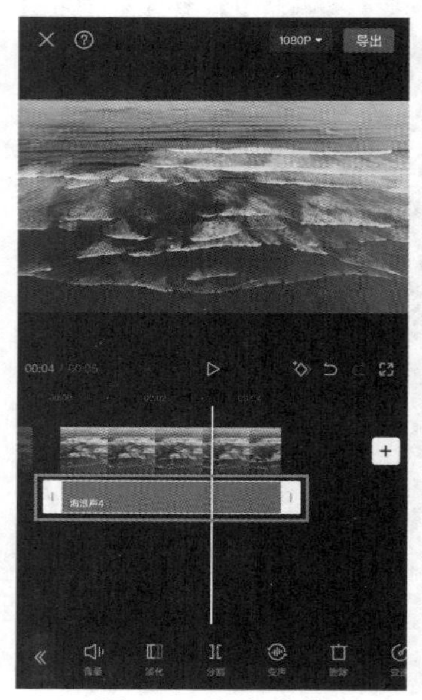

图 6-54　添加音效

6.4.3　合成画面效果

蒙版和画中画是合成图像的重要工具，其作用是在不破坏原始图像的基础上实现特殊的图层叠加效果。通过剪映 APP 可以创建不同形状的蒙版效果。下面将介绍合成画面效果的具体操作方法。

第 1 步：打开剪映 APP，点击"开始创作"按钮，导入需要更换天空的"荷花 4"视频素材，在一级工具栏中点击"画中画"按钮，如图 6-55 所示。

第 2 步：在弹出的二级工具栏中，点击"新增画中画"按钮，如图 6-56 所示。

图 6-55　点击"画中画"按钮

图 6-56　点击"新增画中画"按钮

第 3 步：在视频素材页面中，勾选需要添加的“天空”素材，点击“添加”按钮，如图 6-57 所示。

第 4 步：添加画中画素材，双指缩放视频调整画面大小、位置、长度后，点击“蒙版”按钮，如图 6-58 所示。

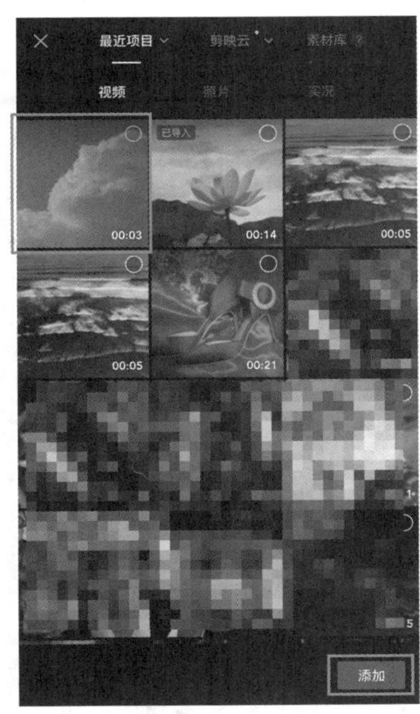

图 6-57　添加“天空”素材

图 6-58　添加与调整画中画素材

第 5 步：点击“线性”按钮，然后按住按钮，确认无误后点击按钮确认，如图 6-59 所示。

第 6 步：完成蒙版设置后的最终效果，如图 6-60 所示。

图 6-59　调整蒙版效果

图 6-60　添加蒙版效果

6.4.4　添加画面特效

当精剪完短视频后，就可以进入短视频的特效处理阶段，为短视频添加各种视频转场特效、合成特效、人物特效、滤镜特效等。

这里以添加人物特效为例，为视频人物增加一个“卡通脸”特效，增强视频的趣味性，具体操作如下。

第 1 步：打开剪映 APP，点击“开始创作”按钮，如图 6-61 所示。

第 2 步：进入“视频”界面，勾选合适的素材，点击“添加”按钮，如图 6-62 所示。

图 6-61　点击“开始创作”按钮

图 6-62　选择视频素材

第 3 步：进入视频编辑界面，在工具栏中，点击“特效”按钮，如图 6-63 所示。

第 4 步：进入“特效”工具栏，点击“人物特效”按钮，如图 6-64 所示。

图 6-63　点击“特效”按钮

图 6-64　点击“人物特效”按钮

第 5 步：进入“人物特效”界面，在“热门”分类界面下，点击选择“卡通脸”人物特效，点击✓按钮确认，即可添加“卡通脸”人物特效，如图 6-65 所示。

第 6 步：调整特效的开始和结束时间点，如图 6-66 所示。

图 6-65　选择“卡通脸”人物特效

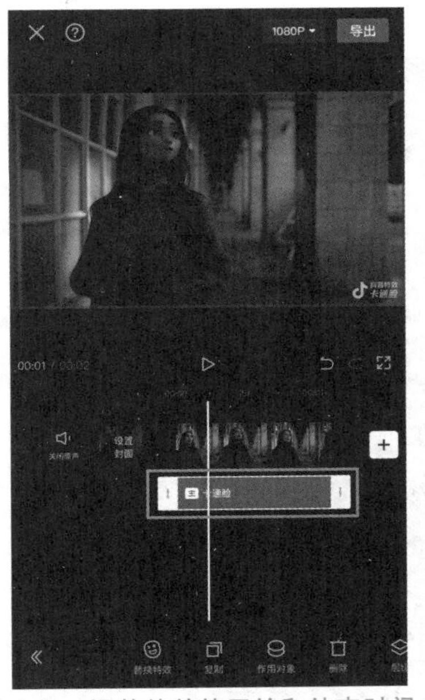

图 6-66　调整特效的开始和结束时间点

6.4.5　短视频调色

剪映 APP 的调色功能丰富，主要包括亮度、对比度、饱和度、光感、锐化、HSL、曲线、高光、阴影、色温、色调、褪色、暗角、颗粒等功能。下面讲解将一段视频素材调整为电影感色调的具体操作步骤。

第 1 步：打开剪映 APP，点击“开始创作”按钮，导入一段“蝶恋花”视频素材后，向左滑动一级工具栏，点击“调节”按钮，如图 6-67 所示。

第 2 步：在二级工具栏中点击“亮度”按钮，将亮度数值调节为 11，如图 6-68 所示。

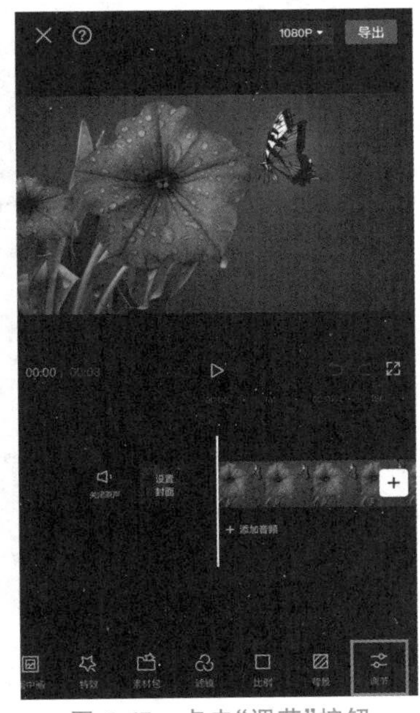

图 6-67　点击“调节”按钮

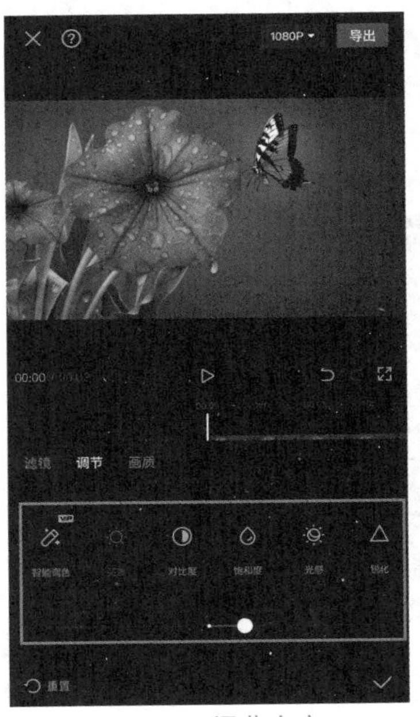

图 6-68　调节亮度

第 3 步：在二级工具栏中，点击“对比度”按钮，将对比度数值调节为 21，如图 6-69 所示。

第 4 步：在二级工具栏中，点击“HSL”按钮，将“色调”调整为 35，将“饱和度”调整为 30，将“亮度”调整为 30，调整完成后点击按钮，如图 6-70 所示。

图 6-69　调节对比度

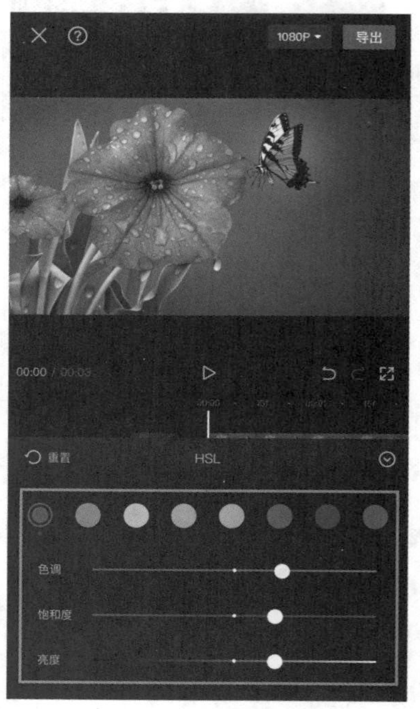

图 6-70　调节 HSL

第 5 步：在二级工具栏中，点击“曲线”按钮，按住曲线上的调节点进行调节，然后点击按钮，如图 6-71 所示。

第 6 步：在二级工具栏中，点击“色温”按钮，将色温数值调节为 20，如图 6-72 所示。

图 6-71　调节曲线

图 6-72　调节色温

第 7 步：在二级工具栏中，点击“色调”按钮，将色调数值调节为 35，如图 6-73 所示。

第 8 步：在二级工具栏中，点击“暗角”按钮，将暗角数值调节为 19，然后点击✓按钮确认，如图 6-74 所示。

图 6-73 调节色调

图 6-74 调节暗角

第 9 步：现在来对比一下最终调色效果。调色前后对比效果如图 6-75 所示。

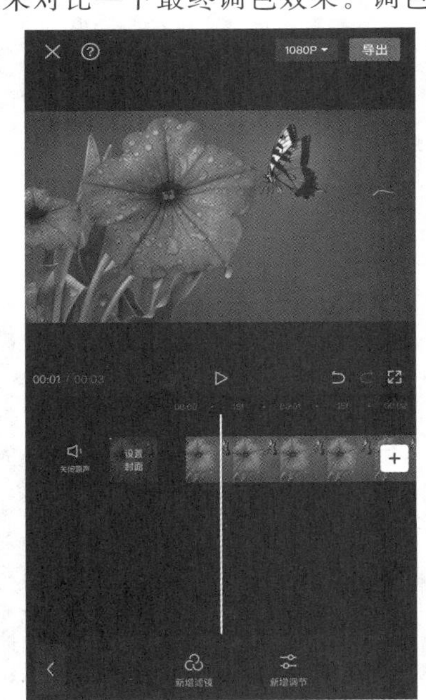

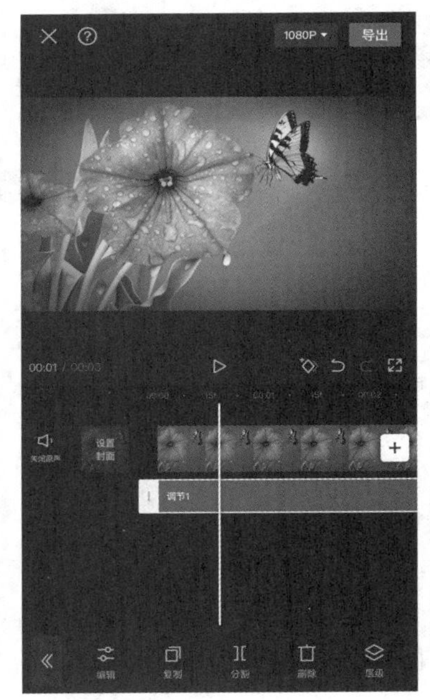

图 6-75 调色前后对比效果

6.5 添加字幕与导出短视频

若想让短视频的封面效果不仅美观，还会显示各种标题和文字信息，就需要为短视频添加字幕，并将制作好的短视频导出。

6.5.1 添加与编辑字幕

剪映 APP 中添加字幕的方式非常简单，只需要短短几个步骤就可以完成。在新建好字幕后，还可以对字幕的样式、模板等格式进行编辑。添加与编辑字幕的具体操作步骤如下。

第 1 步：打开剪映 APP，点击“开始创作”按钮，导入“向日葵”视频后，在一级工具栏中，点击“文本”按钮，如图 6-76 所示。

第 2 步：在二级工具栏中，点击“新建文本”按钮，如图 6-77 所示。

图 6-76　点击“文本”按钮

图 6-77　点击“新建文本”按钮

第 3 步：输入文字“向日葵”，按住画面中的按钮，调整字幕大小，点击“√”按钮，如图 6-78 所示。

第 4 步：按住字幕素材调整字幕位置和长短，如图 6-79 所示。

图 6-78　输入文本

图 6-79　调整字幕位置和长短

第 5 步：继续选择新创建的字幕，点击“编辑”按钮，如图 6-80 所示。

第 6 步：在工具栏中选择“字体”标签，然后选择合适的字体样式(如“俪金黑”)，如图 6-81 所示。

图 6-80　点击“编辑”按钮

图 6-81　选择字体样式

第 7 步：将工具栏切换到“样式”标签，选择合适的描边和填充样式，如图 6-82 所示。

第 8 步：将工具栏切换到“花字”标签，选择合适的花字样式，如图 6-83 所示。

图 6-82　选择描边和填充样式

图 6-83　选择花字样式

第 9 步：选择新创建的文本，点击“文字模板”按钮，如图 6-84 所示。

第 10 步：进入“文字模版”标签界面，选择一个合适的文字模版，如图 6-85 所示。

图 6-84　点击“文字模板”按钮

图 6-85　选择文字模板

第 11 步：按住文本调整其在画面中的位置，点击选中的文本模版，修改文字模板，然后点击✓按钮确认，如图 6-86 所示。

第 12 步：点击“返回”«按钮，完成字幕模版设置，如图 6-87 所示。

图 6-86　修改文字模板

图 6-87　完成字幕模板设置

第 13 步：继续选择文本，在二级工具栏中，点击“动画”按钮，如图 6-88 所示。

第 14 步：将工具栏切换到“动画”标签，在“入场”动画中选择合适的动画效果(如“逐字显影”)，然后点击✓按钮确认，如图 6-89 所示。

第 15 步：设置完成后，点击“返回”«按钮即可，预览文字动画效果如图 6-90 所示。

图 6-88　点击“动画”按钮

图 6-89　选择动画效果

图 6-90　预览文字动画效果

6.5.2　设置封面并导出短视频

设置封面需要一些创意，创作者可以借助剪映的封面模板来快速设置封面，在设置好封面后可以导出短视频。

第 1 步：打开剪映 APP，点击“开始创作”按钮，添加“美食”视频素材，点击视频轨道左侧的“设置封面”按钮，如图 6-91 所示。

第 2 步：进入“封面设置”界面，点击“封面模板”按钮，如图 6-92 所示。

图 6-91　点击“设置封面”按钮

图 6-92　点击“封面模板”按钮

第 3 步：进入“封面模板”界面，这里有多种类型的模板以供选择，选择一个合适的模板，点击按钮确认，如图 6-93 所示。

第 4 步：依次调整封面模板的字幕大小、位置等参数，点击页面右上角的“保存”按钮，如图 6-94 所示。

图 6-93　选择封面模板

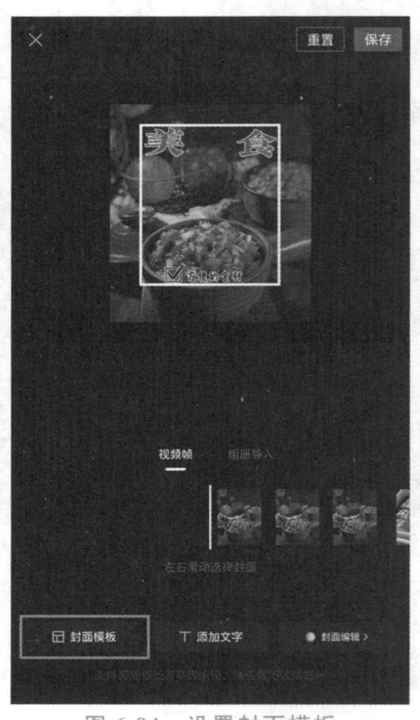

图 6-94　设置封面模板

第 5 步：进入视频编辑界面，点击“导出”按钮，如图 6-95 所示。

第 6 步：进入导出界面，开始导出短视频，并显示导出进度，如图 6-96 所示，稍后将完成短视频的导出操作。

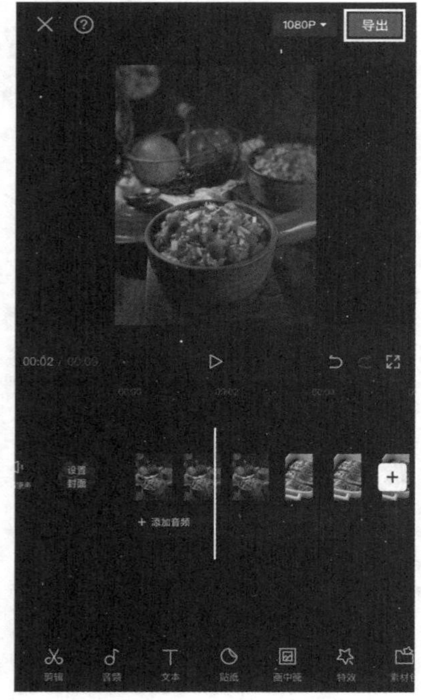

图 6-95　点击“导出”按钮

图 6-96　显示导出进度

6.5.3 更改画面比例和背景样式

短视频作品一般常用 9∶16 竖屏画幅或 16∶9 横屏画幅。在拍摄短视频前，创作者可以用任意的画面比例进行拍摄，然后通过后期调整成所需要的画面比例即可。在调整好画面比例后，还可以使用“背景”功能更改短视频的背景样式。

更改画面比例和背景样式的具体操作方法如下。

第 1 步：打开剪映 APP，点击“开始创作”按钮，添加“风景”视频素材，点击“比例”按钮，如图 6-97 所示，进入“比例”二级工具栏。

第 2 步：在“比例”二级工具栏中点击“3∶4”按钮后，用双指缩放视频画面，调整画面大小至合适的位置，调整结束后，点击✓按钮确认，如图 6-98 所示。

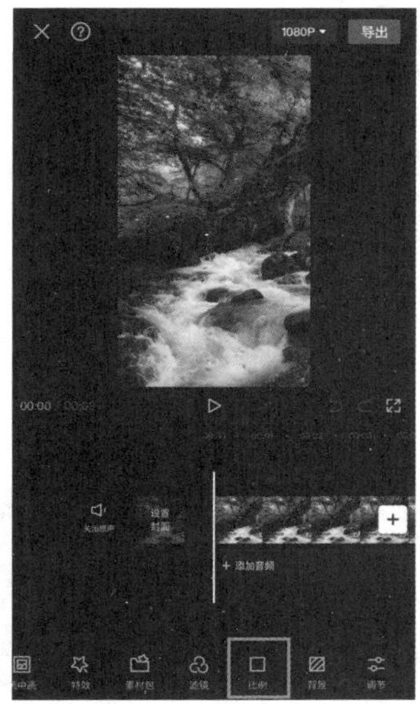

图 6-97　点击“比例”按钮

图 6-98　点击“3∶4”按钮

第 3 步：完成画面比例调整，效果如图 6-99 所示。

第 4 步：在剪辑工具栏中，点击“背景”按钮，如图 6-100 所示。

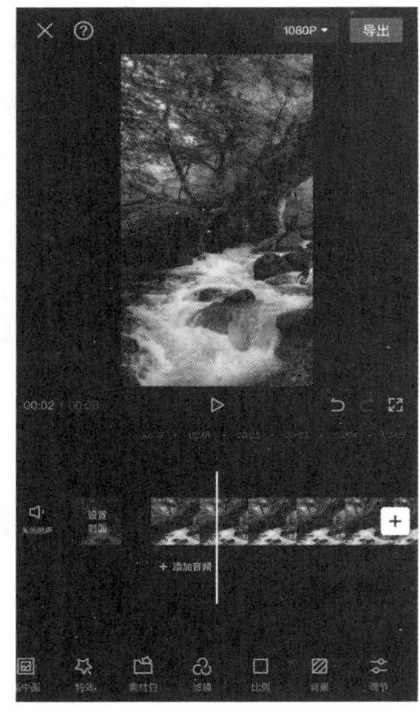

图 6-99　完成画面比例调整

图 6-100　点击“背景”按钮

第 5 步：进入“背景”二级工具栏，点击“画布颜色”按钮，如图 6-101 所示。

图 6-101　点击“画布颜色”按钮

第 6 步：进入“画布颜色”界面，选择合适的画布颜色，并调整视频图像显示的大小，点击✓按钮确认，即可完成背景颜色的更改，如图 6-102 所示。

第 7 步：背景颜色更改后的效果如图 6-103 所示。

图 6-102　选择画布颜色

图 6-103　背景颜色更改后的效果

6.6 剪映 APP 高级剪辑功能的应用

剪映 APP 不仅可以对短视频进行简单的剪辑操作，还可以调节曲线变速、设置视频抠像、使用关键帧、添加动画效果等。本节将详细讲解剪映 APP 高级剪辑功能的应用方法。

6.6.1 调节曲线变速

曲线变速是将视频进行不规则播放速度的改变。下面将以曲线变速为例，为大家讲解调节曲线变速的方法，具体的操作步骤如下。

第 1 步：打开剪映 APP，点击“开始创作”按钮，添加“美女 2”视频素材，选中视频直接进入“剪辑”的二级工具栏，点击“变速”按钮，如图 6-104 所示。

第 2 步：在变速功能的下级工具栏中选择点击“曲线变速”按钮，如图 6-105 所示。

图 6-104 点击“变速”按钮

图 6-105 点击“曲线变速”按钮

第 3 步：选择变速类型，点击“蒙太奇”按钮后，查看预览区域中的视频效果，如图 6-106 所示。

第 4 步：在编辑界面根据视频的高光点调整变速的时间节点后，点击 ✓ 按钮确认，如图 6-107 所示。

图 6-106 点击“蒙太奇”按钮

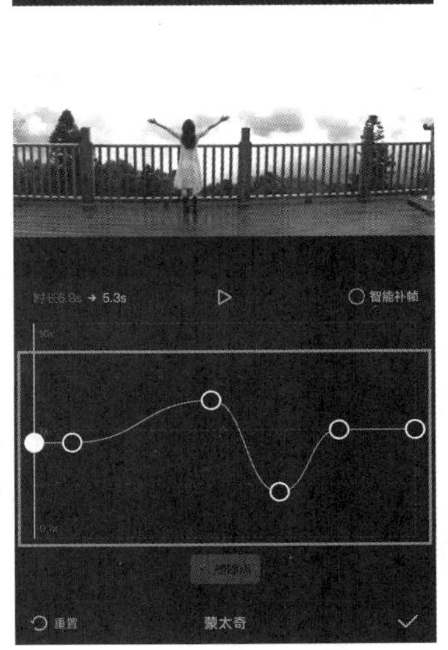

图 6-107 调整变速的时间节点

第 5 步：在曲线变速界面，点击✓按钮确认，如图 6-108 所示。

第 6 步：调整结束后，点击“返回”<按钮，即可看到该段视频由 7 秒缩短到了 6 秒，如图 6-109 所示。

图 6-108　点击“√”按钮

图 6-109　视频时长缩短

6.6.2　设置视频抠像

在编辑视频时，经常会将一个视频素材添加到另外一个视频素材中，然后将两个素材场景进行合并组成新的场景画面，但如果加入的素材背景有绿幕怎么办呢？下面就来学习抠像，快速除去绿幕背景。

第 1 步：打开剪映 APP，点击“开始创作”按钮，导入“草地”视频素材，如图 6-110 所示。

第 2 步：在编辑页面点击下方工具栏中的“画中画”按钮，如图 6-111 所示。

图 6-110　导入视频素材

图 6-111　点击“画中画”按钮

第 3 步：进入画中画界面，点击“新增画中画”按钮，如图 6-112 所示。

第 4 步：在打开的素材页面中选择要添加的素材，点击“添加”按钮，如图 6-113 所示。

图 6-112 点击“新增画中画”按钮

图 6-113 点击“添加”按钮

第 5 步：进入剪辑页面，将工具栏向左滑动，点击“抠像”按钮，如图 6-114 所示。

第 6 步：进入“抠像”界面，点击“色度抠图”按钮，如图 6-115 所示。

图 6-114 点击“抠像”按钮

图 6-115 点击“色度抠图”按钮

第 7 步：进入“色度抠图”界面，该界面出现“取色器”“强度”“阴影”三个按钮，选择“取色器”按钮，然后用手指拖动预览画面中的圆圈，选中准备消除的颜色，如图 6-116 所示。

第 8 步：在“色度抠图”界面中，点击“强度”按钮，如图 6-117 所示。

图 6-116　选择要消除的颜色

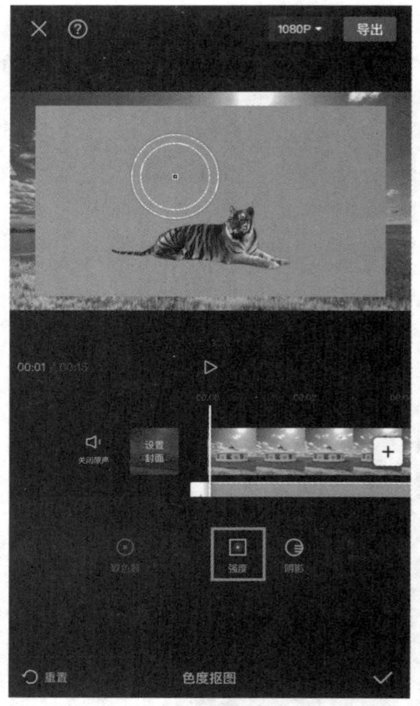

图 6-117　点击“强度”按钮

第 9 步：拖动强度滑块值直到所选颜色完全抠除为止，如图 6-118 所示。

第 10 步：调整素材的位置和比例大小，让画面看起来更协调，最终效果如图 6-119 所示。

图 6-118　调整强度参数

图 6-119　完成抠像

6.6.3　使用关键帧

使用“关键帧”功能可以制作出让画面逐渐放大的动画效果，具体的操作步骤如下。

第 1 步：打开剪映 APP，点击“开始创作”按钮，导入“蛋糕”视频素材，如图 6-120 所示。

第 2 步：选中视频素材，将时间线移至动画开始的时间点，点击“关键帧”按钮，添加第一个关键帧，如图 6-121 所示。

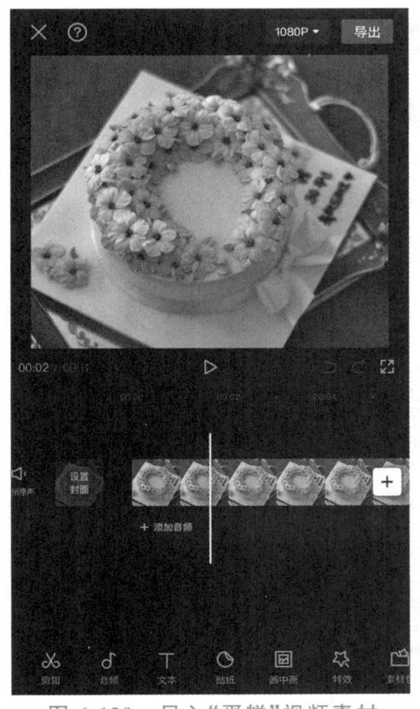
图 6-120 导入“蛋糕”视频素材

图 6-121 添加第一个关键帧

第 3 步：将时间线移至动画结束的时间点，点击“关键帧”按钮，添加第二个关键帧，如图 6-122 所示。

第 4 步：在预览区域中将图像放大，如图 6-123 所示，此时，在第二个关键帧的时间点上，视频画面相比原来的画面放大了。

图 6-122 添加第二个关键帧

图 6-123 放大图像

第 5 步：将时间线移至开始的时间点，点击“播放”按钮，即可看到画面产生了放大的动画效果，从第一个关键帧开始放大，一直放大到第二个关键帧设置的大小停止，其效果如图 6-124 所示。

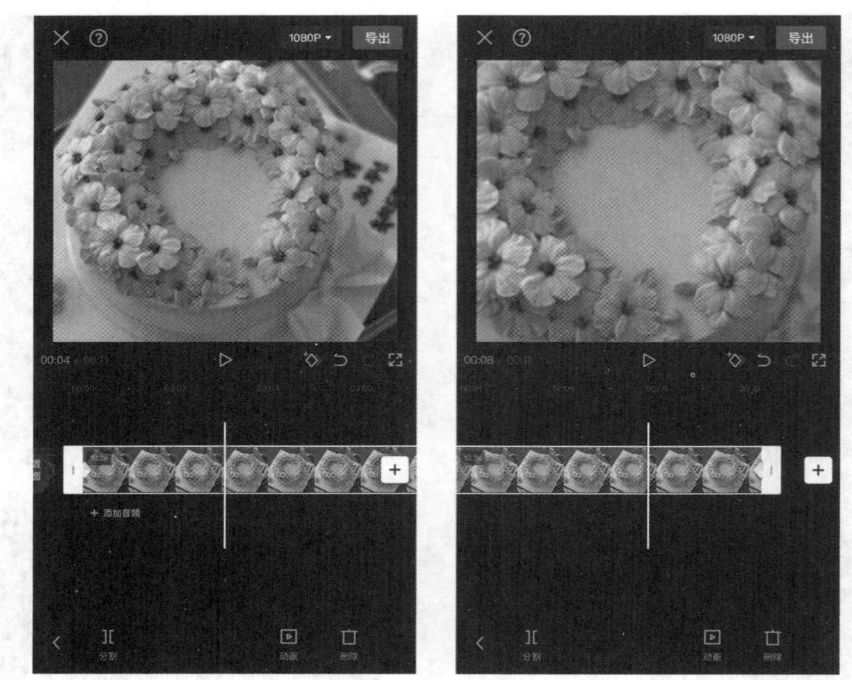

图 6-124 预览放大的动画效果

6.6.4 添加动画效果

动画在视频编辑中应用非常多，主要用于短视频片段的过渡和进场。剪映 APP 提供了 30 个动画效果。在剪辑中灵活运用动画效果可以使短视频锦上添花。添加动画效果的具体操作步骤如下。

第 1 步：打开剪映 APP，点击“开始创作”按钮，导入 3 段“寿司”视频素材，如图 6-125 所示。

第 2 步：在时间线上选择第一段素材，在下方工具栏中点击“动画”按钮，如图 6-126 所示。

图 6-125 导入 3 段视频素材

图 6-126 点击“动画”按钮

第 3 步：进入动画界面，点击“入场动画”按钮，如图 6-127 所示。

第 4 步：进入“入场动画”页面，点击“渐显”选项，设置动画时长为 2 秒，点击 ✓ 按钮确认，如图 6-128 所示。

图 6-127 点击“入场动画”按钮

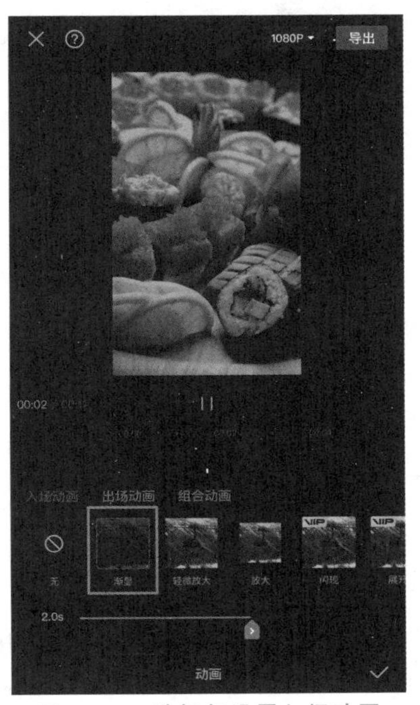

图 6-128 选择与设置入场动画

第 5 步：选择时间线上的第二段素材，点击“动画”按钮，如图 6-129 所示。

第 6 步：进入动画界面，点击“组合动画”按钮，如图 6-130 所示。

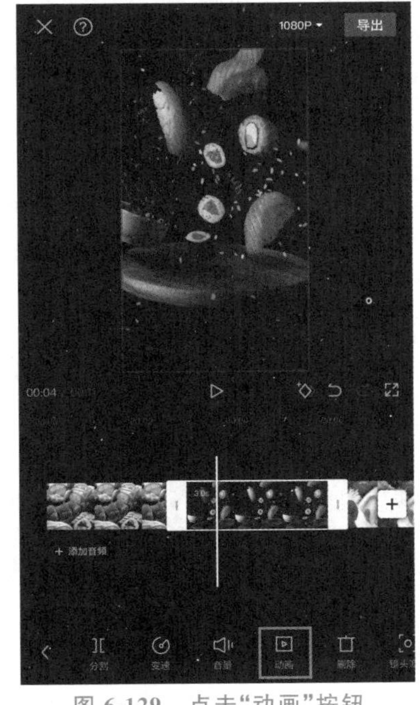

图 6-129 点击“动画”按钮

图 6-130 点击“组合动画”按钮

第 7 步：进入“组合动画”页面，点击“波动滑出”选项，设置动画时长为 3 秒，点击 ✓ 按钮确认，应用组合动画，如图 6-131 所示。

第 8 步：选择时间线上的第三段素材，点击“动画”按钮，如图 6-132 所示。

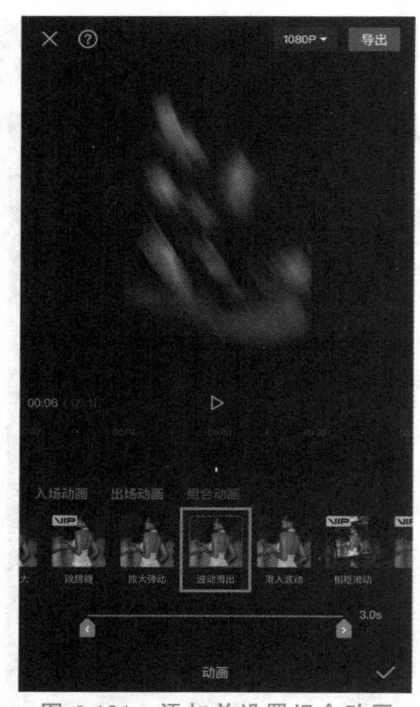

图 6-131　添加并设置组合动画

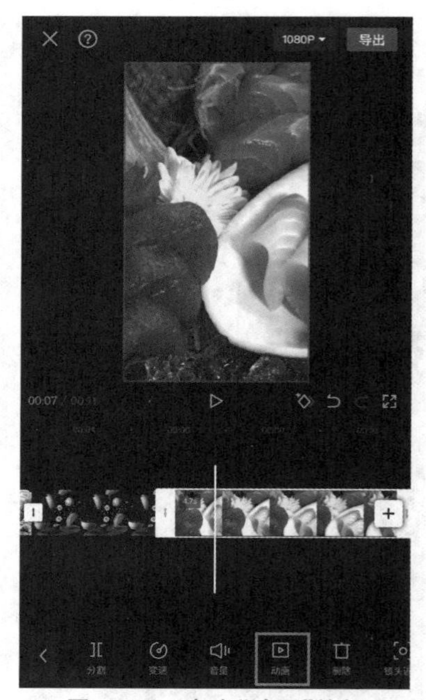

图 6-132　点击“动画”按钮

第 9 步：进入动画界面，点击“出场动画”按钮，如图 6-133 所示。

第 10 步：进入“出场动画”页面，点击“渐隐”选项，设置动画时长为 0.4 秒，点击✓按钮确认，应用出场动画，如图 6-134 所示。

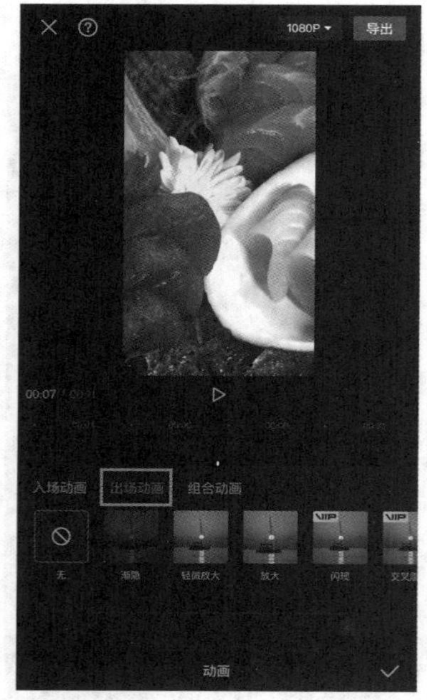

图 6-133　点击“出场动画”按钮

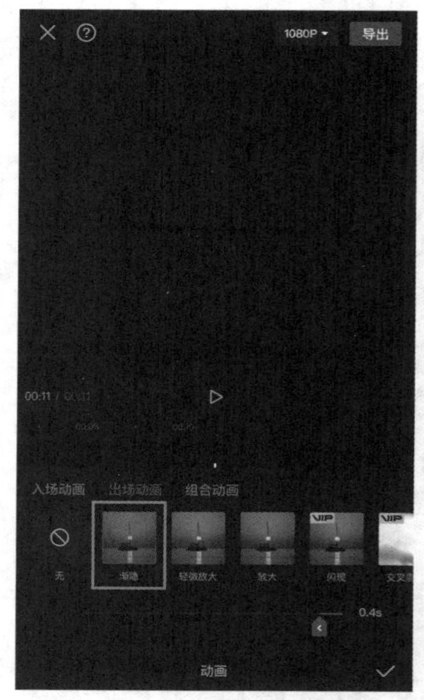

图 6-134　添加并设置出场动画

课后练习

1. 使用剪映 APP 制作一条旅游短视频作品。
2. 使用剪映 APP 中的“剪同款”功能，制作一条美食短视频作品。

第 7 章　电脑端短视频的后期制作

本章导读

Premiere Pro 是一款功能全面的视频剪辑软件，它的全称为 Adobe Premiere Pro，适用于电影、电视等的视频编辑。Premiere Pro 具有超高的兼容性，能处理与导出多种格式的素材，实现视频、音频加工等多项功能。本章将详细介绍导入与管理素材、剪辑短视频、设置视频效果、编辑音频等知识点。

学习目标

通过对本章多个知识点的学习，读者可以熟悉 Premiere Pro 的工作界面，能够运用 Premiere Pro 导入与管理素材、剪辑短视频、设置视频效果、编辑音频和字幕等。

知识要点

◇ 导入素材
◇ 打包素材
◇ 嵌套、编组和替换素材
◇ 创建与设置序列
◇ 复制和粘贴视频素材
◇ 标记入点和出点
◇ 调整播放速度
◇ 三点和覆盖剪辑素材
◇ 导出短视频
◇ 添加与编辑视频效果
◇ 制作关键帧动画效果
◇ 使用非红色键透明叠加
◇ 使用透明度和混合模式叠加
◇ 使用 Set Matte 视频效果
◇ 添加、分割音频
◇ 制作淡入、淡出的声音效果
◇ 创建字幕
◇ 修改字幕属性
◇ 使用 RGB 颜色校正器和三向颜色校正器
◇ 自动调整视频颜色
◇ 控制视频的颜色平衡(HLS)
◇ 校正图像的亮度

7.1 熟悉 Premiere Pro 的工作界面

Premiere Pro 2022 的工作界面主要由标题栏、菜单栏、“工具”面板、“项目”面板、“源监视器”面板、“节目监视器”面板、“时间轴”面板、“效果控件”面板、“效果”面板、“信息”面板等部分组成，如图 7-1 所示。

第7章

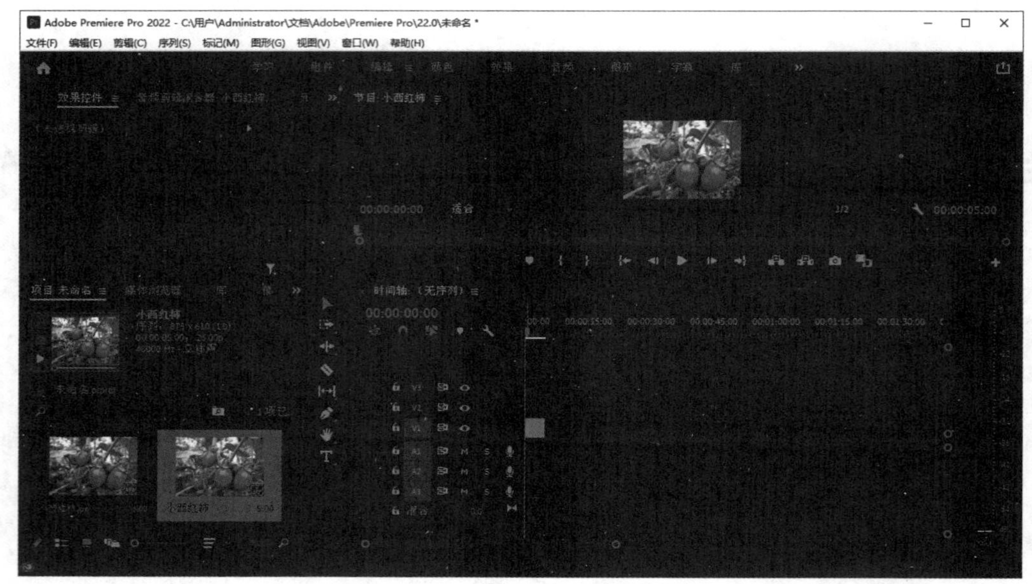

图 7-1　Premiere Pro 2022 工作界面

下面将对 Premiere Pro 2022 工作界面中的常用部分进行介绍。

7.1.1　标题栏

标题栏位于 Premiere Pro 2022 窗口的最上端，它显示了系统正在运行的应用程序和用户打开的项目文件的信息。当启动 Premiere Pro 2022 后，如果在创建项目文件时没有为项目命名，则默认名称为“未命名”，如图 7-2 所示。

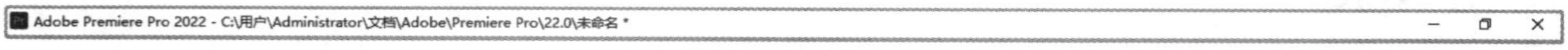

Adobe Premiere Pro 2022 - C:\用户\Administrator\文档\Adobe\Premiere Pro\22.0\未命名 *

图 7-2　标题栏

7.1.2　菜单栏

菜单栏提供了 9 组菜单选项，位于标题栏的下方。Premiere Pro 2022 的菜单栏由文件、编辑、剪辑、序列、标记、图形、视图、窗口和帮助菜单组成，如图 7-3 所示。

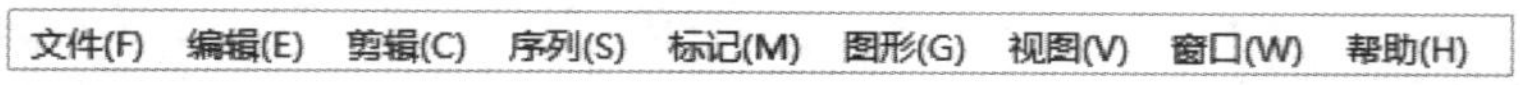

文件(F)　编辑(E)　剪辑(C)　序列(S)　标记(M)　图形(G)　视图(V)　窗口(W)　帮助(H)

图 7-3　菜单栏

下面将对各个菜单进行介绍。

◇“文件”菜单：主要用于对项目文件进行操作。“文件”菜单中包含“新建”“打开项目”“关闭项目”“保存”“另存为”“返回”“采集”“批采集”“导入”“导出”及“退出”等命令。

◇“编辑”菜单：主要包括一些常规编辑操作。“编辑”菜单中包含“还原”“重做”“剪切”“复制”“粘贴”“清除”“全选”“查找”“键盘快捷方式”及“首选项”等命令。

◇“剪辑”菜单：用于实现对素材的具体操作。Premiere Pro 2022 中剪辑影片的大多数命令都位于该菜单中，如“重命名”“修改”“视频选项”“采集设置”“覆盖”及“替换素材”等命令。

◇“序列”菜单：主要用于对项目中当前活动的序列进行编辑和处理。“序列”菜单中包含“序列设置”“渲染音频”“提升”“提取”“放大”“缩小”“吸附”“添加轨道”及“删除轨道”等命令。

◇“标记”菜单：用于对素材和场景序列的标记进行编辑处理。“标记”菜单中包含“标记入点”“标记出点”“跳转入点”“跳转出点”“添加标记”及“清除当前标记”等命令。

◇“图形”菜单：用于实现静态字幕和动态字幕制作过程中的各项编辑和调整操作。“图形”菜单中

包含“安装动态图形模板”“新建图层”“对齐”“排列”“选择”“升级为主图”“替换项目中的整体”等命令。

◇“视图”菜单：主要用于图像中的分辨率、显示模式及参考线的编辑操作。“视图”菜单中包含“回放分辨率”“暂停分辨率”“显示模式”“显示标尺”“显示参考线”“锁定参考线”“清除参考线”及“参考线模板”等命令。

◇“窗口”菜单：主要用于实现对各种编辑窗口和控制面板的管理操作。“窗口”菜单中包含“工作区”“扩展”“事件”“信息”“字幕属性”及“特效控制台”等命令。

◇“帮助”菜单：可以为用户提供在线帮助。“帮助”菜单中包含“帮助”“在线支持”“注册”“激活”及“更新”等命令。

7.1.3　“工具”面板

Premiere Pro 2022“工具”面板中的工具主要用于编辑素材，如图 7-4 所示。在“工具”面板中，单击相应的工具按钮，即可激活工具。

图 7-4　“工具”面板

在“工具”面板中，各工具的选项含义如下。

◇ 选择工具：该工具主要用于选择素材、移动素材及调节素材关键帧。将该工具移至素材的边缘，光标将变成拉伸图标，可以拉伸素材，为素材设置入点和出点。

◇ 向前选择轨道工具：该工具主要用于选择某一轨道上的所有素材，按住 Shift 键的同时单击，可以选择所有轨道。

◇ 波纹编辑工具：使用该工具可以通过拖动素材的出点来改变所选素材的长度，而轨道上其他素材的长度不受影响。

◇ 滚动编辑工具：该工具主要用于调整两个相邻素材的长度，两个被调整的素材长度变化是一种此消彼长的关系，在固定的长度范围内，一个素材增加的帧数会从相邻的素材中减去。

◇ 比率拉伸工具：该工具主要用于调整素材的速度。缩短素材则速度加快，拉长素材则速度减慢。

◇ 剃刀工具：该工具主要用于分割素材，将素材分割为两段，产生新的入点和出点。

◇ 外滑工具：该工具用于改变所选素材的出入点位置。

◇ 内滑工具：该工具用于改变相邻素材的出入点位置。

◇ 钢笔工具：该工具主要用于调整素材的关键帧。

◇ 矩形工具：该工具可以在“源监视器”面板中绘制矩形形状。

◇ 椭圆工具：该工具可以在“源监视器”面板中绘制椭圆形状。

◇ 手形工具：该工具主要用于改变“时间轴”面板的可视区域。在编辑一些较长的素材时，使用该工具非常方便。

◇ 缩放工具：该工具主要用于调整“时间轴”面板中显示的时间单位，按住 Alt 键，可以在放大和缩小模式间进行切换。

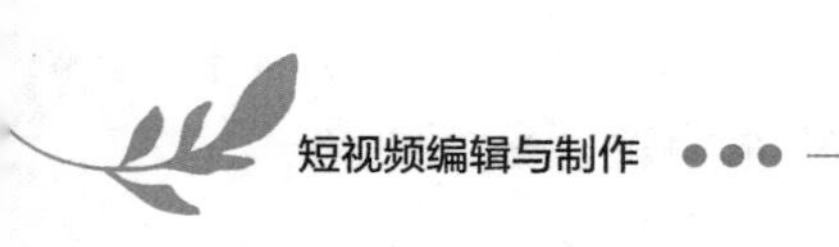

◇ 文字工具T：该工具可以在“源监视器”面板中单击输入横排文字。

◇ 垂直文字工具IT：该工具可以在“源监视器”面板中单击输入竖排文字。

7.1.4 “项目”面板

如果项目中包含许多视频素材、音频素材和其他作品，那么应该重视 Premiere Pro 2022 的“项目”面板。“项目”面板提供了对作品元素的总览。

“项目”面板由四个部分构成：最上面的一部分为素材预览区；预览区下方为查找区；查找区下方是素材目录栏；最下面是工具栏，也就是菜单命令的快捷按钮，单击这些按钮可以方便地实现一些常用操作，如图 7-5 所示。

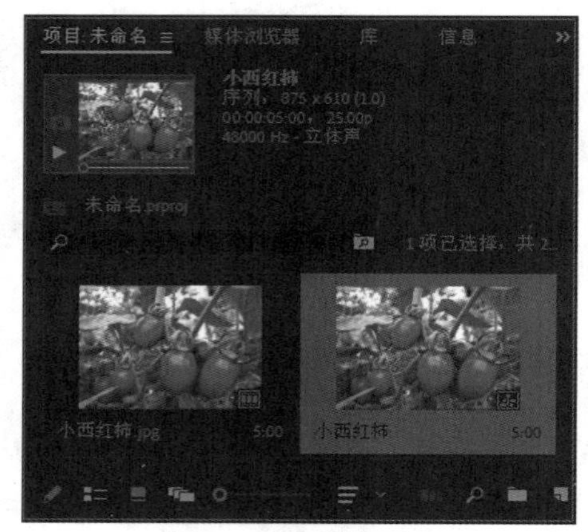

图 7-5 “项目”面板

7.1.5 “源监视器”面板

“源监视器”面板显示还未放入时间轴的视频序列中的源影片，可以使用素材源监视器设置素材的入点和出点，然后将它们插入或覆盖到自己的作品中。“源监视器”面板也可以显示音频素材的音频波形，如图 7-6 所示。

图 7-6 “源监视器”面板

7.1.6 “节目监视器”面板

“节目监视器”面板用于预览在“时间轴”面板中组装的素材、图形、特效和切换效果。我们也可以使用“节目监视器”面板中的“提升”和“提取”按钮移除影片。“节目监视器”面板如图 7-7 所示。要在节目监视器中播放序列，只需要单击窗口中的“播放－停止切换”按钮或按空格键即可。

图 7-7 “节目监视器”面板

7.1.7 “时间轴”面板

“时间轴”面板是制作视频作品的基础，它提供了组成项目的视频序列、特效、字幕和切换效果的临时图形总览，如图 7-8 所示。时间轴并非仅用于查看，它也是可以交互的。使用鼠标把视频和音频素材、图形和字幕从“项目”面板中拖动到时间轴中即可构建自己的作品。

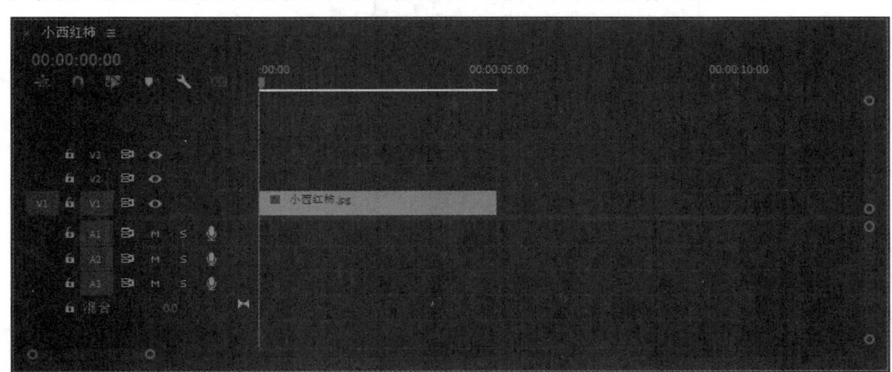

图 7-8 “时间轴”面板

7.1.8 “效果控件”面板

使用“效果控件”面板可以快速创建与控制音频和视频特效、切换效果。例如，在“效果”面板中选定一种特效，将它拖动到时间轴中的素材上或直接拖到“效果控件”面板中，就可以对素材添加该特效，如图 7-9 所示。

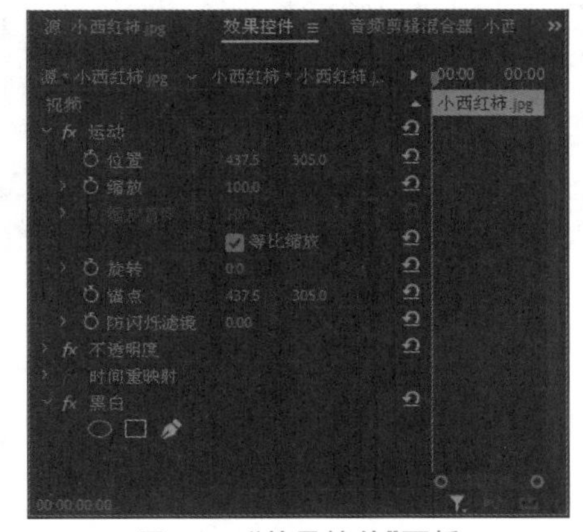

图 7-9 “效果控件”面板

7.1.9 “效果”面板

“效果”面板中包括“预置”“视频特效”“音频特效”“音频切换效果”和“视频切换效果”选项。在“效果”面板中，各种选项以效果类型分组的方式存放视频、音频的特效和转场。用户对素材应用视频特效，可以调整素材的色调、明度等效果，应用音频特效可以调整音频素材的音量和均衡等效果，如图 7-10 所示。

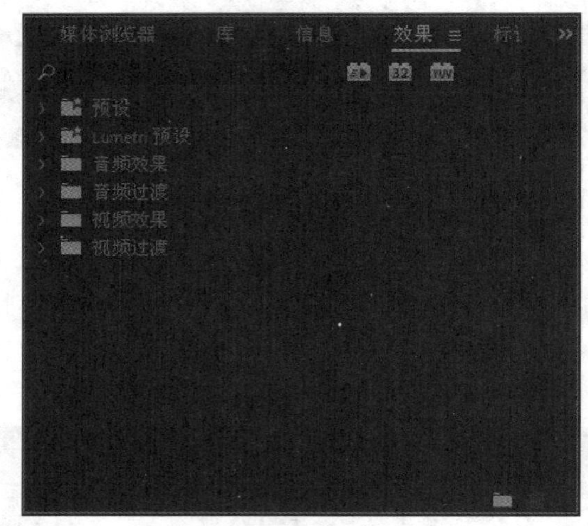

图 7-10 “效果”面板

7.1.10 “信息”面板

“信息”面板提供了关于素材、切换效果和时间轴中空白间隙的重要信息。要查看活动中的“信息”面板，可单击一段素材、切换效果或时间轴中的空白间隙。信息窗口将显示素材或空白间隙的大小、持续时间、起点和终点，如图 7-11 所示。

图 7-11 “信息”面板

7.2 导入与管理素材

在 Premiere Pro 中制作短视频之前，需要先在项目中导入素材，然后对素材进行打包、嵌套、编

组和替换等操作。本节将讲解导入与管理素材的具体方法。

7.2.1　导入素材

使用“导入”功能，可以在项目中导入视频、图像等素材，其具体操作步骤如下。

第 1 步：打开 Premiere Pro 2022，在菜单栏中单击“文件”菜单，然后依次单击“新建”→“项目”命令，如图 7-12 所示。

第 2 步：在“新建项目”对话框中，输入新建项目的名称“7.2.1”，更改工程文件存储位置，单击“确定”按钮，如图 7-13 所示，即可新建项目。

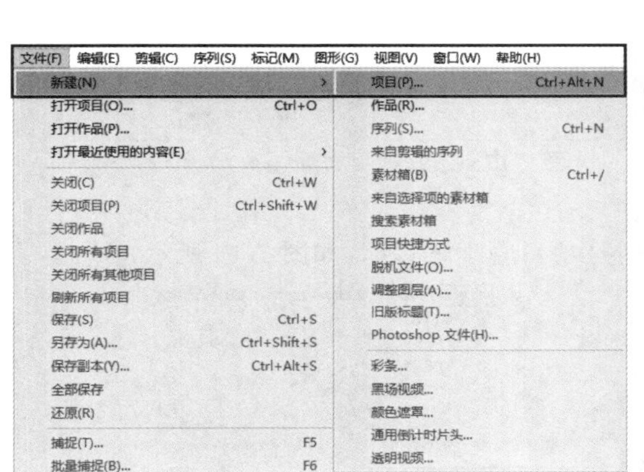

图 7-12　选择“项目”命令

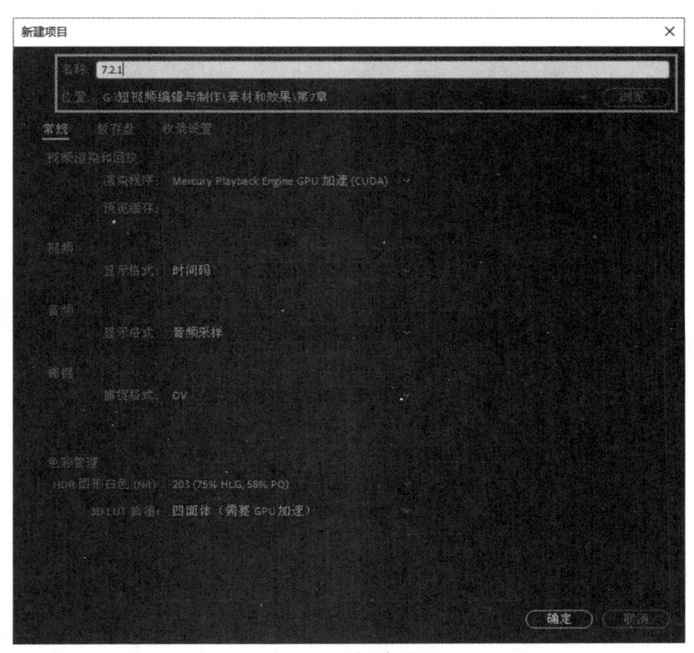

图 7-13　新建项目

第 3 步：在“项目”面板的空白处双击鼠标左键，打开“导入”对话框，在相应的文件夹中选择需要导入的视频素材、图像素材，单击“打开”按钮，如图 7-14 所示。

第 4 步：将选择的所有视频和图像素材，添加至“项目”面板中，完成素材的导入操作，其效果如图 7-15 所示。

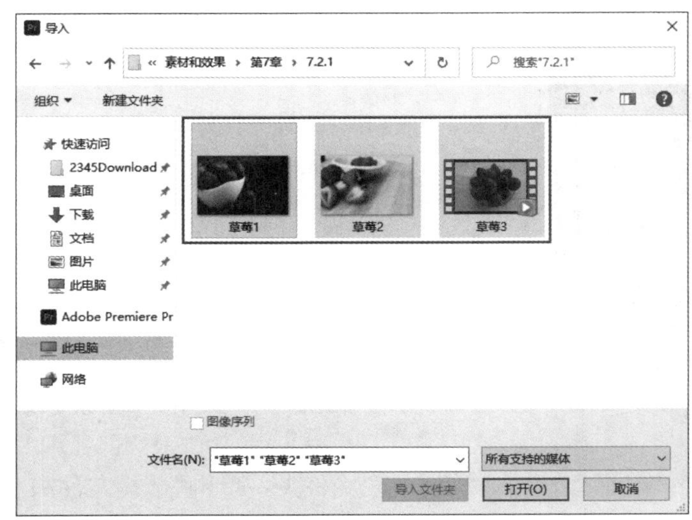

图 7-14　选择需要的视频和图像素材

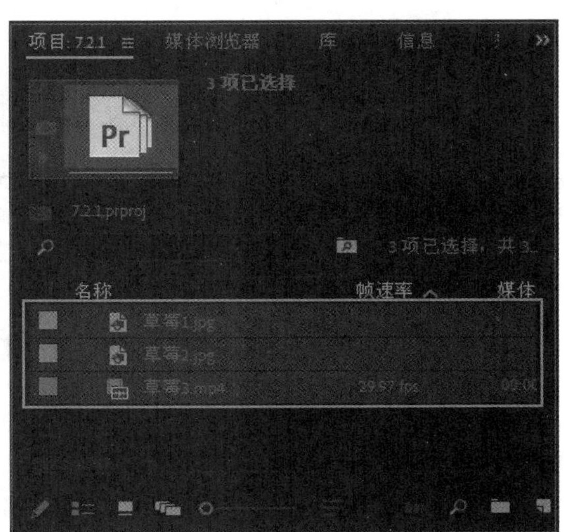

图 7-15　导入素材

第7章

7.2.2 打包素材

如果想将项目中的所有文件放到另一台电脑上渲染，可以使用“项目管理”功能，将素材进行打包保存，方便其他电脑调用。打包素材的操作步骤如下。

第 1 步：在欢迎界面窗口中，单击“打开项目”按钮，如图 7-16 所示。

第 2 步：打开“打开项目”对话框，在对应的文件夹中，选择“7.2.2”项目文件，单击“打开”按钮，如图 7-17 所示，即可打开选择的项目文件。

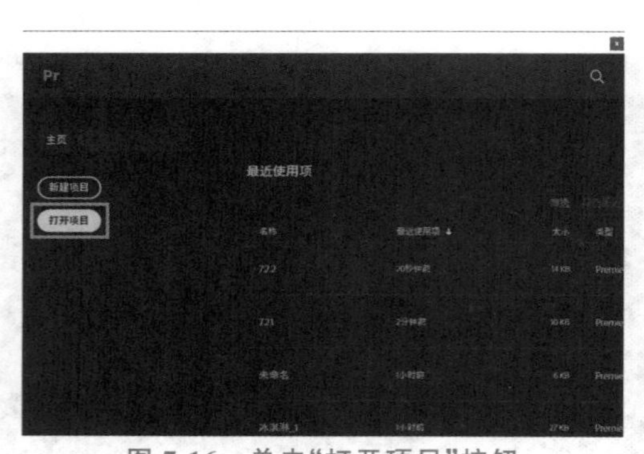

图 7-16 单击“打开项目”按钮

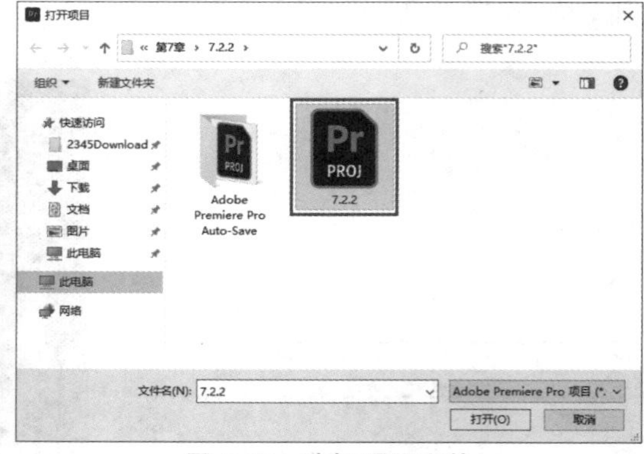

图 7-17 选择项目文件

第 3 步：该项目文件的“项目”面板如图 7-18 所示。

第 4 步：单击“文件”菜单，在弹出的下拉菜单中，选择“项目管理”命令，如图 7-19 所示。

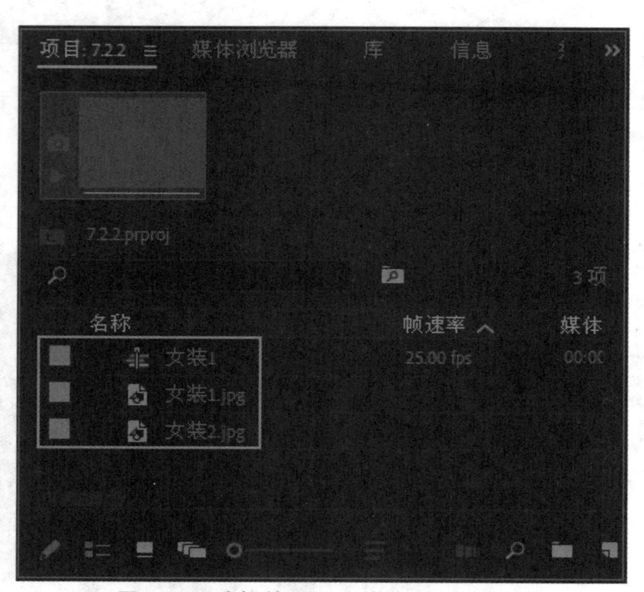

图 7-18 选择的项目文件的“项目”面板

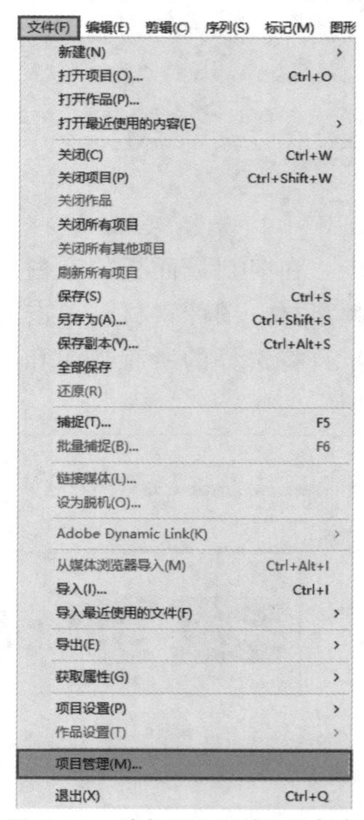

图 7-19 选择“项目管理”命令

第 5 步：打开“项目管理器”对话框，点选“收集文件并复制到新位置”按钮，单击“浏览”按钮，如图 7-20 所示。

第 6 步：打开“请选择生成项目的目标路径。”对话框，选择“第 7 章”文件夹，单击“选择文件夹”按钮，如图 7-21 所示。

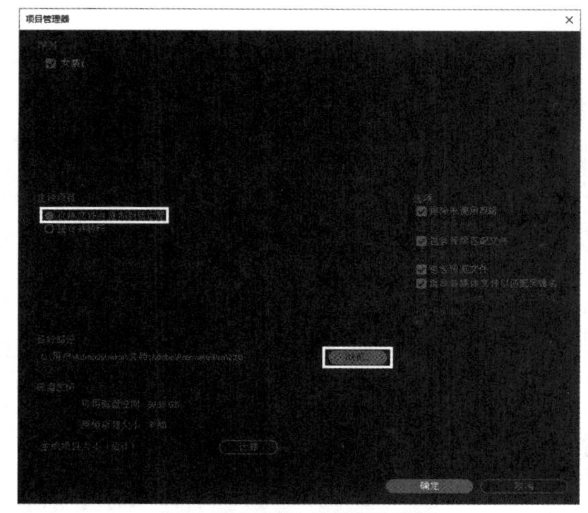

图 7-20　单击“浏览”按钮

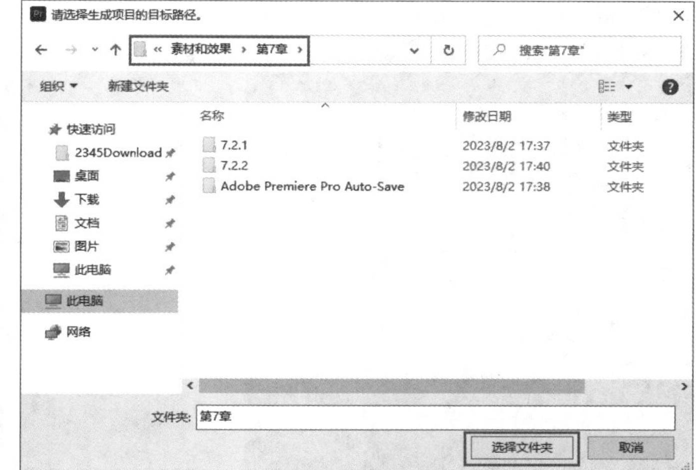

图 7-21　选择目标路径

第 7 步：返回到“项目管理器”对话框，完成目标路径的更改，单击“确定”按钮，打开“项目管理器进度”对话框，开始打包素材文件，稍后完成素材文件的打包。

7.2.3　嵌套和编组素材

使用“嵌套”功能可以将一条时间线嵌套至另一条时间线中，成为一整段素材，这极大地提高了工作效率；使用“编组”功能，可以在添加两个或两个以上的素材文件时，同时对多个素材进行整体编辑。嵌套和编组素材的操作步骤如下。

第 1 步：在欢迎界面窗口中，单击“打开项目”按钮，打开对应文件夹中的“素材和效果\第 7 章\7.2.3.prproj”项目文件，其“项目”面板如图 7-22 所示。

第 2 步：在“时间轴”面板中选择图像素材，然后右击，在弹出的快捷菜单中选择“编组”命令，如图 7-23 所示，即可编组图像素材。

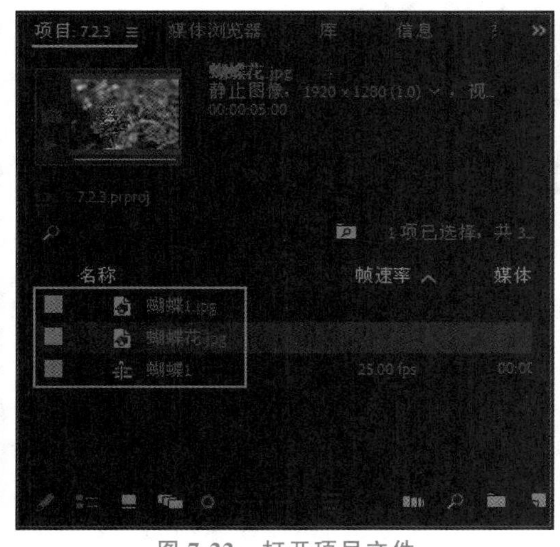

图 7-22　打开项目文件

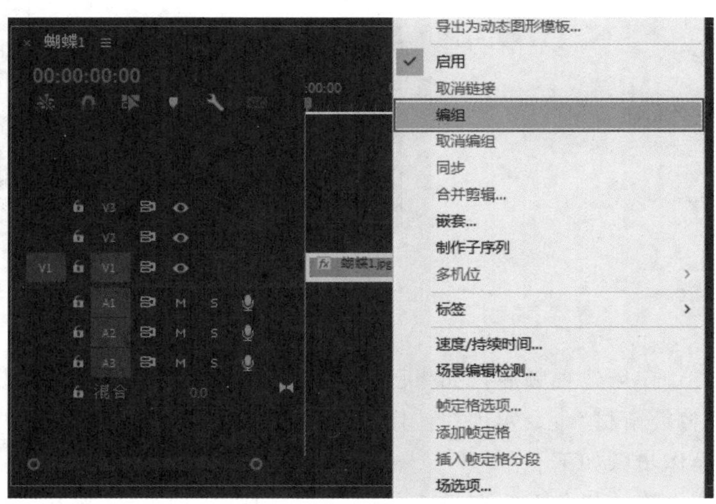

图 7-23　选择“编组”命令

第 3 步：在“时间轴”面板中选择图像素材，然后右击，在弹出的快捷菜单中，选择“嵌套”命令，如图 7-24 所示。

第 4 步：打开“嵌套序列名称”对话框，修改“名称”为“嵌套序列 01”，单击“确定”按钮，如图 7-25 所示。

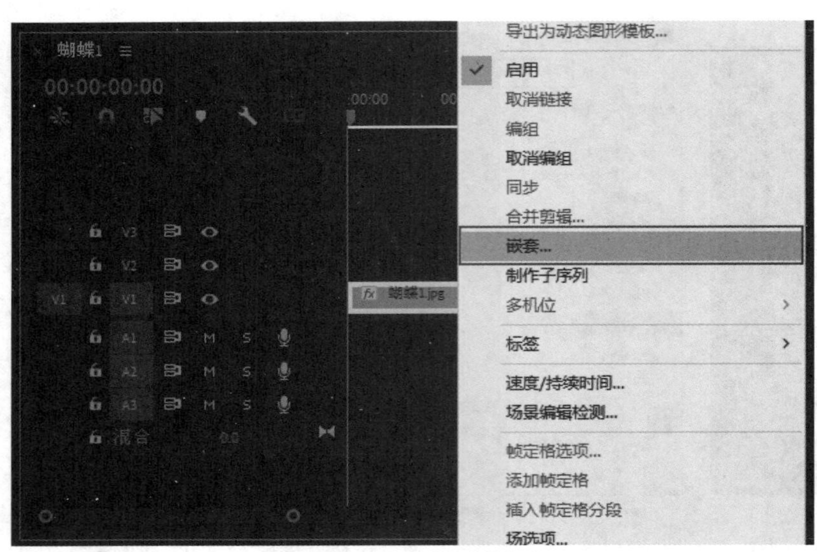

图 7-24　选择“嵌套”命令

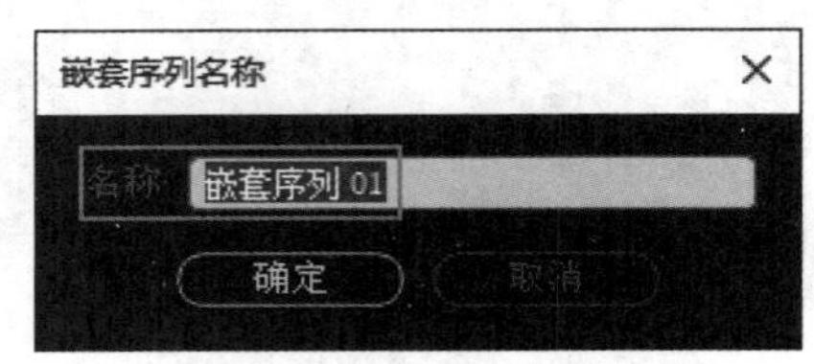

图 7-25　修改嵌套序列名称

第 5 步：完成素材文件的嵌套操作，并在“项目”面板中显示嵌套序列名称，如图 7-26 所示。

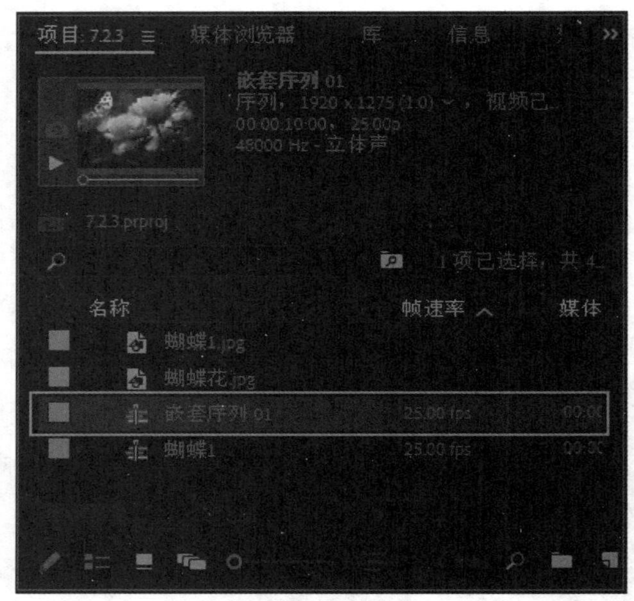

图 7-26　嵌套素材

7.2.4　替换素材

在创建视频后，如果已经对某个素材添加了效果，修改了参数，却想要更换该素材，则可以通过“替换素材”命令实现。使用“替换素材”命令可以在替换素材的同时还保留原素材的效果。替换素材的操作步骤如下。

第 1 步：在欢迎界面窗口中，单击“打开项目”按钮，打开对应文件夹中的“素材和效果\第 7 章\7.2.4.prproj”项目文件，其“项目”面板如图 7-27 所示。

第 2 步：在“项目”面板的“蛋糕 1”图像素材上右击，在弹出的快捷菜单中，选择“替换素材”命令，如图 7-28 所示。

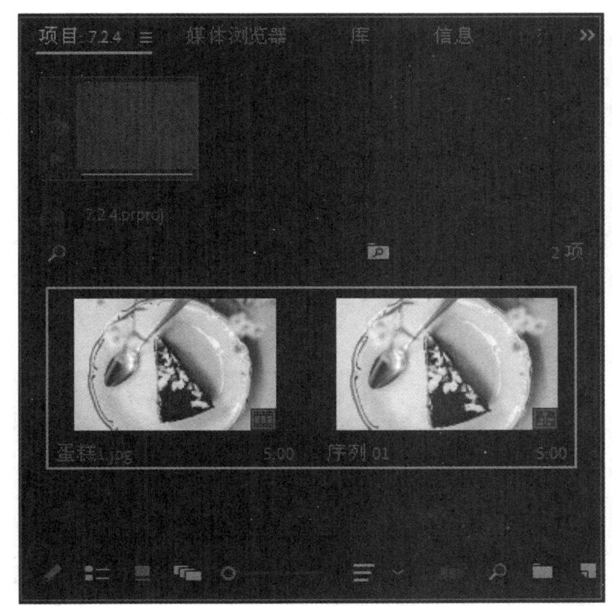

图 7-27 打开项目文件

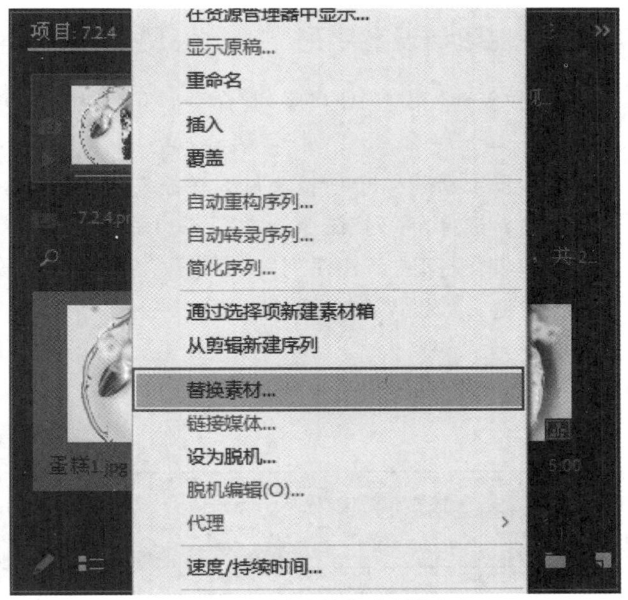

图 7-28 选择“替换素材”命令

第 3 步：打开“替换‘蛋糕 1.jpg’素材”对话框，选择“蛋糕 2”图像素材，单击“选择”按钮，如图7-29所示。

第 4 步：“项目”面板中的“蛋糕 1”图像素材自动替换为“蛋糕 2”图像素材，如图 7-30 所示。

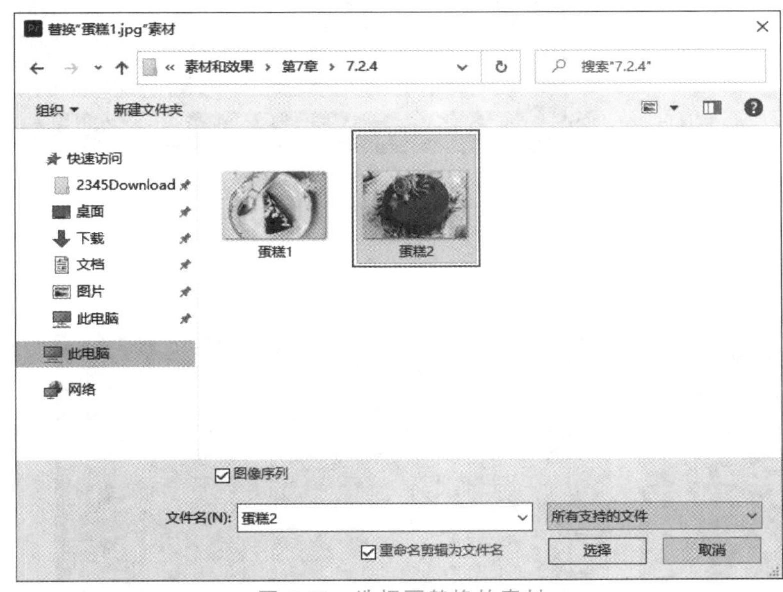

图 7-29 选择要替换的素材

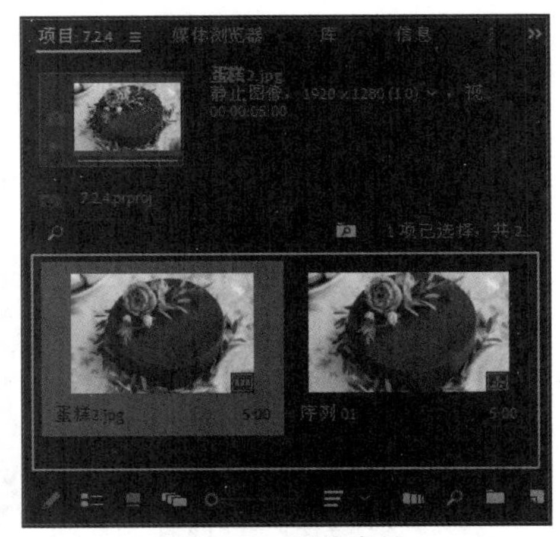

图 7-30 替换素材

7.3 剪辑短视频

剪辑短视频需要先创建与设置序列，再对短视频进行复制、粘贴、标记入点、标记出点、三点剪辑和覆盖剪辑等操作。本节将详细讲解剪辑短视频的方法。

7.3.1 创建与设置序列

使用“新建”菜单中的“序列”命令，可以为当前项目添加与设置新序列。创建与设置序列的具体方法如下。

第1步：新建一个项目文件，单击“文件”菜单，在弹出的下拉菜单中选择“新建”命令，在展开的子菜单中，选择“序列”命令，如图7-31所示。

第2步：打开“新建序列”对话框，在“可用预设”列表框中，选择“宽屏 48kHz”选项，然后单击“确定”按钮，如图7-32所示。

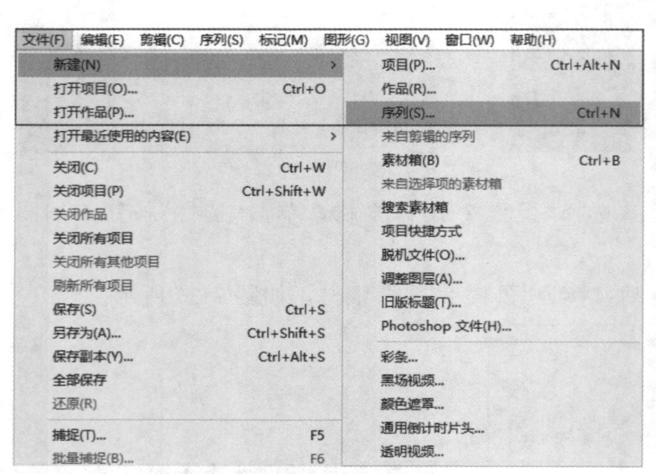

图 7-31 选择“序列”命令

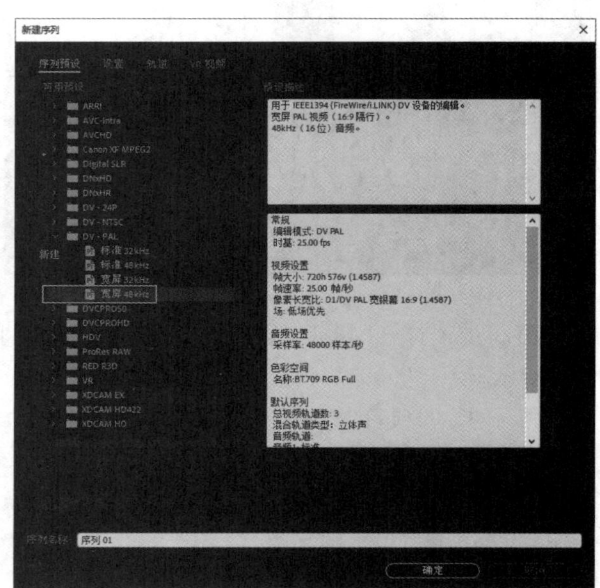

图 7-32 选择预设选项

第3步：切换至“设置”选项卡，在“编辑模式”列表框中选择“自定义”选项，修改“帧大小”参数为1920和1080，单击“确定”按钮，如图7-33所示。

第4步：完成序列文件的新建和设置操作，并在“项目”面板中显示，如图7-34所示。

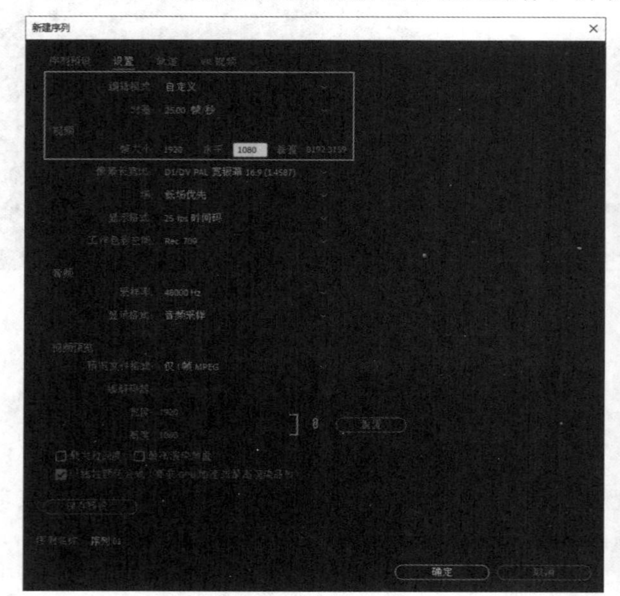

图 7-33 设置序列参数

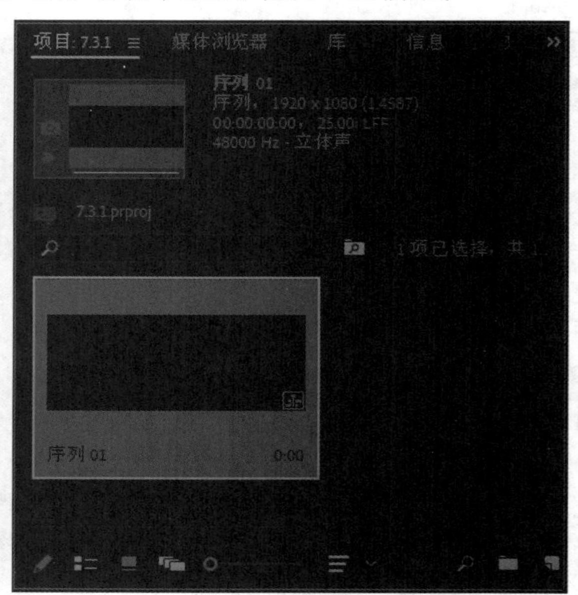

图 7-34 序列文件新建和设置完成

7.3.2　复制和粘贴视频素材

在项目文件中添加了视频素材后，有时会需要复制和粘贴视频素材。复制和粘贴视频素材的操作步骤如下。

第 1 步：新建一个名称为“7.3.2”的项目文件，在“项目”面板中导入“彩色鸡蛋”视频素材，如图 7-35 所示。

第 2 步：在“项目”面板中选择新添加的“彩色鸡蛋”视频素材，按住鼠标左键并拖动，将其添加至“时间轴”面板的“视频 1”轨道上，将自动创建序列文件，如图 7-36 所示。

图 7-35　导入“彩色鸡蛋”视频素材

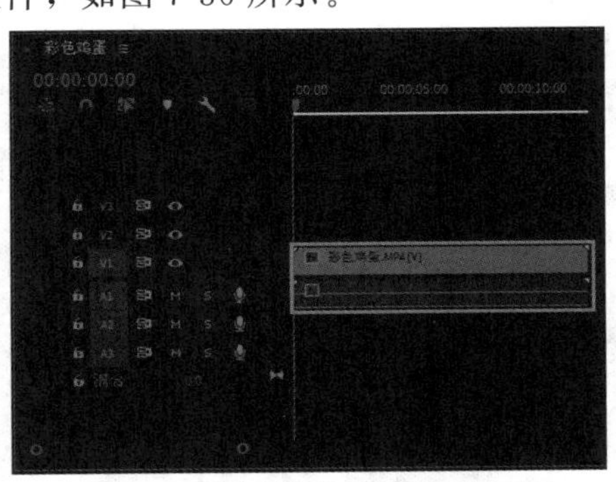

图 7-36　添加“彩色鸡蛋”视频素材

第 3 步：在“时间轴”面板中选择视频素材并右击，在弹出的快捷菜单中，选择“复制”命令，复制视频素材，如图 7-37 所示。

第 4 步：将时间线移至 00:00:02:22 的位置，然后单击“编辑”菜单，在弹出的下拉菜单中，选择“粘贴”命令，如图 7-38 所示。

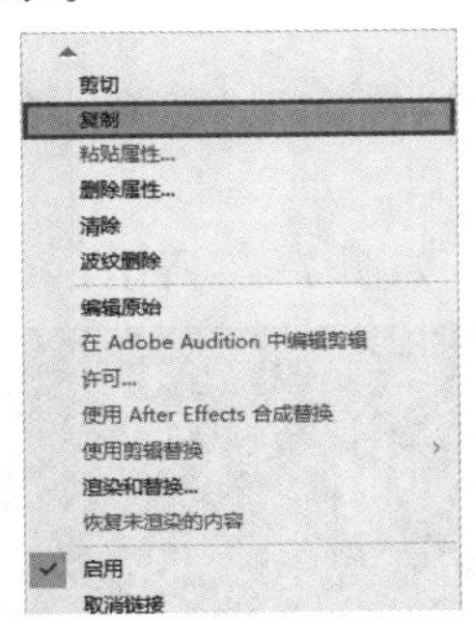

图 7-37　选择“复制”命令

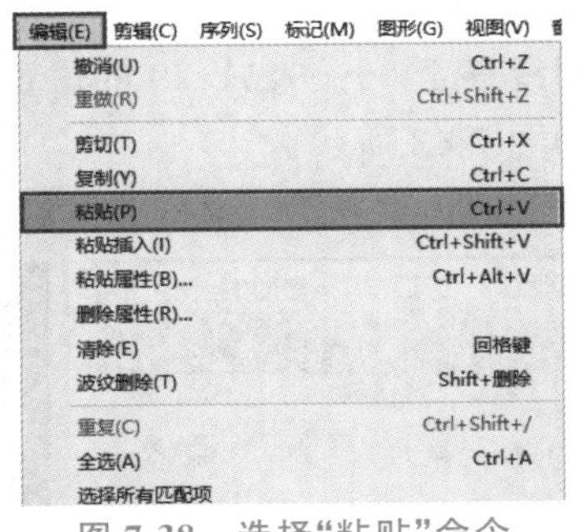

图 7-38　选择“粘贴”命令

第 5 步：在指定的时间线位置处完成视频素材的粘贴操作，其效果如图 7-39 所示。

第 6 步：使用同样的方法，在时间线 00:00:08:15 的位置，再次复制和粘贴视频素材，如图 7-40 所示。

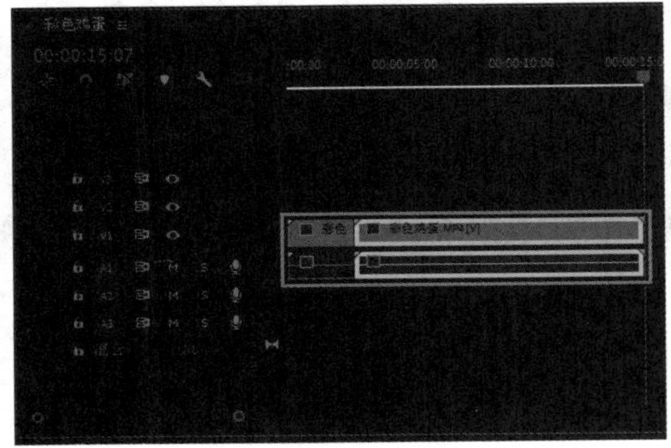

图 7-39　粘贴视频素材

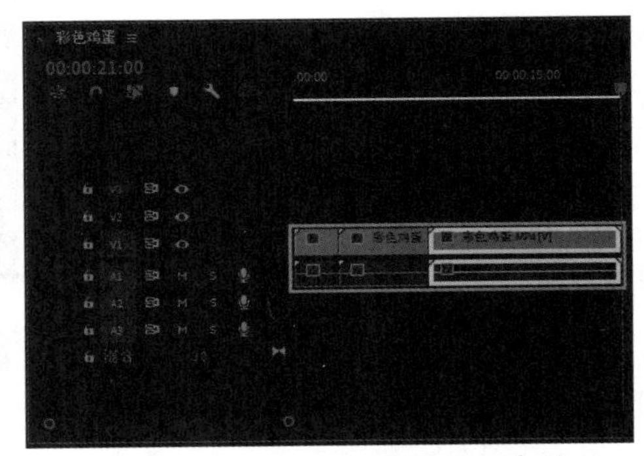

图 7-40　再次复制和粘贴视频素材

7.3.3 标记入点和出点

使用“标记入点”和“标记出点”功能，可以标识素材起始点时间和结束点时间的可用部分。标记入点和出点的具体操作步骤如下。

第1步：新建一个名称为“7.3.3”的项目文件，在“项目”面板中导入“蛋糕”视频素材，如图7-41所示。

第2步：在“项目”面板中选择新添加的“蛋糕”视频素材，按住鼠标左键并拖动，将其添加至“时间轴”面板的“视频1”轨道上，将自动创建序列文件，如图7-42所示。

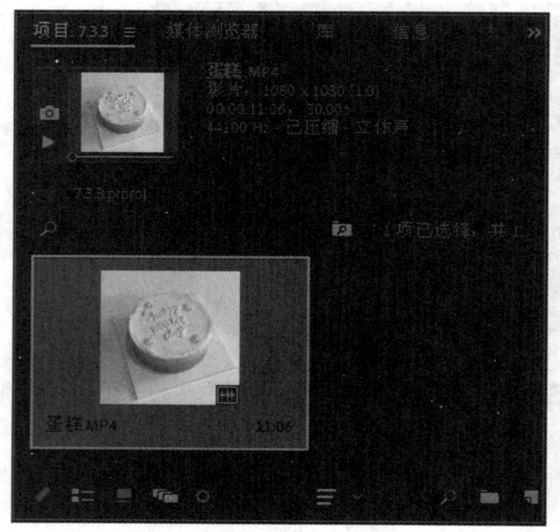

图7-41 导入“蛋糕”视频素材

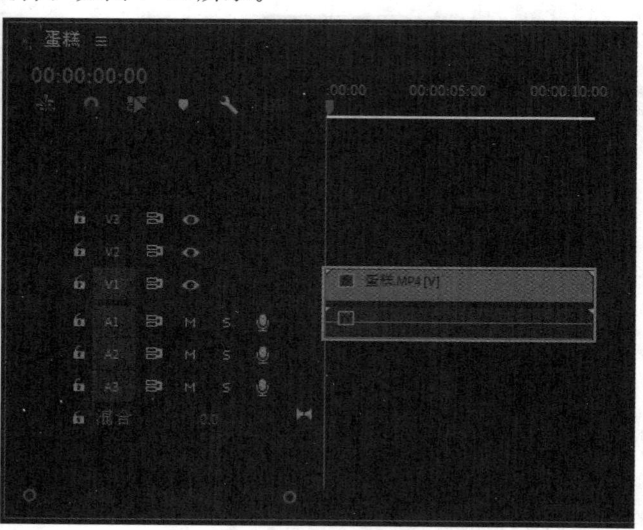

图7-42 添加“蛋糕”视频素材

第3步：将时间线移至00:00:01:29的位置，然后单击“标记”菜单，在弹出的下拉菜单中，选择“标记入点”命令，如图7-43所示。

第4步：在指定的时间线位置处添加一个入点标记，如图7-44所示。

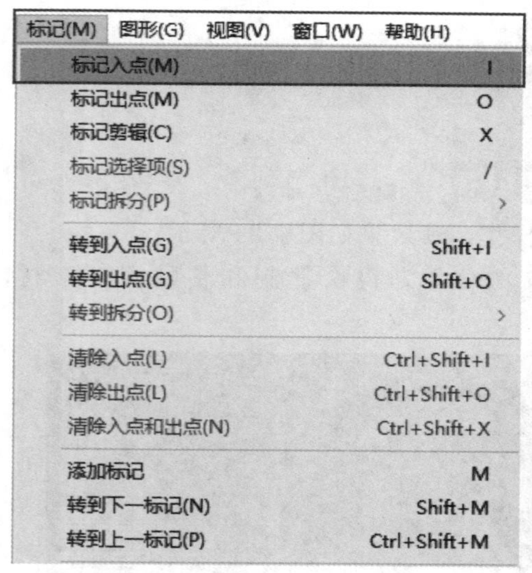

图7-43 选择“标记入点”命令

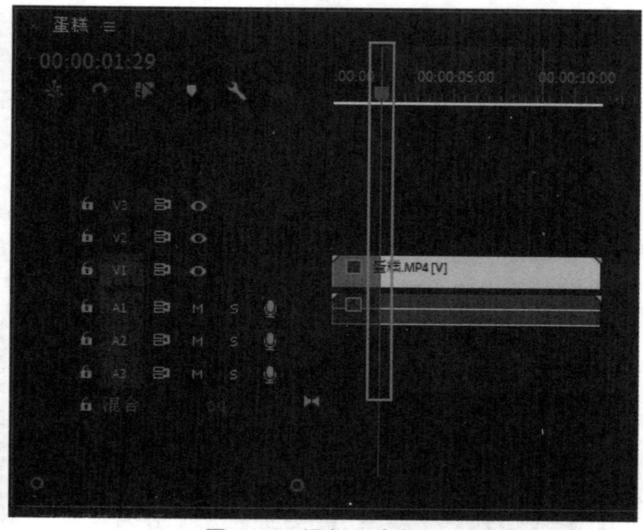

图7-44 添加入点标记

第5步：将时间线移至00:00:09:26的位置，然后单击“标记”菜单，在弹出的下拉菜单中，选择“标记出点”命令，如图7-45所示。

第6步：在指定的时间线位置处添加一个出点标记，如图7-46所示。

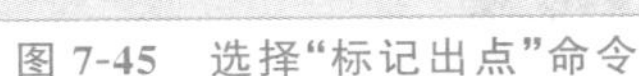

图 7-45　选择“标记出点”命令

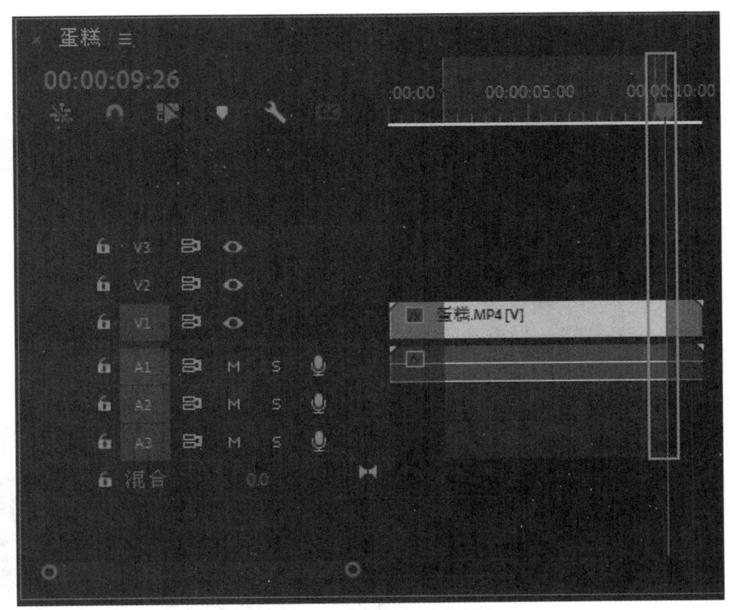

图 7-46　添加出点标记

7.3.4　调整播放速度

每一个素材都具有特定的播放速度，因此可以通过调整视频素材的播放速度制作出快镜头或慢镜头效果。调整播放速度的具体操作步骤如下。

第 1 步：新建一个名称为“7.3.4”的项目文件，在“项目”面板中导入“风景”视频素材，如图 7-47 所示。

第 2 步：在“项目”面板中选择新添加的“风景”视频素材，按住鼠标左键并拖动，将其添加至“时间轴”面板的“视频 1”轨道上，将自动创建序列文件，如图 7-48 所示。

图 7-47　导入“风景”视频素材

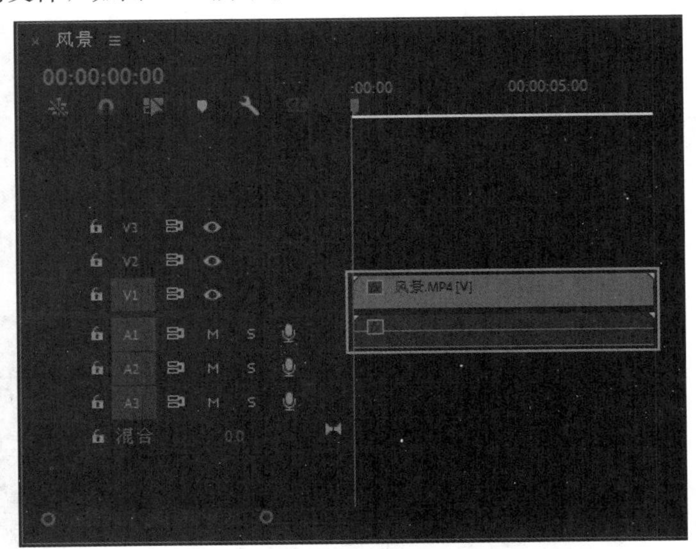

图 7-48　添加“风景”视频素材

第 3 步：在视频素材上右击，在弹出的快捷菜单中，选择“速度/持续时间”命令，如图 7-49 所示。

第 4 步：打开“剪辑速度/持续时间”对话框，修改“速度”参数为“135%”，单击“确定”按钮，如图 7-50 所示。

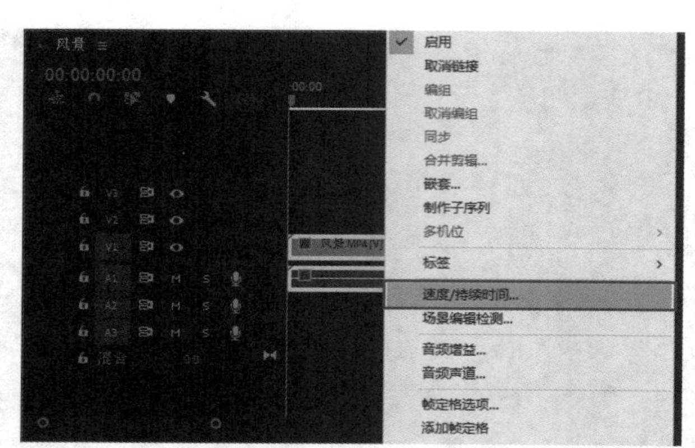

图 7-49 选择“速度/持续时间”命令

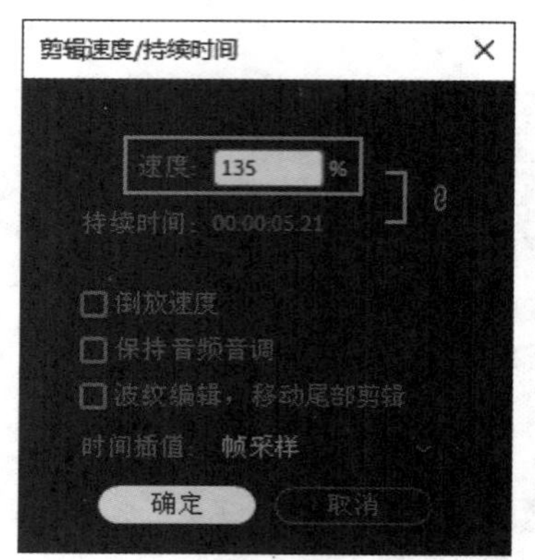

图 7-50 修改“速度”参数值

第 5 步：视频播放速度调整完成，且视频素材的持续时间将自动缩短，如图 7-51 所示。

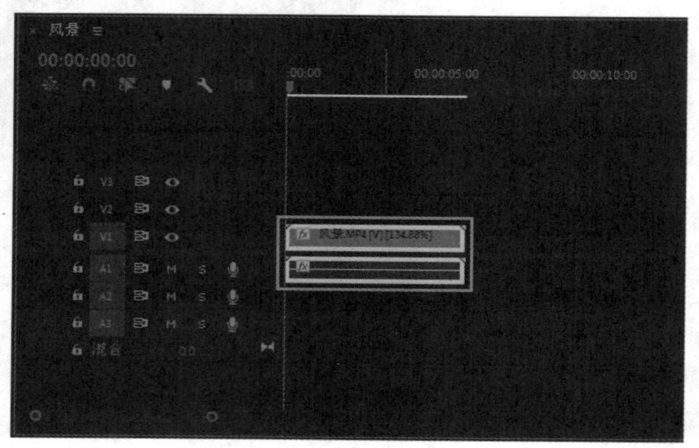

图 7-51 调整播放速度

7.3.5 三点剪辑素材

三点剪辑是通过指定视频素材的入点、出点和插入点进行视频剪辑。三点剪辑素材的具体操作方法如下。

第 1 步：新建一个名称为“7.3.5”的项目文件，在“项目”面板中导入“花朵 1”和“花朵 2”图像素材，如图 7-52 所示。

第 2 步：在“项目”面板中选择新添加的“花朵 1”图像素材，按住鼠标左键并拖动，将其添加至“时间轴”面板的“视频 1”轨道上，将自动创建序列文件，如图 7-53 所示。

图 7-52 导入“花朵 1”和“花朵 2”图像素材

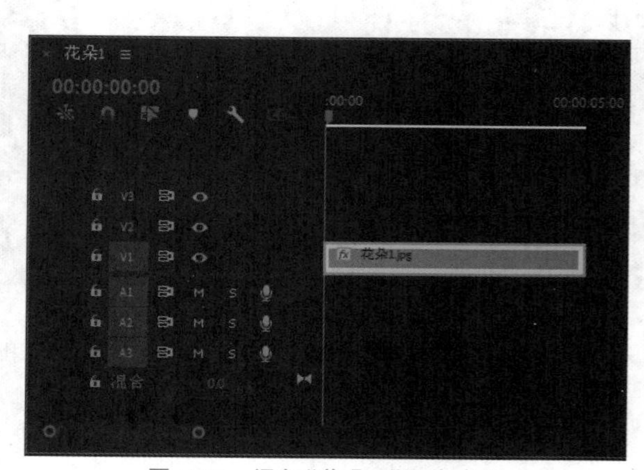

图 7-53 添加“花朵 1”图像素材

第 3 步：在“项目”面板中双击“花朵 2”图像素材，在“源监视器”面板中预览图像效果，如图 7-54 所示。

第 4 步：在“源监视器”面板中将播放指示器移动至 00:00:00:16 的位置，然后单击“标记入点”按钮，标记入点，如图 7-55 所示。

图 7-54　预览“花朵 2”图像效果

图 7-55　标记入点

第 5 步：在“源监视器”面板中将播放指示器移动至 00:00:02:12 的位置，然后单击“标记出点”按钮，标记出点，如图 7-56 所示。

第 6 步：在“时间轴”面板中，将时间线移至 00:00:01:11 的位置，然后在“源监视器”面板中，单击“插入”按钮，如图 7-57 所示。

图 7-56　标记出点

图 7-57　单击“插入”按钮

第 7 步：在指定的时间线位置处将自动添加一段素材，完成三点剪辑的操作，如图 7-58 所示。

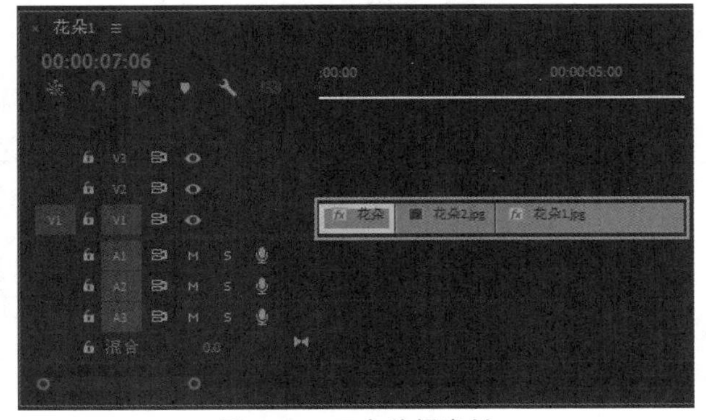

图 7-58　三点剪辑素材

第7章

7.3.6 覆盖剪辑素材

使用“覆盖”命令，可以在指定的时间线位置处将新的素材覆盖到原素材上。覆盖剪辑素材的具体方法如下。

第1步：新建一个名称为“7.3.6”的项目文件，在“项目”面板中导入“公路1”视频素材和“公路2”图像素材，如图7-59所示。

第2步：在“项目”面板中选择新添加的“公路1”视频素材，按住鼠标左键并拖动，将其添加至“时间轴”面板的“视频1”轨道上，将自动创建序列文件，如图7-60所示。

图7-59 导入“公路1”视频素材和“公路2”图像素材

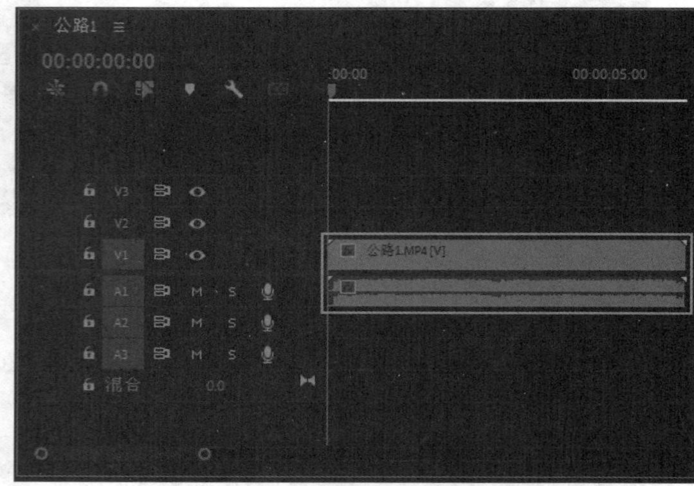

图7-60 添加“公路1”视频素材

第3步：将时间线移至00:00:01:09的位置，在“项目”面板中选择“公路2”图像素材，单击“剪辑”菜单，在弹出的下拉菜单中，选择“覆盖”命令，如图7-61所示。

第4步：在指定的时间线位置处，覆盖一个图像素材，其“时间轴”面板中的图像长度也随之发生变化，如图7-62所示。

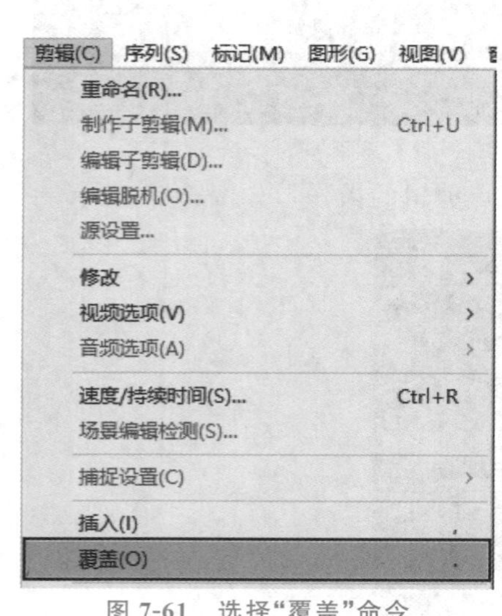

图7-61 选择“覆盖”命令

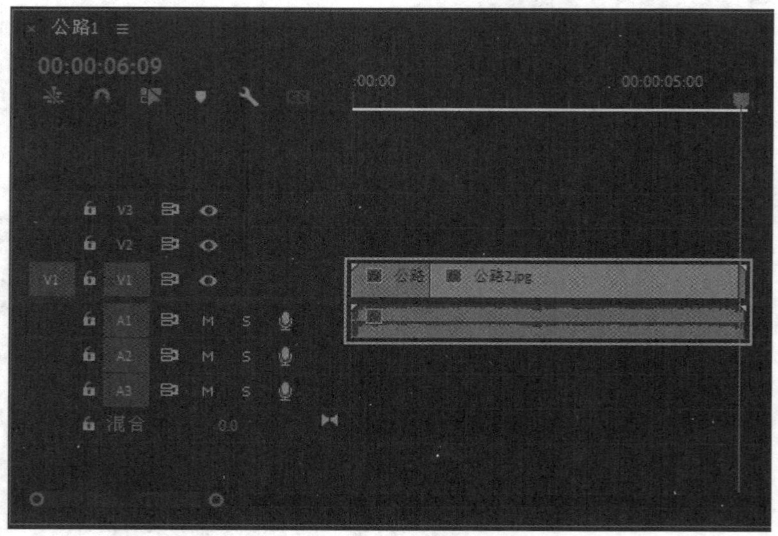

图7-62 覆盖剪辑视频

第5步：在“节目监视器”面板中，单击“播放－停止切换”按钮，预览覆盖剪辑后的效果，如图7-63所示。

图 7-63　预览覆盖剪辑后的效果

7.3.7　导出短视频

使用“导出”功能，可以直接导出 MPEG4 格式的视频文件。下面将介绍导出短视频的具体操作方法。

第 1 步：在欢迎界面窗口中，单击“打开项目”按钮，打开对应文件夹中的“素材和效果\第 7 章\7.3.7.prproj”项目文件，其效果如图 7-64 所示。

第 2 步：单击“文件”菜单，在弹出的下拉菜单中，选择“导出”命令，展开子菜单，选择“媒体”命令，如图 7-65 所示。

图 7-64　打开项目文件

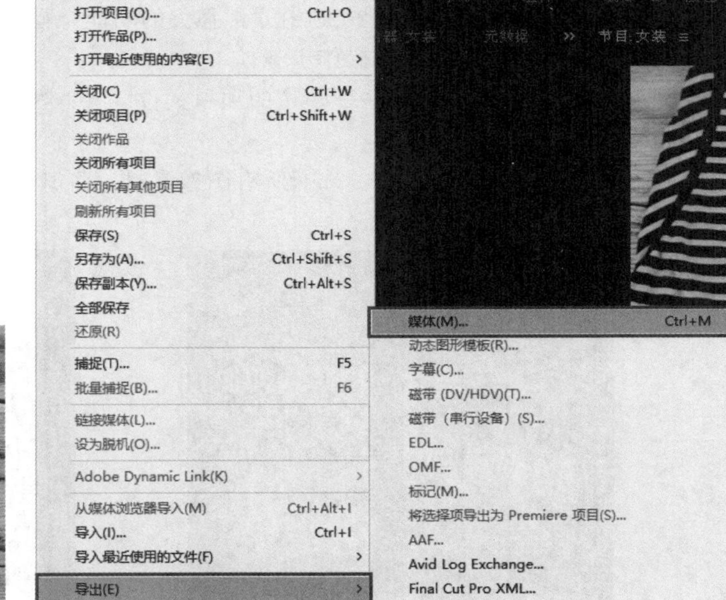

图 7-65　选择“媒体”命令

第 3 步：打开“导出设置”对话框，在“格式”列表框中选择“MPEG4”选项，单击“输出名称”右侧的字幕链接，如图 7-66 所示。

第 4 步：打开“另存为”对话框，修改 MPEG4 视频文件的保存路径，修改文件保存名称，单击“保存”按钮，如图 7-67 所示。

第 5 步：在“导出设置”对话框的右下角，单击“导出”按钮，打开“编码序列 02”对话框，显示渲染进度，稍后将完成 MPEG4 视频文件的导出操作。

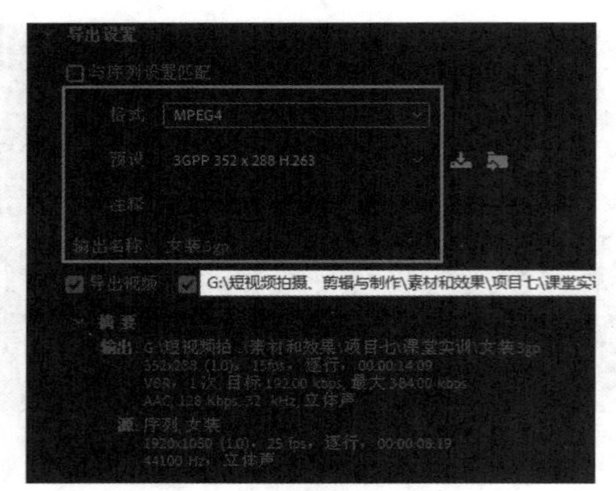
图 7-66　设置导出参数

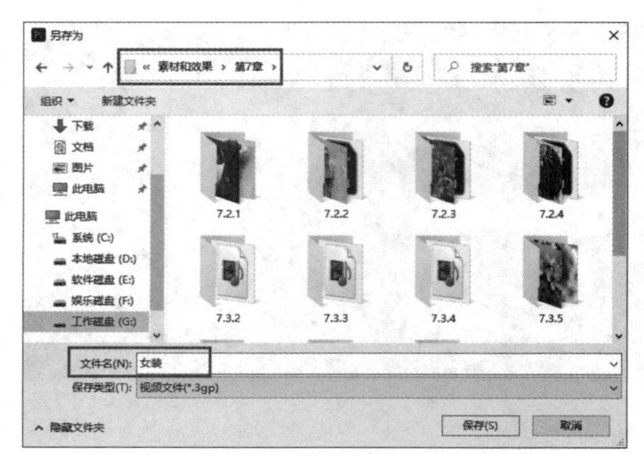
图 7-67　修改导出路径和名称

7.4 设置视频效果

使用 Premiere Pro 2022 可以为短视频添加丰富且专业的视频效果。本节将详细讲解设置视频效果的操作方法。

7.4.1　添加与编辑视频效果

视频效果是 Premiere Pro 2022 中非常强大的功能。使用视频效果可以模拟出各种质感、风格和调色等。添加与编辑视频效果的操作步骤如下。

第 1 步：新建一个名称为“7.4.1”的项目文件，导入“小雏菊 1”和“小雏菊 2”图像素材，如图 7-68 所示。

第 2 步：在“项目”面板中，选择所有图像素材，将其按顺序依次拖动至“时间轴”面板的“视频 1”轨道上，如图 7-69 所示。

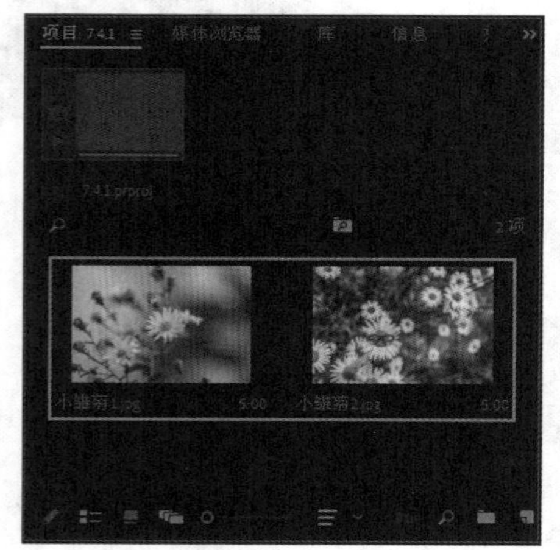
图 7-68　导入“小雏菊 1”和“小雏菊 2”图像素材

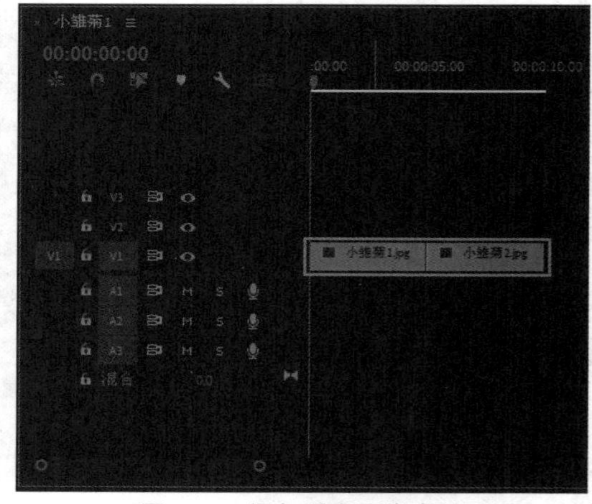
图 7-69　添加所有图像素材

第 3 步：在“效果”面板中，展开“视频效果”选项，选择“生成”选项，接着选择“镜头光晕”视频效果，如图 7-70 所示。

第 4 步：将选择的视频效果添加至视频轨道的“小雏菊 1”素材上，然后选择“小雏菊 1”图像素材，在“效果控件”面板的“镜头光晕”选项区中，修改“光晕中心”为 1520 和 357，“光晕亮度”为 133%，如图 7-71 所示。

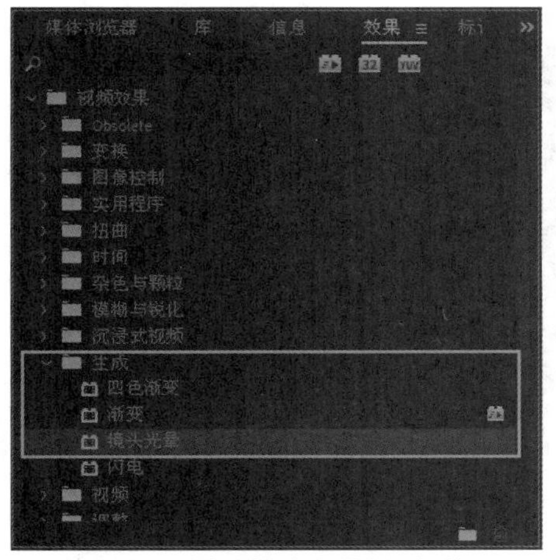

图 7-70　选择“镜头光晕”视频效果

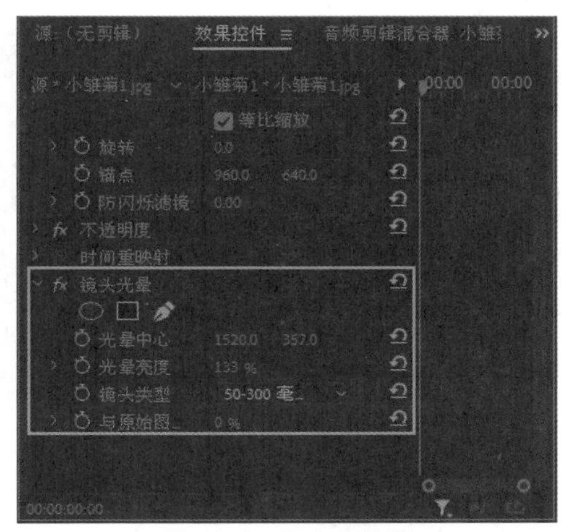

图 7-71　修改参数值

第 5 步：为“小雏菊 1”素材添加“镜头光晕”视频效果前后对比如图 7-72 所示。

图 7-72　应用“镜头光晕”视频效果前后对比

第 6 步：在“效果”面板中，展开“视频效果”选项，选择“生成”选项，接着选择“四色渐变”视频效果，如图 7-73 所示。

第 7 步：将选择的视频效果添加至视频轨道的“小雏菊 2”素材上，然后选择“小雏菊 2”图像素材，在“效果控件”面板的“四色渐变”选项区中，修改“混合模式”为“柔光”，如图 7-74 所示。

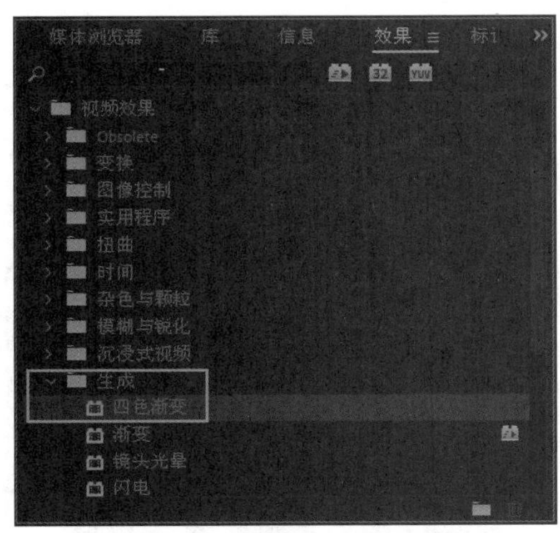

图 7-73　选择“四色渐变”视频效果

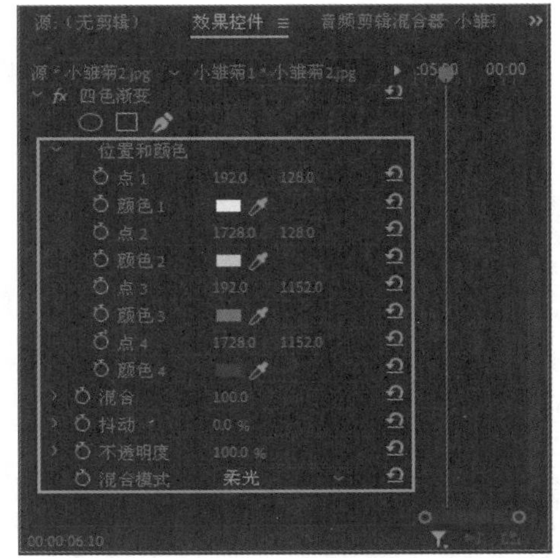

图 7-74　修改“混合模式”为“柔光”

第 8 步：为“小雏菊 2”素材添加“四色渐变”视频效果前后对比如图 7-75 所示。

图 7-75　应用“四色渐变”视频效果前后对比

7.4.2　添加与编辑视频过渡效果

在视频转场效果中，常见的视频过渡效果就是叠化效果(溶解效果)。下面我们就使用 Premiere Pro 2022 为视频素材添加转场效果，具体的操作步骤如下。

第 1 步：新建一个名称为“7.4.2”的项目文件，导入“小猫 1”~“小猫 3”图像素材，如图 7-76 所示。

第 2 步：在“项目”面板中，依次选中所有图像素材，将其按顺序拖动至“时间轴”面板的视频轨道上，如图 7-77 所示。

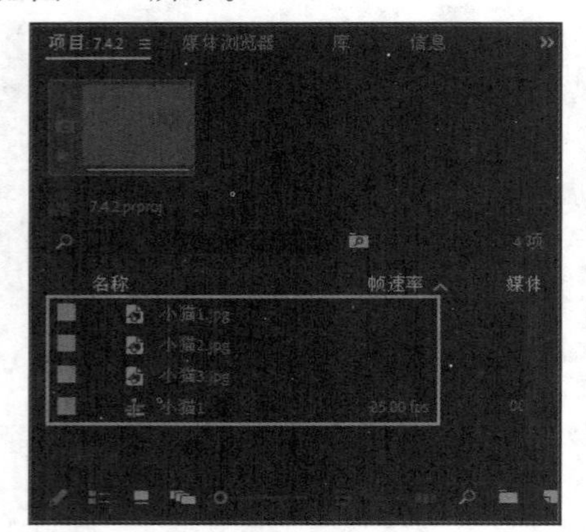

图 7-76　导入“小猫 1”~“小猫 3”图像素材

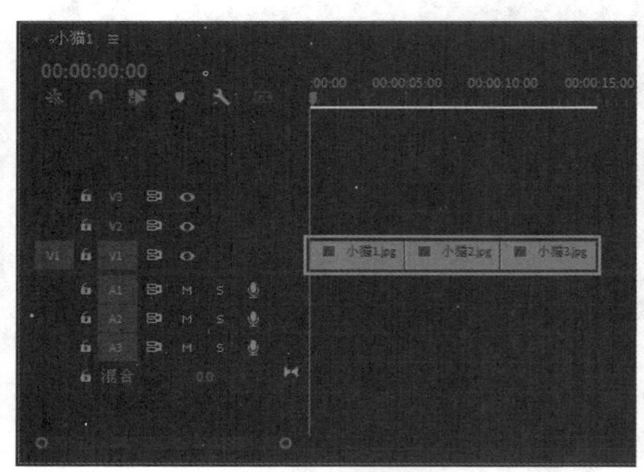

图 7-77　添加所有图像素材

第 3 步：切换至“效果”面板，选择“视频过渡”选项，接着选择“溶解”选项，选择“交叉溶解”视频过渡效果，如图 7-78 所示。

第 4 步：将所选的“交叉溶解”视频过渡效果拖动至“小猫 1”和“小猫 2”两段视频素材之间，如图 7-79 所示。

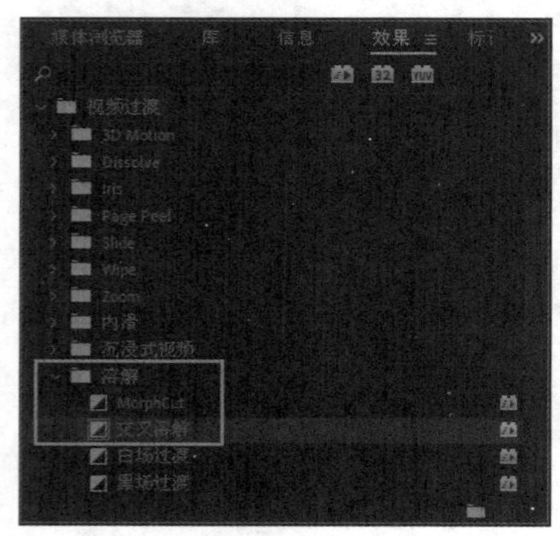

图 7-78　选择“交叉溶解”视频过渡效果

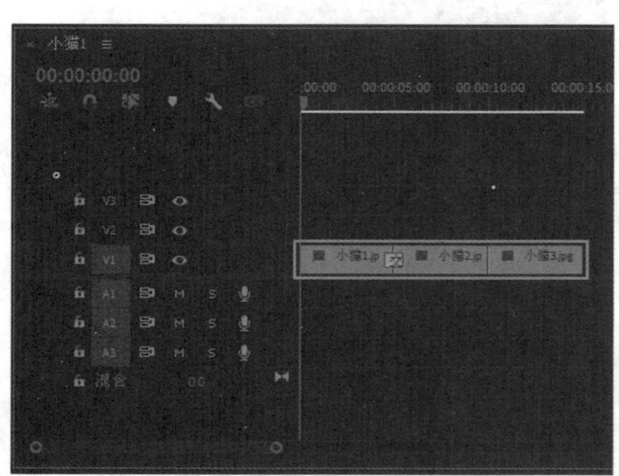

图 7-79　添加“交叉溶解”视频过渡效果

第 5 步：重复第 3 步、第 4 步的操作方法，在“小猫 2”和“小猫 3”之间添加“VR 渐变擦除”视频过渡效果，如图 7-80 所示。

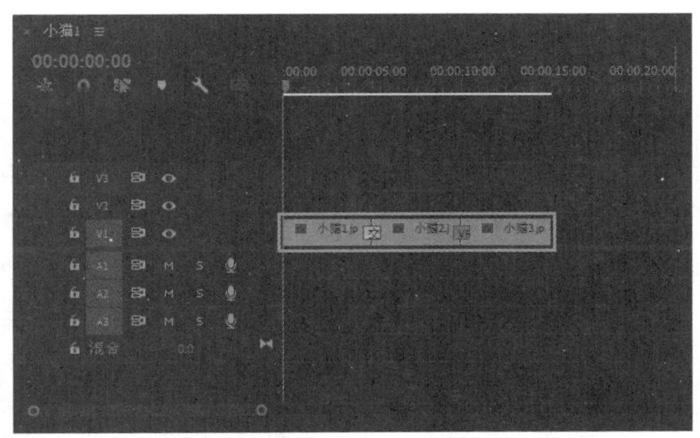

图 7-80 添加“VR 渐变擦除”视频过渡效果

第 6 步：在“节目监视器”面板中，单击“播放—停止切换”按钮，预览视频过渡效果，如图 7-81 所示。

图 7-81 预览视频过渡效果

7.4.3 制作关键帧动画效果

关键帧是指动画上关键的时刻，至少有两个关键时刻才构成画面。可以通过设置动作、效果、音频及多种其他属性参数使画面形成连贯的动画效果。下面将介绍制作关键帧动画的具体操作方法。

第 1 步：新建一个名称为“7.4.3”的项目文件，在“项目”面板中，导入“山水”视频素材，如图 7-82 所示。

第 2 步：选择新导入的“山水”视频素材，按住鼠标左键并拖动，将其添加至“视频 1”轨道上，将自动创建序列文件，如图 7-83 所示。

图 7-82 导入“山水”视频素材

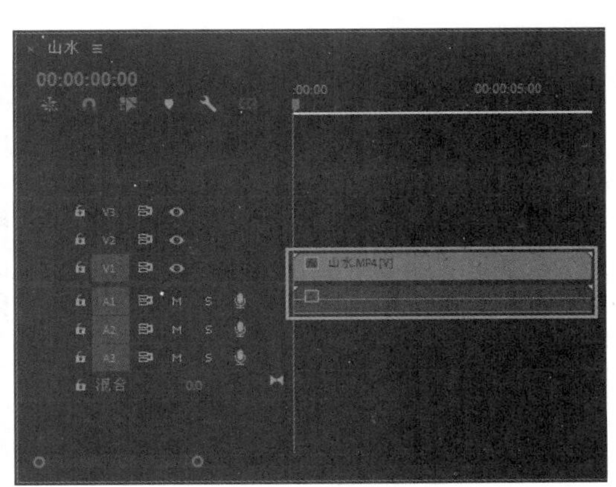

图 7-83 添加“山水”视频素材

第 3 步：在视频轨道上选择“山水”视频素材，在“效果控件”面板中，修改“位置”为 1018 和 560、“缩放”为 122，添加一组关键帧，如图 7-84 所示。

第 4 步：将时间线移至 00:00:06:18 的位置，修改“位置”为 990 和 540、“缩放”为 103，添加另一组关键帧，如图 7-85 所示。

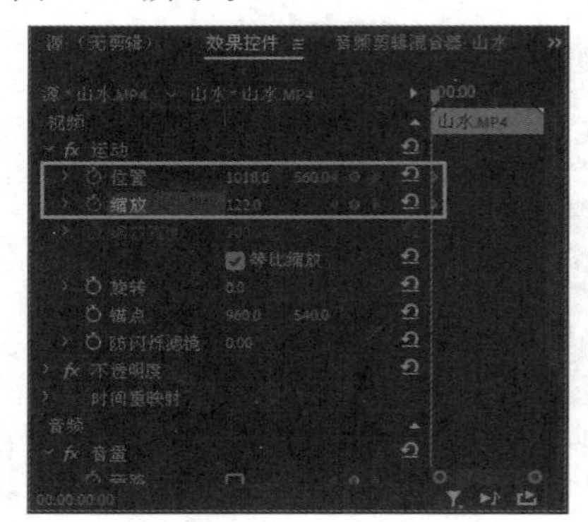

图 7-84　添加一组关键帧

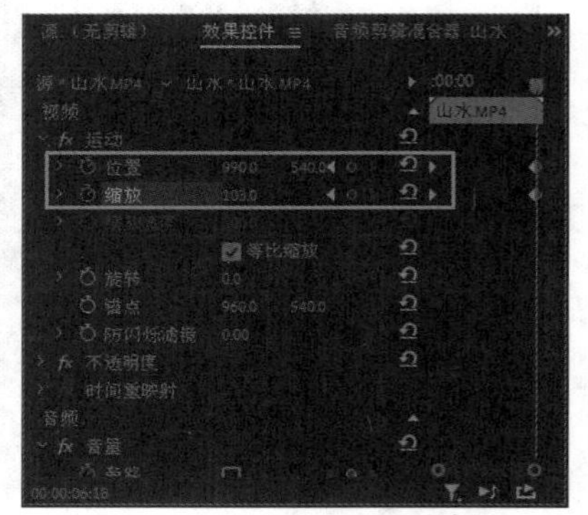

图 7-85　添加另一组关键帧

第 5 步：完成关键帧动画的制作，然后在“节目监视器”面板中，单击“播放—停止切换”按钮，预览关键帧动画效果，如图 7-86 所示。

图 7-86　预览关键帧动画效果

7.4.4　使用非红色键透明叠加

使用“非红色键”视频效果可以将图像上的背景变成透明色。下面将介绍使用非红色键透明叠加的具体操作方法。

第 1 步：新建一个名称为“7.4.4”的项目文件，在“项目”面板中，导入“圣诞饰品”图像素材，如图 7-87 所示。

第 2 步：在“项目”面板中选择“圣诞饰品”图像素材，按住鼠标左键并拖动，将其添加至“时间轴”面板中的视频轨道上，将自动新建一个序列文件，如图 7-88 所示。

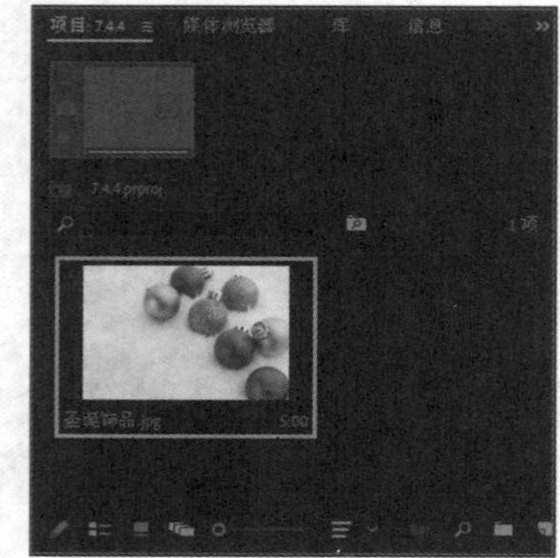

图 7-87　导入“圣诞饰品”图像素材

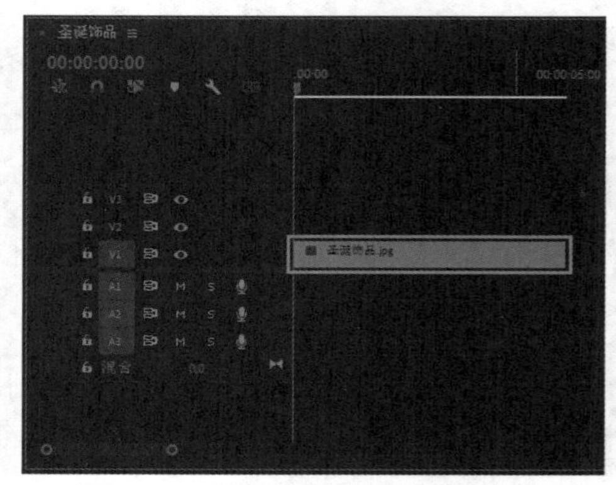

图 7-88　添加“圣诞饰品”图像素材

第 3 步：在“节目监视器”面板中，调整图像的显示大小，如图 7-89 所示。

第 4 步：在“效果”面板中，展开“视频效果”列表框，选择“过时”选项，再次展开列表框，选择“非红色键”视频效果，如图 7-90 所示。

图 7-89 调整图像的显示大小

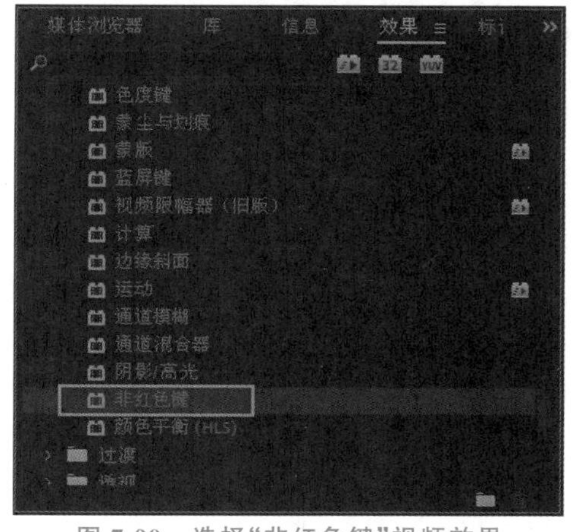

图 7-90 选择“非红色键”视频效果

第 5 步：在选择的视频效果上，按住鼠标左键并拖动，将其添加至视频轨道的图像素材上，然后选择图像素材，在“效果控件”面板的“非红色键”选项区中，修改“屏蔽度”为 16%，修改“去边”为“绿色”，即可使用“非红色键”进行叠加，如图 7-91 所示。

第 6 步：在“节目监视器”面板中，预览最终的图像效果，如图 7-92 所示。

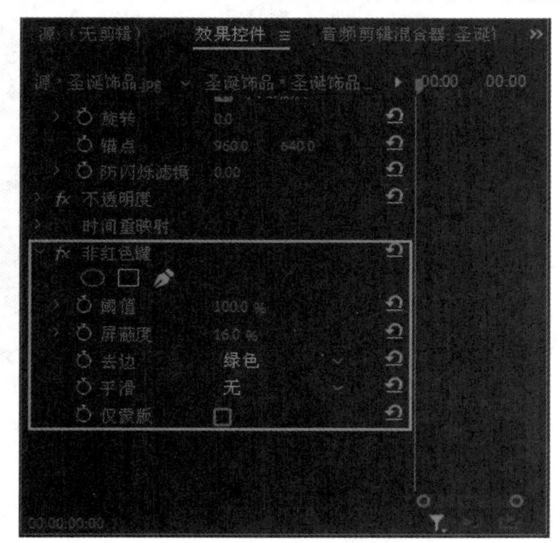

图 7-91 设置“非红色键”选项区参数值

图 7-92 预览最终图像效果

7.4.5 使用透明度和混合模式叠加

修改“透明度”参数可以改变视频轨道的透明度；“混合模式”可以用于合成图像效果，但是不会对图像造成任何实质性的破坏。下面将介绍使用透明度和混合模式叠加的具体操作方法。

第 1 步：新建一个名称为“7.4.5”的项目文件，在“项目”面板中，导入“狗狗”和“小木屋”图像素材，如图 7-93 所示。

第 2 步：在“项目”面板中选择“狗狗”和“小木屋”图像素材，按住鼠标左键并拖动，将其添加至“时间轴”面板中的视频轨道上，将自动新建一个序列文件，如图 7-94 所示。

图 7-93　导入“狗狗”和“小木屋”图像素材

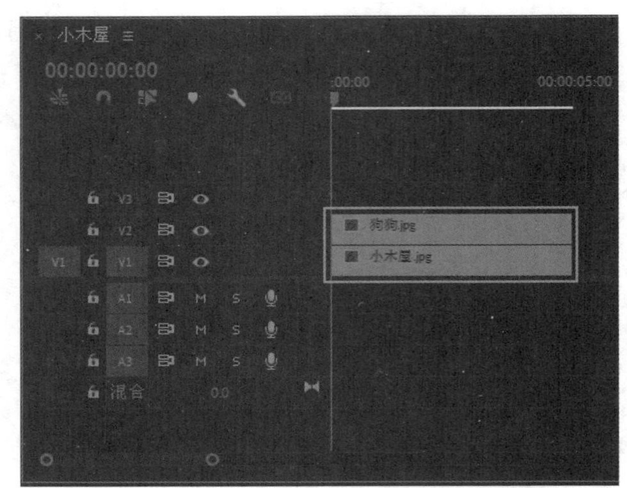

图 7-94　添加“狗狗”和“小木屋”图像素材

第3步：在“节目监视器”面板中，调整图像的显示大小，如图 7-95 所示。

第4步：选择“视频 2”轨道上的图像素材，在“效果控件”面板的“不透明度”选项区中，修改“混合模式”为“叠加”，“不透明度”为 93%，如图 7-96 所示。

图 7-95　调整图像的显示大小

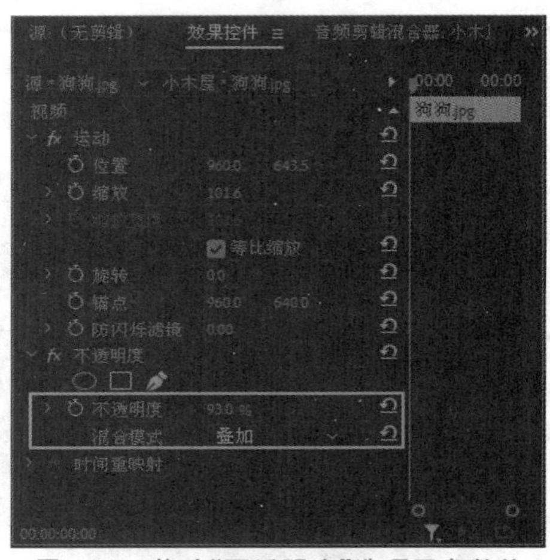

图 7-96　修改“不透明度”选项区参数值

第5步：使用混合模式和透明度叠加制作图像，并在“节目监视器”面板中，预览最终的图像效果，如图 7-97 所示。

图 7-97　预览最终的图像效果

7.4.6 使用 Set Matte 视频效果

“Set Matte”视频效果可以使用一个遮罩形状来控制素材的透明区域。下面将介绍使用 Set Matte 视频效果的具体操作方法。

第 1 步：打开一个名称为“7.4.6”的项目文件，在“效果”面板中，展开“视频效果”列表框，选择“Obsolete”选项，再次展开列表框，选择“Set Matte”视频效果，如图 7-98 所示。

第 2 步：在选择的视频效果上，按住鼠标左键并拖动，将其添加至“视频 2”轨道的素材上，然后选择素材，在“效果控件”面板中的“Set Matte”选项区中，单击“创建 4 点多边形蒙版”按钮，如图 7-99 所示。

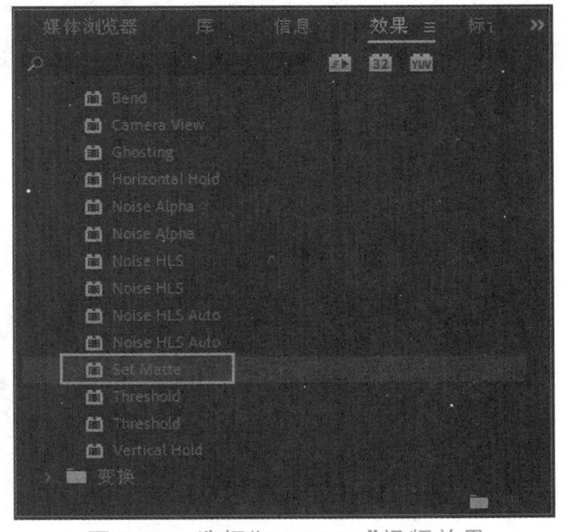

图 7-98　选择“Set Matte”视频效果

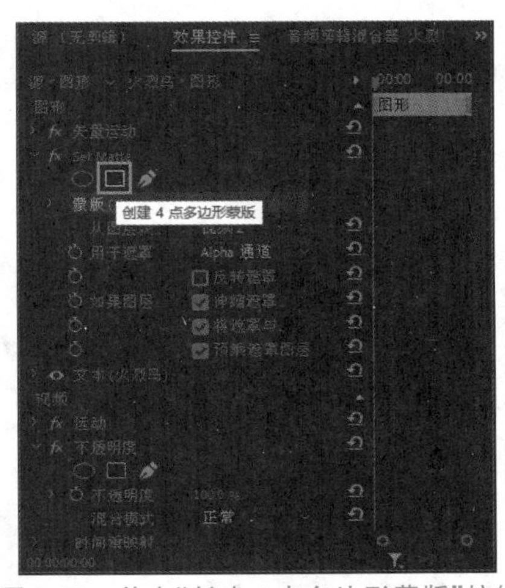

图 7-99　单击“创建 4 点多边形蒙版”按钮

第 3 步：在“节目监视器”面板中显示 4 点多边形蒙版图形，调整蒙版上的控制点，调整蒙版图形的大小和形状，如图 7-100 所示。

第 4 步：在“效果控件”面板的“Set Matte”选项区中，单击“向前跟踪所选蒙版 1 个帧”按钮，添加一组关键帧，修改“用于遮罩”为“色相”，如图 7-101 所示。

图 7-100　调整蒙版图形的大小和形状

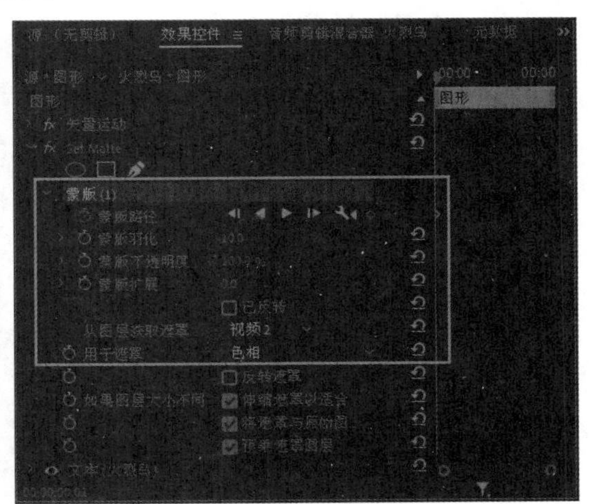

图 7-101　添加一组关键帧

第 5 步：将时间线移至 00:00:03:21 的位置，在“节目监视器”面板中调整蒙版上的控制点，调整蒙版图形的大小和形状，如图 7-102 所示。

第 6 步：在“效果控件”面板的“Set Matte”选项区中，添加一组关键帧，如图 7-103 所示。

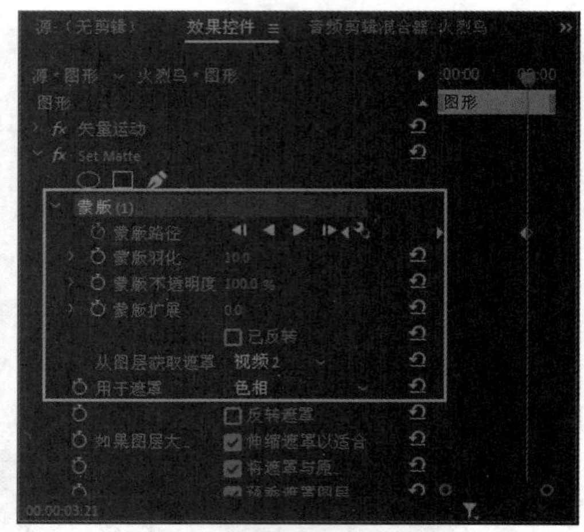

图 7-102　调整蒙版图形的大小和形状　　　　图 7-103　添加一组关键帧

第 7 步：使用“Set Matte”制作文字逐字显示的效果，并在“节目监视器”面板中，预览最终的图像效果，如图 7-104 所示。

图 7-104　预览最终的图像效果

7.5 编辑音频

音频的处理是视频制作中非常重要的一个环节。使用 Premiere Pro 2022 可以进行多音轨编辑，同时对声音的不同问题进行调整。接下来将通过具体的案例来讲解如何在 Premiere Pro 2022 中处理音频。

7.5.1　添加音频

前面介绍了在新建项目后导入视频、图像素材的方法，这里将为大家讲解在视频剪辑的过程中添加音频素材的方法。添加音频素材的具体操作步骤如下。

第 1 步：新建一个名称为“7.5.1”的项目文件，导入“兔子”视频素材，如图 7-105 所示。

第 2 步：在“项目”面板中，依次选中所有视频素材，将其按顺序拖动至“时间轴”面板的视频轨道上，将自动创建序列文件，如图 7-106 所示。

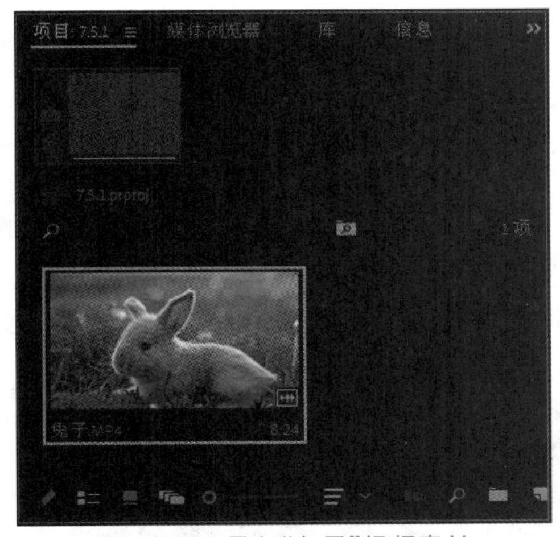

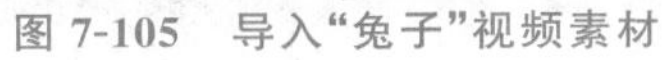
图 7-105 导入“兔子”视频素材

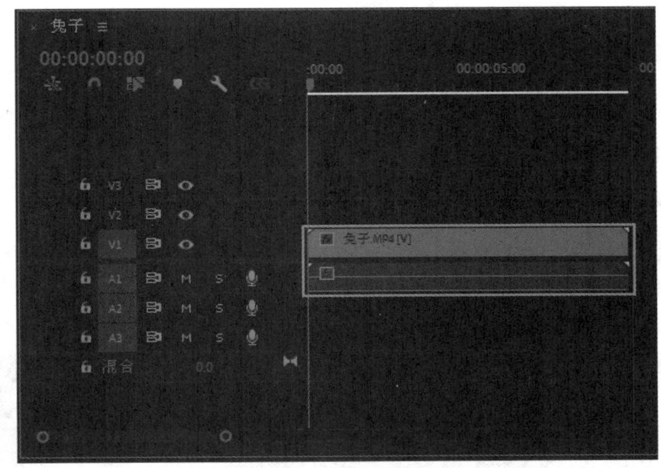

图 7-106 拖动“兔子”视频素材

第 3 步：在“项目”面板的空白处，双击鼠标左键，打开“导入”对话框，在相应的文件夹中选择需要导入的音频素材，单击“打开”按钮，如图 7-107 所示。

第 4 步：将选择的音频素材导入“项目”面板，如图 7-108 所示。

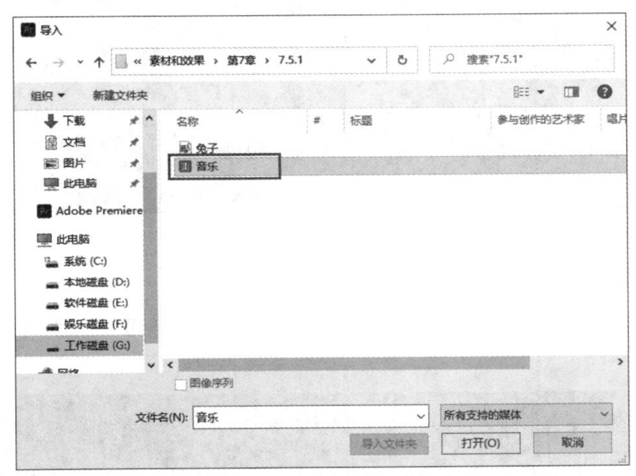

图 7-107 选择音频素材

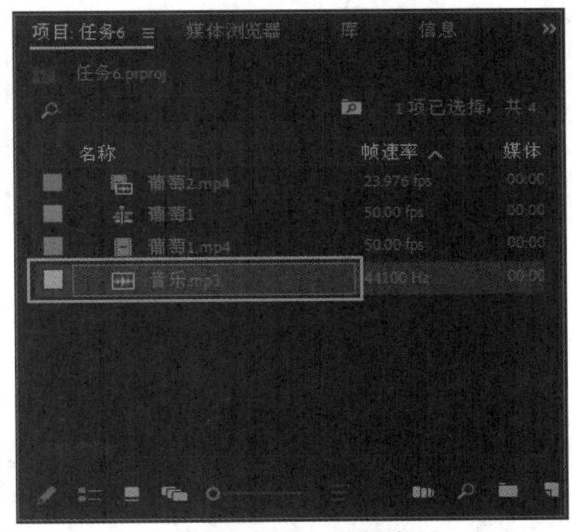

图 7-108 导入音频素材

第 5 步：将音频素材拖入“时间轴”面板的“音频 2”轨道上，即可成功为视频添加音频，如图 7-109 所示。

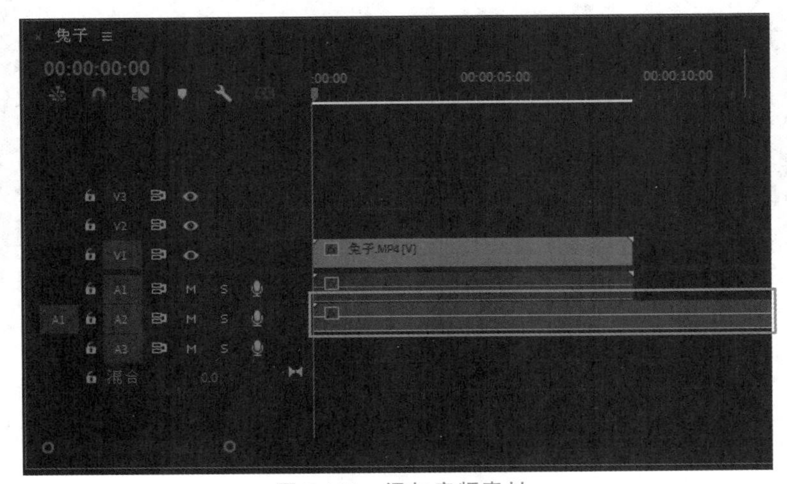

图 7-109 添加音频素材

7.5.2 分割音频

在项目文件中将音频文件添加至时间线上后，需要对音频进行分割操作，下面将详细讲解分割音频的具体方法。

第1步：新建一个名称为“7.5.2”的项目文件，在“项目”面板中导入“音乐1”音频素材，如图7-110所示。

第2步：将新导入的音频素材拖动至“时间轴”面板的“音频1”轨道上，将自动创建序列文件，在“时间轴”面板中，将时间线移至00:00:09:10的位置，如图7-111所示。

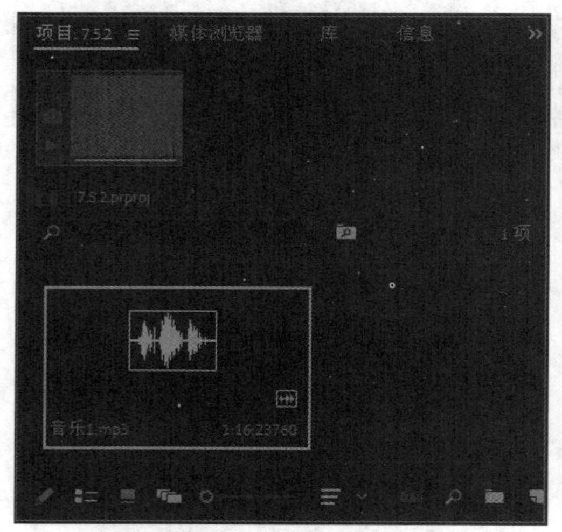

图7-110　导入“音乐1”音频素材

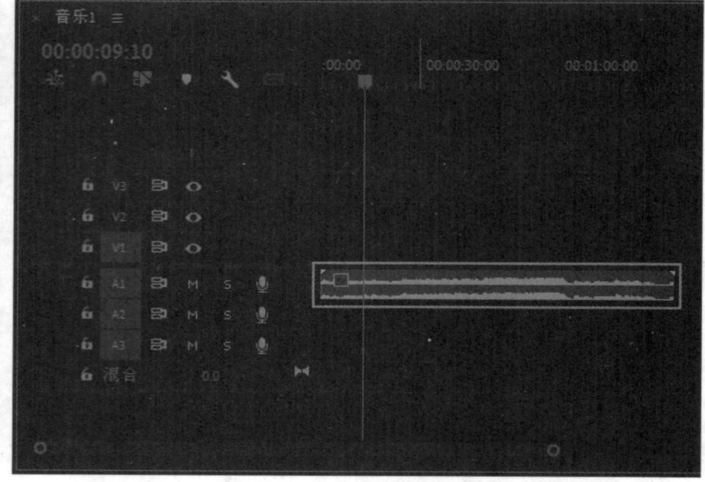

图7-111　移动时间线位置

第3步：在“工具箱”面板中单击“剃刀工具”按钮，如图7-112所示。

第4步：当鼠标指针呈形状时，在指定的时间线位置处单击，即可分割音频素材，如图7-113所示。

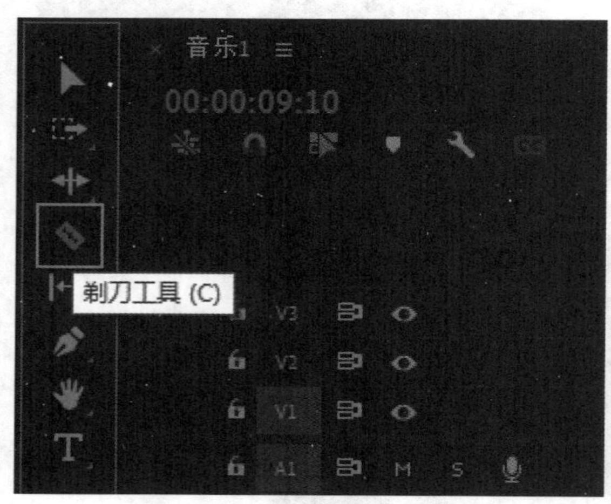

图7-112　单击“剃刀工具”按钮

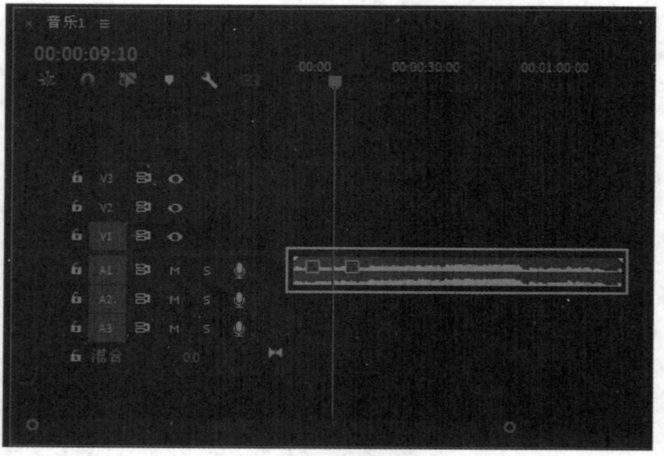

图7-113　分割音频素材

第5步：使用同样的方法，在其他的时间线位置处单击，将音频素材分割成多段，如图7-114所示。

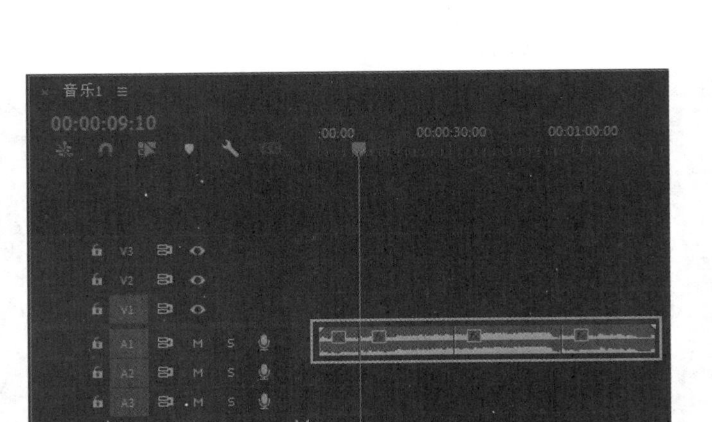

图 7-114 将音频素材分割成多段

7.5.3 制作淡入、淡出的声音效果

用户可以用 Premiere Pro 2022 制作出淡入、淡出的声音效果。制作淡入、淡出的声音效果的具体操作方法如下。

第 1 步：新建一个名称为“7.5.3”的项目文件，在“项目”面板中导入“音乐 2”音频素材，如图 7-115 所示。

第 2 步：选择新添加的“音乐 2”音频素材，按住鼠标左键并拖动，将其添加至“音频 1”轨道上，将自动创建序列文件，如图 7-116 所示。

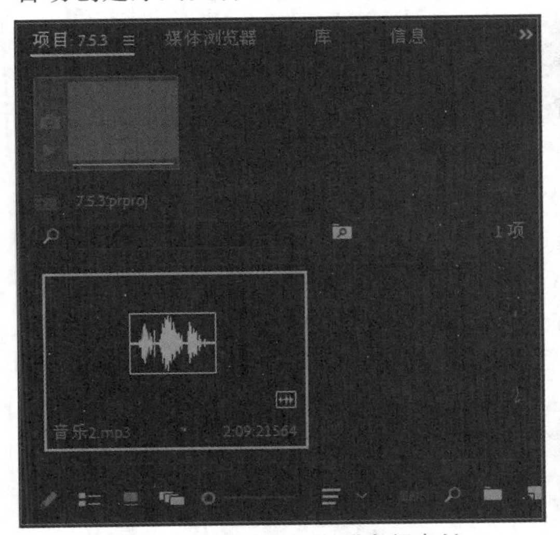

图 7-115 导入“音乐 2”音频素材

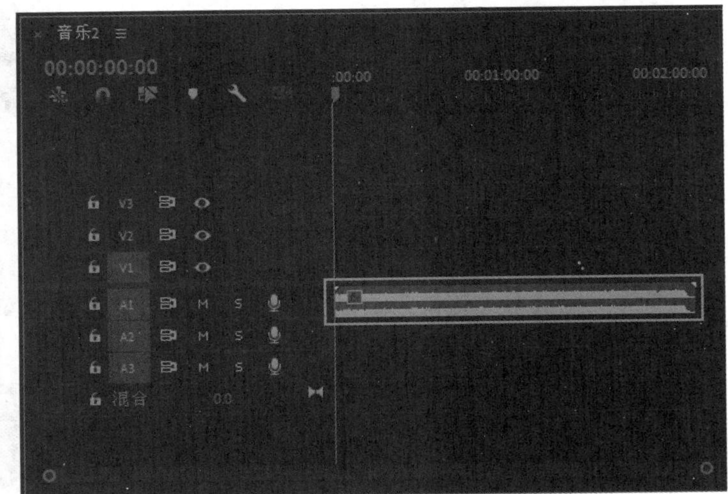

图 7-116 添加“音乐 2”音频素材

第 3 步：在音频轨道上按住鼠标左键并拖动，展开音频轨道，如图 7-117 所示。

第 4 步：将时间线移至 00:00:07:01 的位置，在按住 Ctrl 键的同时，在指定的时间线位置处单击，添加一个关键帧，如图 7-118 所示。

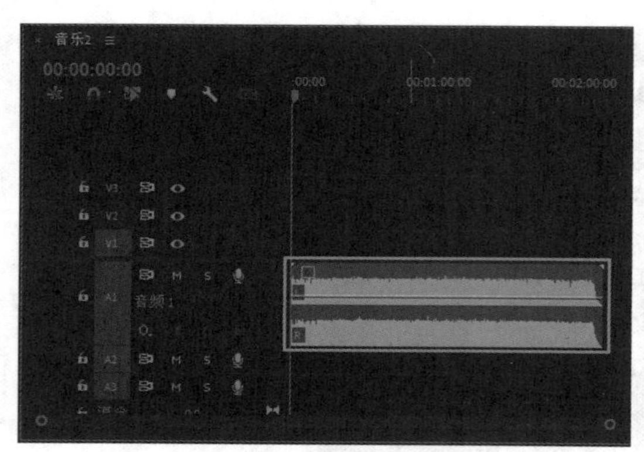

图 7-117　展开音频轨道

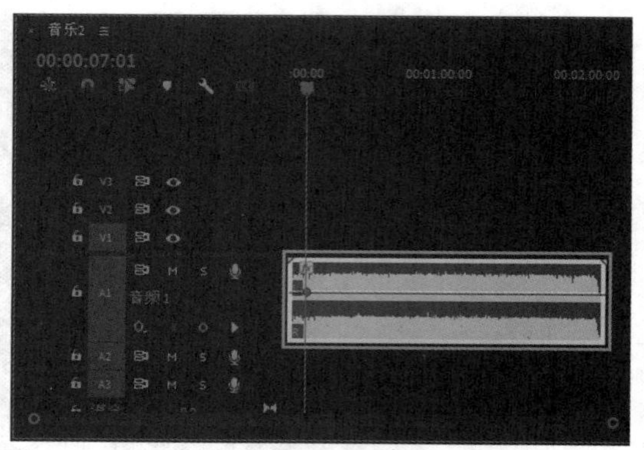

图 7-118　添加一个关键帧

第 5 步：选择新添加的关键帧，按住鼠标左键并向下拖动，使音频素材逐渐淡入，如图 7-119 所示。

第 6 步：使用同样的方法，在 00:00:14:13 的位置处，添加一个淡入关键帧，并移动其位置，如图 7-120 所示。

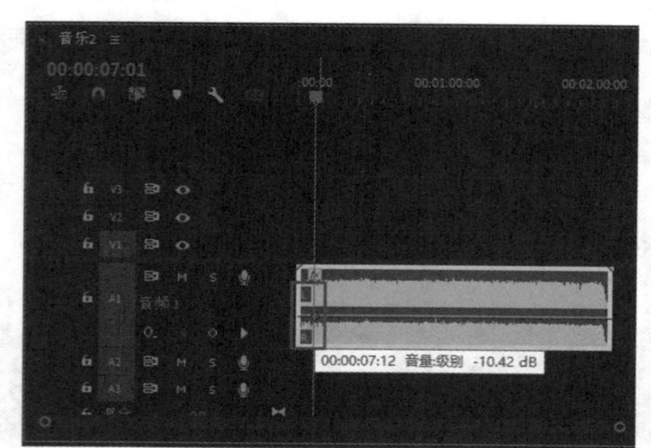

图 7-119　淡入音频素材

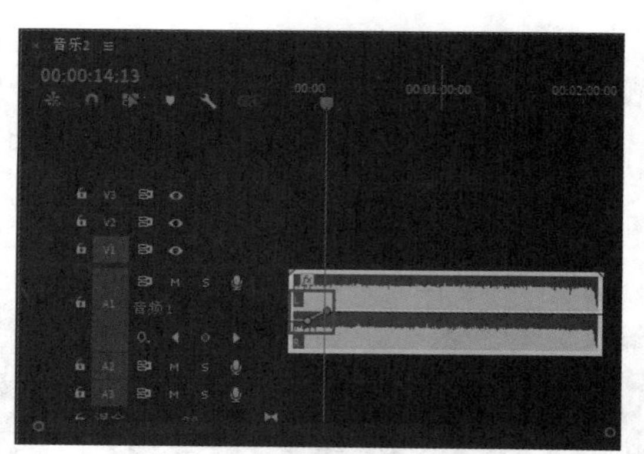

图 7-120　添加淡入关键帧

第 7 步：将时间线移至 00:01:53:08 的位置，在按住 Ctrl 键的同时，在指定的时间线位置处单击，添加一个淡出关键帧，如图 7-121 所示。

第 8 步：将时间线移至 00:02:01:07 的位置，在按住 Ctrl 键的同时，在指定的时间线位置处单击，添加一个淡出关键帧，选择新添加的关键帧，按住鼠标左键并向下拖动，使音频素材逐渐淡出，如图 7-122 所示。

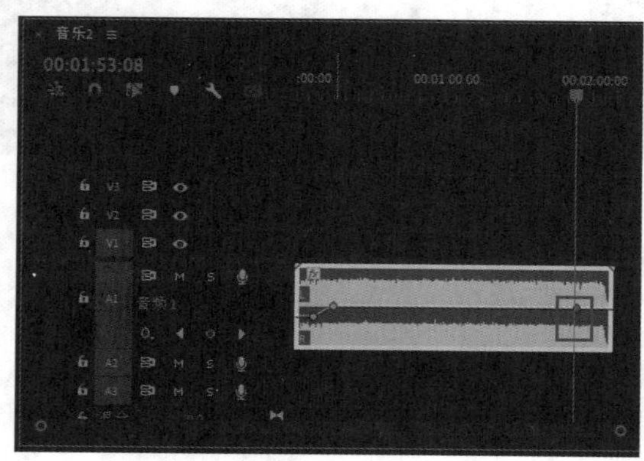

图 7-121　添加淡出关键帧

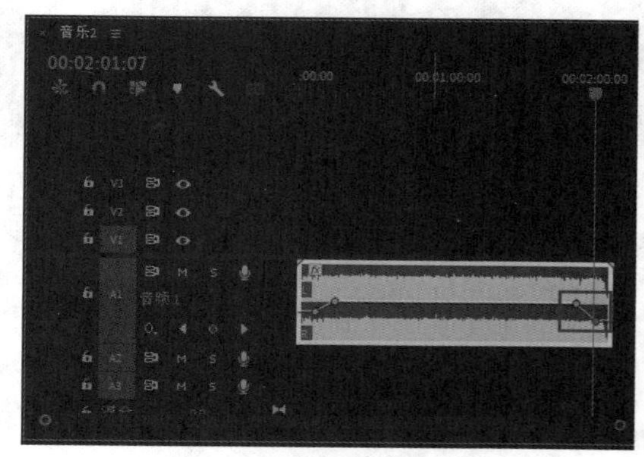

图 7-122　添加淡出关键帧

第 9 步：完成声音淡入、淡出效果的制作，在"节目监视器"面板中，单击"播放—停止切换"按钮，试听淡入、淡出的声音效果。

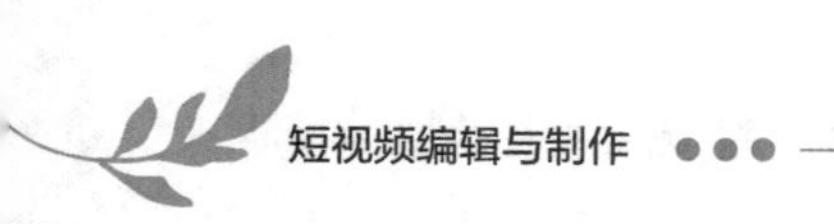

7.5.4 应用音频过渡效果

音频素材之间同样可以添加音频过渡效果。音频过渡效果包括恒定功率、恒定增益和指数淡化 3 种。应用音频过渡效果的具体方法如下。

第 1 步：新建一个名称为“7.5.4”的项目文件，在“项目”面板中导入“音乐 3”音频素材，如图 7-123 所示。

第 2 步：选择新添加的“音乐 3”音频素材，按住鼠标左键并拖动，将其添加至“音频 1”轨道上，将自动新建序列文件，如图 7-124 所示。

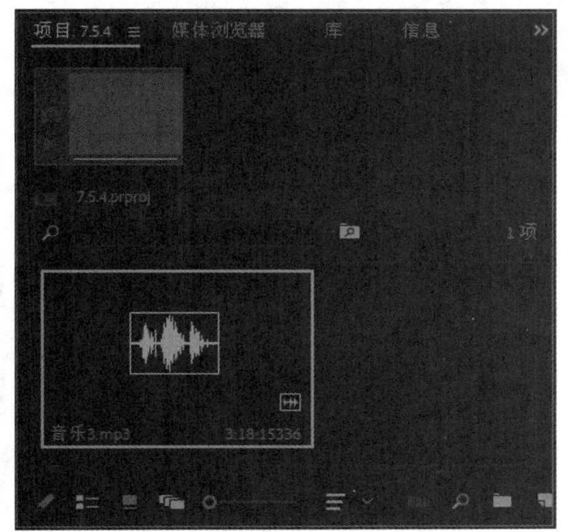

图 7-123 导入“音乐 3”音频素材

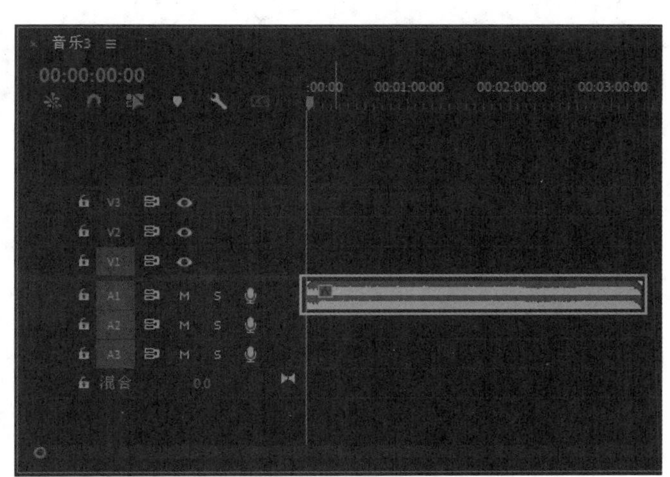

图 7-124 添加“音乐 3”音频素材

第 3 步：在“工具箱”面板中单击“剃刀工具”按钮，当鼠标指针呈形状时，在相应的位置处单击，即可分割音频素材，如图 7-125 所示。

第 4 步：在“效果”面板中，展开“音频过渡”列表框，选择“交叉淡化”选项，再次展开列表框，选择“恒定增益”音频过渡效果，如图 7-126 所示。

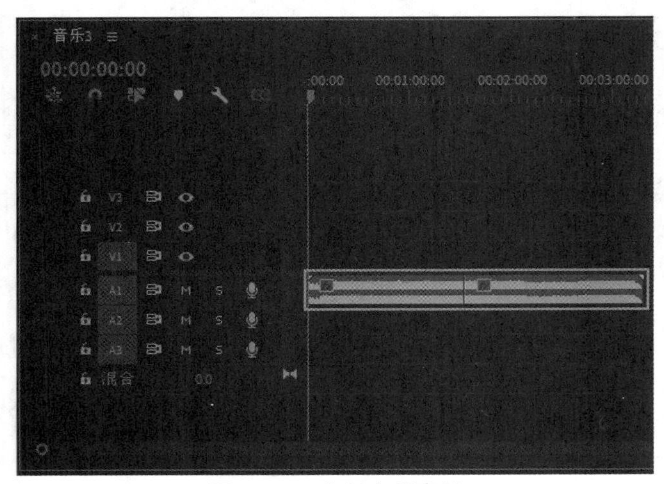

图 7-125 分割音频素材

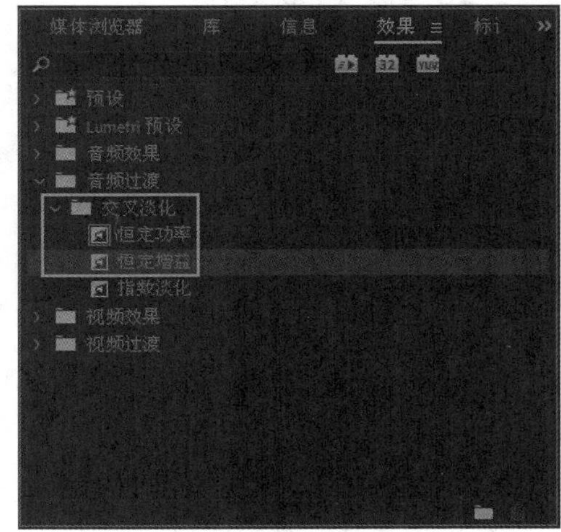

图 7-126 选择“恒定增益”音频过渡效果

第 5 步：按住鼠标左键并拖动，将其添加至第一个音频片段与第二个音频片段的中间位置处，如图 7-127 所示。

第 6 步：选择新添加的音频过渡效果，在“效果控件”面板中，修改“持续时间”为 00:00:15:00，完成音频过渡效果持续时间的修改，并在“时间轴”面板中显示，如图 7-128 所示。

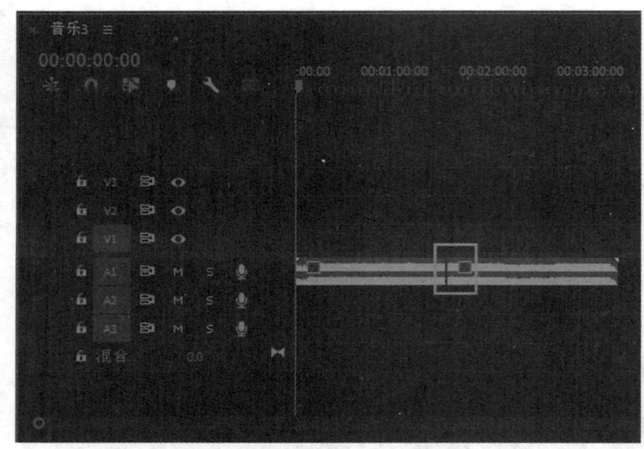

图 7-127　添加音频过渡效果

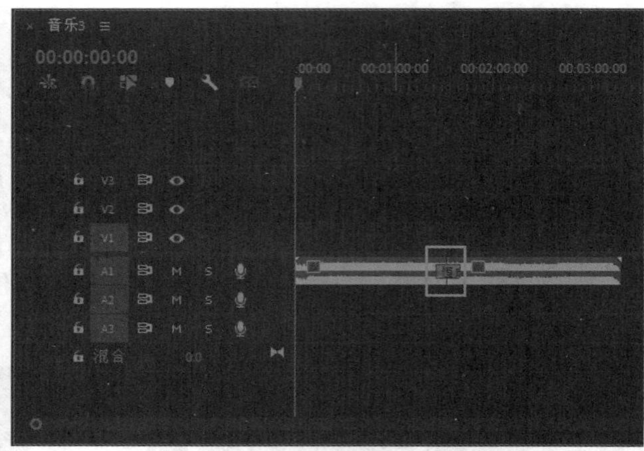

图 7-128　修改音频过渡效果持续时间

7.5.5　应用音频降噪效果

在进行视频剪辑时，经常会遇到一些有噪声的视频，这时需要对视频进行降噪处理。视频中应用音频降噪效果可以在降低环境噪声的同时，保留清晰的人声。音频降噪处理的具体操作步骤如下。

第 1 步：新建一个名称为“7.5.5”的项目文件，在“项目”面板中导入“音乐 4”音频素材，如图 7-129 所示。

第 2 步：选择新添加的“音乐 4”音频素材，按住鼠标左键并拖动，将其添加至“音频 1”轨道上，将自动新建序列文件，如图 7-130 所示。

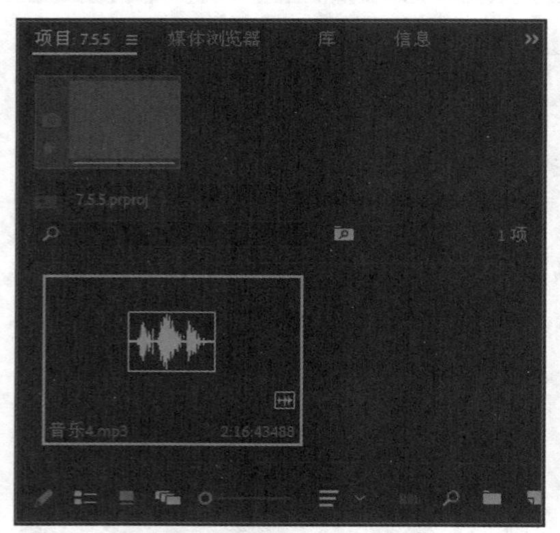

图 7-129　导入“音乐 4”音频素材

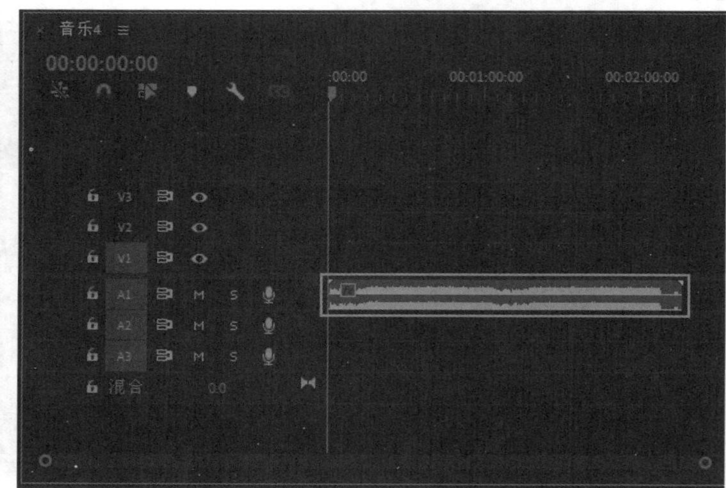

图 7-130　添加“音乐 4”音频素材

第 3 步：在“效果”面板中，依次展开“音频效果”→“降杂/恢复”选项，选中“降噪”音频效果，如图 7-131 所示。

第 4 步：将选择的音频素材拖动至“音频 2”轨道的音频素材上，在“效果控件”面板的“降噪”选项中，单击“自定义设置”右侧的“编辑”按钮，如图 7-132 所示。

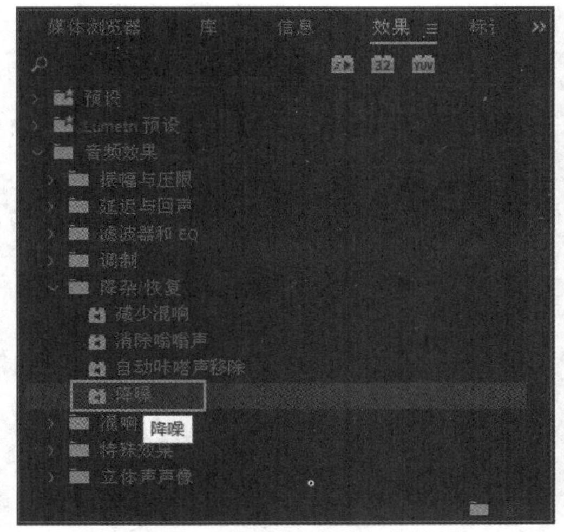

图 7-131　选择“降噪”音频效果

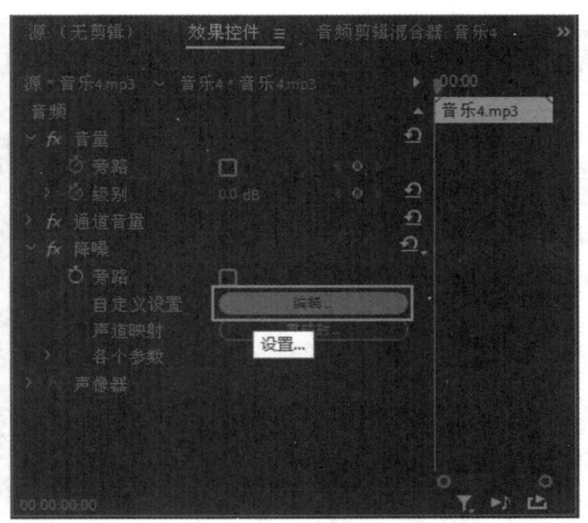

图 7-132　单击“编辑”按钮

第 5 步：打开“剪辑效果编辑器”对话框，将“预设”选项修改为“强降噪”，将“数量”数值调整至 75%，如图 7-133 所示，关闭“剪辑效果编辑器”对话框，完成音频的降噪处理。

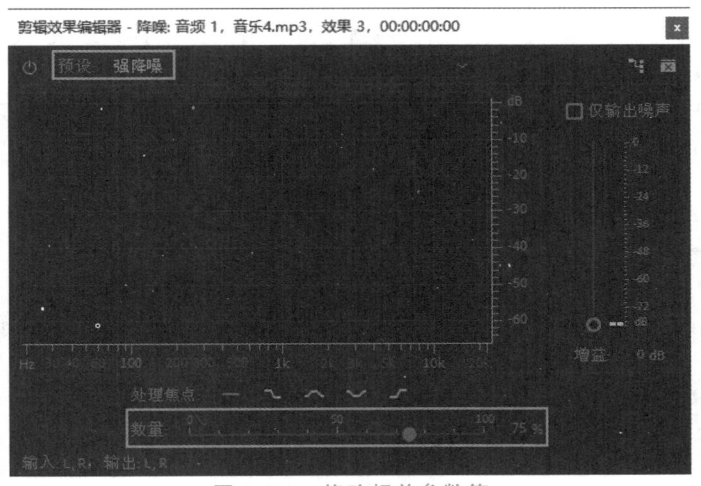

图 7-133　修改相关参数值

7.6 编辑字幕

字幕是一个独立的文件，用户可以通过创建新的字幕来添加字幕效果。本节将详细介绍创建字幕、修改字幕属性的操作方法。

7.6.1　创建字幕

使用“工具箱”面板中的“文字工具”可以创建出沿水平方向分布的字幕类型。创建字幕的具体操作步骤如下。

第 1 步：新建一个名称为“7.6.1”的项目文件，在“项目”面板中导入“炫酷复古车”图像素材，如图 7-134 所示。

第 2 步：在“项目”面板中选择新添加的图像素材，按住鼠标左键并拖动，将其添加至“时间轴”面板的“视频 1”轨道上，如图 7-135 所示。

图 7-134　导入“炫酷复古车”图像素材

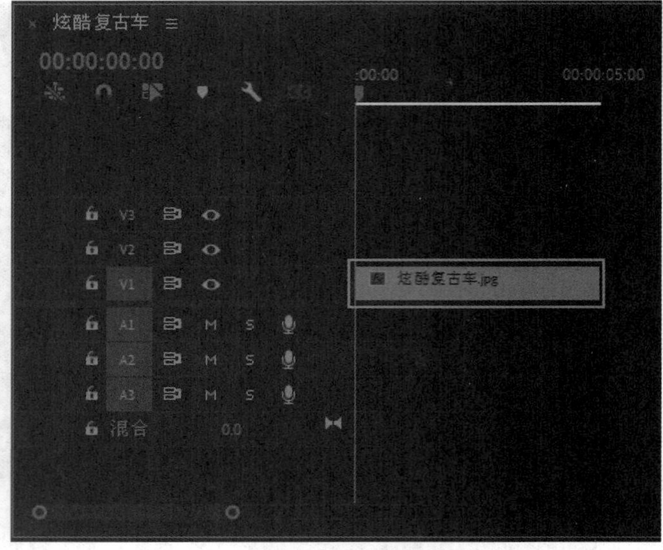

图 7-135　拖动“炫酷复古车”图像素材

第 3 步：在“节目监视器”面板中，调整图像素材的显示大小，其效果如图 7-136 所示。

第 4 步：在“工具箱”面板中单击“文字工具”按钮，当鼠标指针呈形状时，在“节目监视器”面板中单击，显示字幕输入框，输入字幕“复古车”，如图 7-137 所示。

图 7-136　调整图像素材的显示大小

图 7-137　输入字幕

第 5 步：在“时间轴”面板中，调整字幕图形的时间长度，使其与“视频 1”轨道上的图形时间长度一致，如图 7-138 所示。

第 6 步：在“节目监视器”面板中将新添加的字幕移动至合适的位置，得到最终的图像效果，如图 7-139 所示。

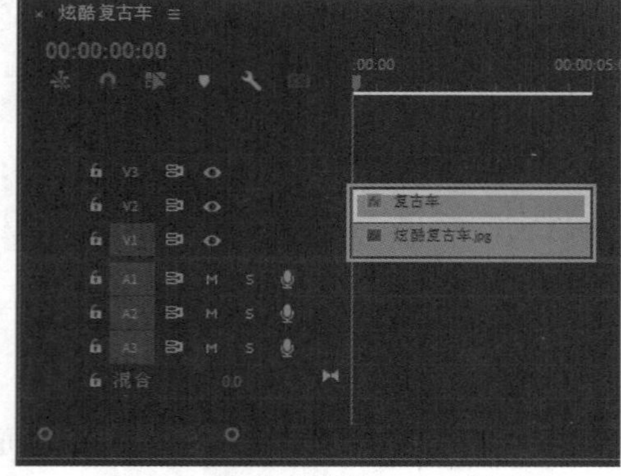

图 7-138　调整字幕图形的时间长度

图 7-139　移动字幕位置

7.6.2　修改字幕属性

为了让字幕的整体效果更加具有吸引力和感染力，需要用户对字幕属性进行精心调整。修改字幕属性的具体方法如下。

第 1 步：打开第 7.6.1 节中的“7.6.1.prproj”项目文件，在“视频 2”轨道上选择“图形”素材，在“效果控件”面板的“文本”选项区中，展开“源文本”列表框，选择“汉仪中楷简”字体格式，修改字体大小参数为 150，勾选“填充”复选框，然后单击其右侧的色块，如图 7-140 所示。

第 2 步：打开“拾色器”对话框，修改 RGB 参数分别为 247、13、13，单击“确定”按钮，如图 7-141 所示。

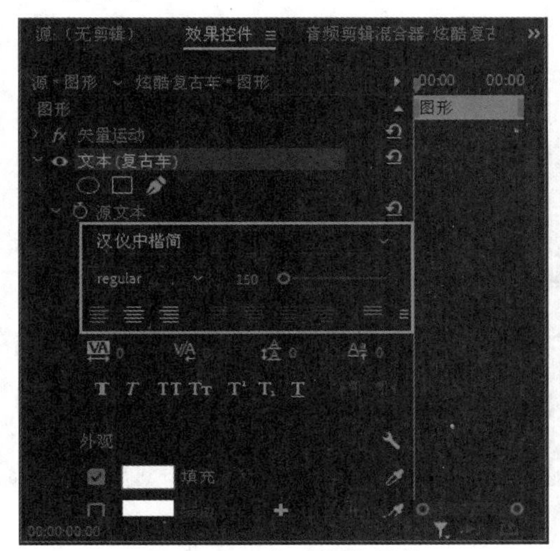

图 7-140　修改字幕属性

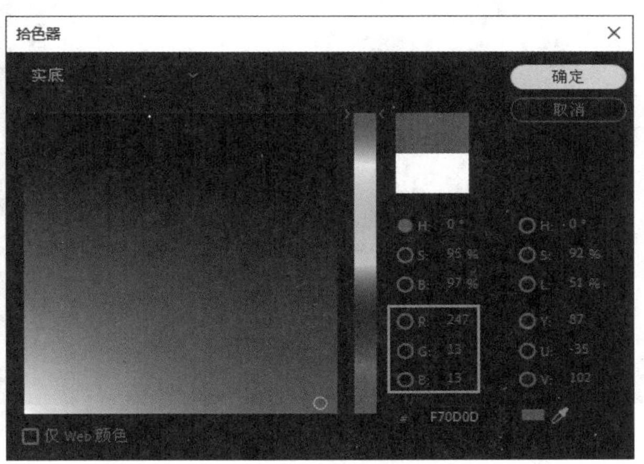

图 7-141　选择字幕颜色

第 3 步：完成字幕填充颜色的设置，并在“节目监视器”面板中预览最终的图像效果，如图 7-142 所示。

图 7-142　字幕最终效果

7.7　短视频调色

在制作影视视频的过程中，视频调色能力是设计者设计水平强有力的体现。视频调色可以表现设计者独特的个性。本节将详细讲解短视频调色的方法。

第7章

7.7.1 使用 RGB 颜色校正器和三向颜色校正器

使用 RGB 颜色校正器和三向颜色校正器可以对颜色、阴影、中间色调和高光等参数进行调整。下面将介绍使用 RGB 颜色校正器和三向颜色校正器的方法。

第 1 步：新建一个名称为“7.7.1”的项目文件，在“项目”面板中导入“火烈鸟”和“小鸟”图像素材，如图 7-143 所示。

第 2 步：在“项目”面板中选择新添加的“火烈鸟”和“小鸟”图像素材，按住鼠标左键并拖动，将其添加至“时间轴”面板的“视频 1”轨道上，如图 7-144 所示。

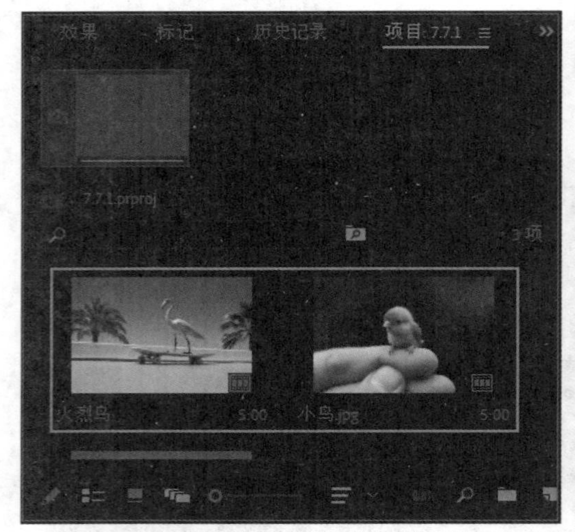

图 7-143　导入“火烈鸟”和“小鸟”图像素材

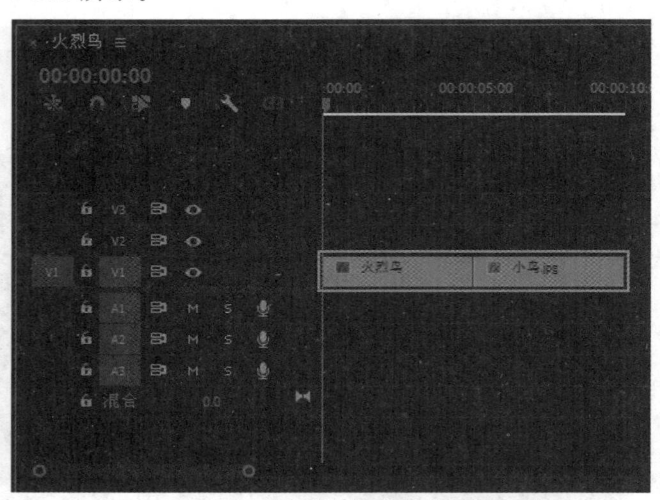

图 7-144　拖动“火烈鸟”和“小鸟”图像素材

第 3 步：在“效果”面板中，展开“视频效果”列表框，选择“过时”选项，再次展开列表框，选择“三向颜色校正器”视频效果，如图 7-145 所示。

第 4 步：在选择的视频效果上，按住鼠标左键并拖动，将其添加至“视频 1”轨道的“火烈鸟”图像素材上，选择图像素材，在“效果控件”面板的“三向颜色校正器”选项区中，修改各参数值，如图 7-146 所示。

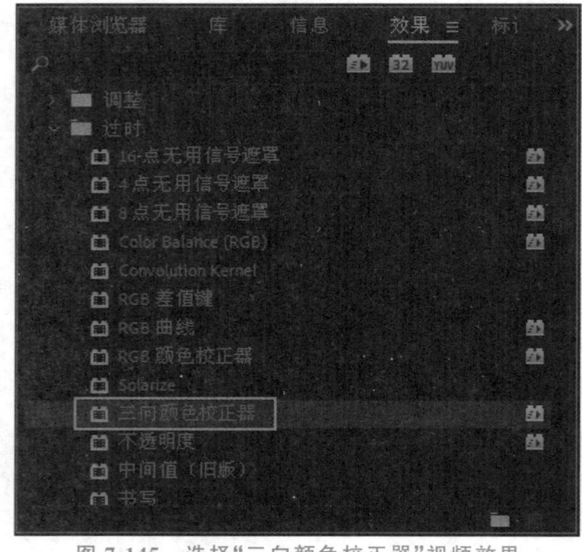

图 7-145　选择“三向颜色校正器”视频效果

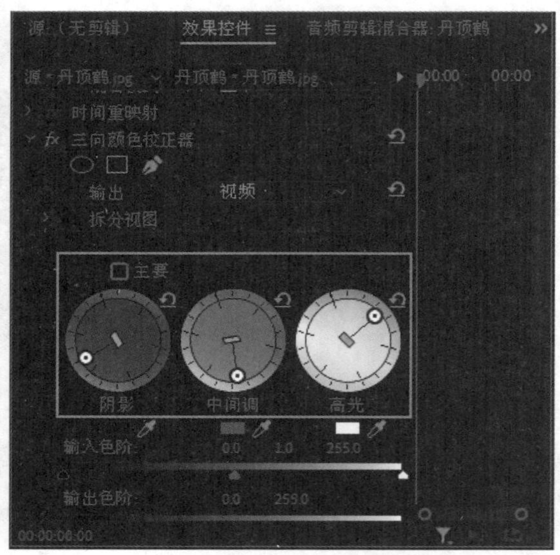

图 7-146　修改“三向颜色校正器”选项区参数值

第 5 步：使用“三向颜色校正器”校正图像颜色前后对比如图 7-147 所示。

图 7-147 使用“三向颜色校正器”校正图像颜色前后对比

第 6 步：在“效果”面板中，展开“视频效果”列表框，选择“过时”选项，再次展开列表框，选择“RGB 颜色校正器”视频效果，如图 7-148 所示。

第 7 步：在选择的视频效果上，按住鼠标左键并拖动，将其添加至“视频 1”轨道的图像素材上，选择图像素材，在“效果控件”面板的“RGB 颜色校正器”选项区中，修改各参数值，如图 7-149 所示。

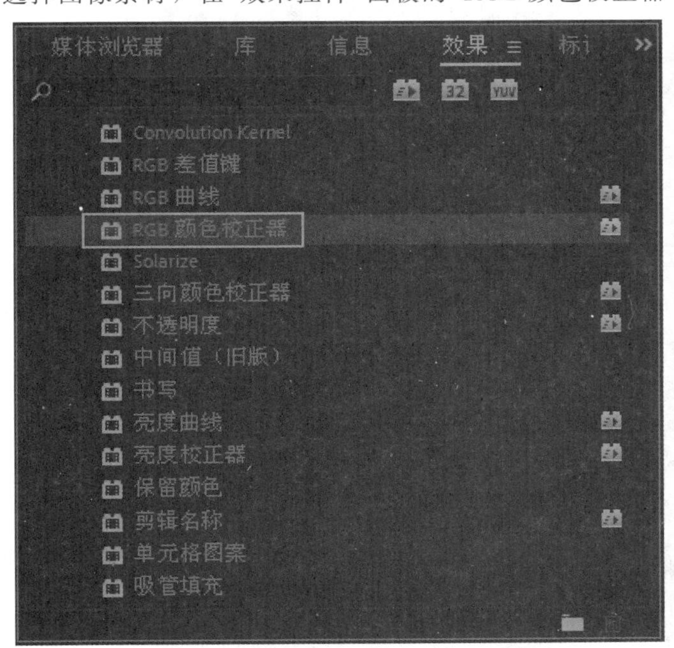

图 7-148 选择“RGB 颜色校正器”视频效果

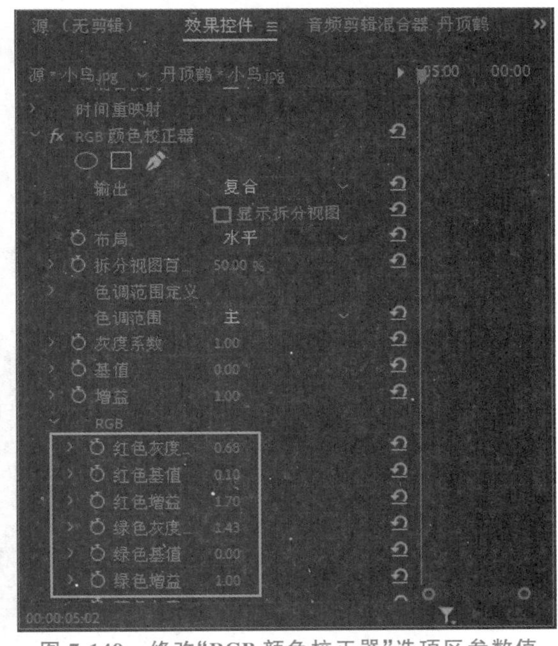

图 7-149 修改“RGB 颜色校正器”选项区参数值

第 8 步：使用“RGB 颜色校正器”校正图像颜色前后对比如图 7-150 所示。

图 7-150 使用“RGB 颜色校正器”校正图像颜色前后对比

7.7.2 自动调整视频颜色

"自动颜色"视频效果可以通过搜索图像的方式，来标识暗调、中间调和高光，以调整图像的对比度和颜色。自动调整视频颜色的具体方法如下。

第1步：新建一个名称为"7.7.2"的项目文件，在"项目"面板中导入"湖边"视频素材，如图7-151所示。

第2步：在"项目"面板中选择新添加的"湖边"视频素材，按住鼠标左键并拖动，将其添加至"时间轴"面板的"视频1"轨道上，如图7-152所示。

图 7-151 导入"湖边"视频素材

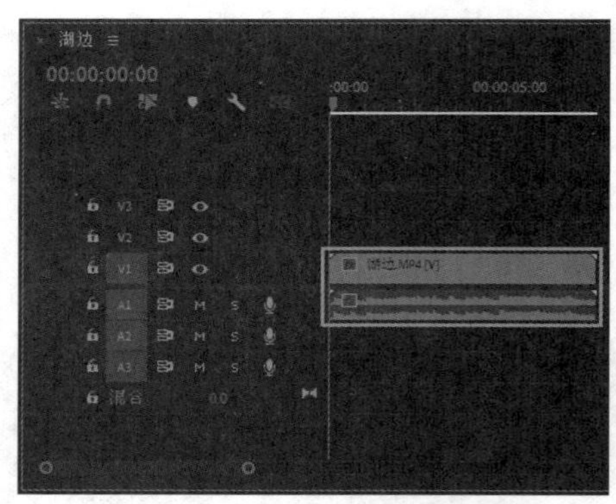

图 7-152 拖动"湖边"视频素材

第3步：在"效果"面板中，展开"视频效果"列表框，选择"过时"选项，再次展开列表框，选择"自动颜色"视频效果，如图7-153所示。

第4步：在选择的视频效果上，按住鼠标左键并拖动，将其添加至"视频1"轨道的视频素材上，选择视频素材，在"效果控件"面板的"自动颜色"选项区中，修改各参数值，如图7-154所示。

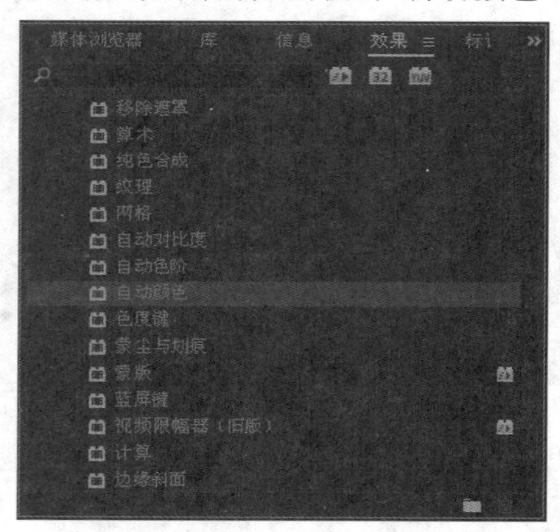

图 7-153 选择"自动颜色"视频效果

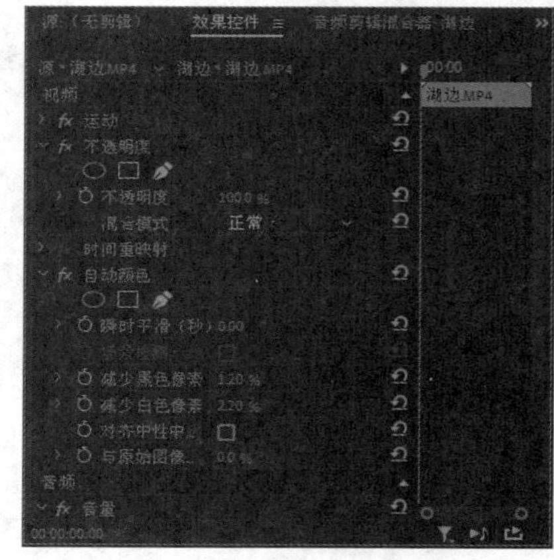

图 7-154 修改参数值

第5步：使用"自动颜色"校正图像颜色前后对比如图7-155所示。

图 7-155 使用"自动颜色"校正图像颜色前后对比

7.7.3　控制视频的颜色平衡（HLS）

“颜色平衡(HLS)”特效能够通过调整画面的色相、饱和度及明度来达到平衡素材颜色的作用。控制视频的颜色平衡的具体方法如下。

第 1 步：新建一个名称为“7.7.3”的项目文件，在“项目”面板中导入“可爱兔子服”图像素材，如图 7-156 所示。

第 2 步：在“项目”面板中选择新添加的“可爱兔子服”图像素材，按住鼠标左键并拖动，将其添加至“时间轴”面板的“视频 1”轨道上，如图 7-157 所示。

图 7-156　导入“可爱兔子服”图像素材

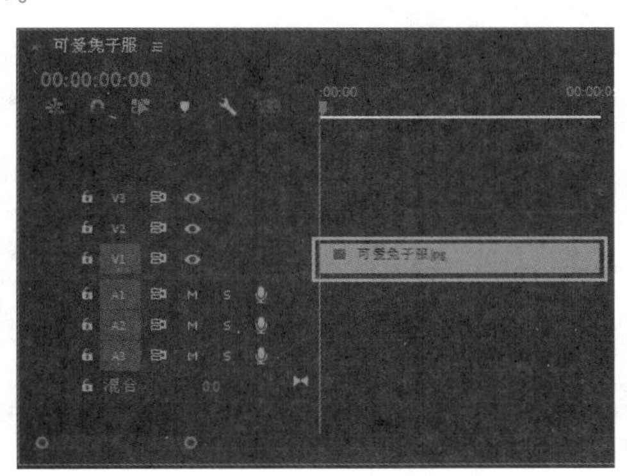

图 7-157　拖动“可爱兔子服”图像素材

第 3 步：在“效果”面板中，展开“视频效果”列表框，选择“过时”选项，再次展开列表框，选择“颜色平衡(HLS)”视频效果，如图 7-158 所示。

第 4 步：在选择的视频效果上，按住鼠标左键并拖动，将其添加至“视频 1”轨道的图像素材上，选择图像素材，在“效果控件”面板的“颜色平衡(HLS)”选项区中，修改各参数值，如图 7-159 所示。

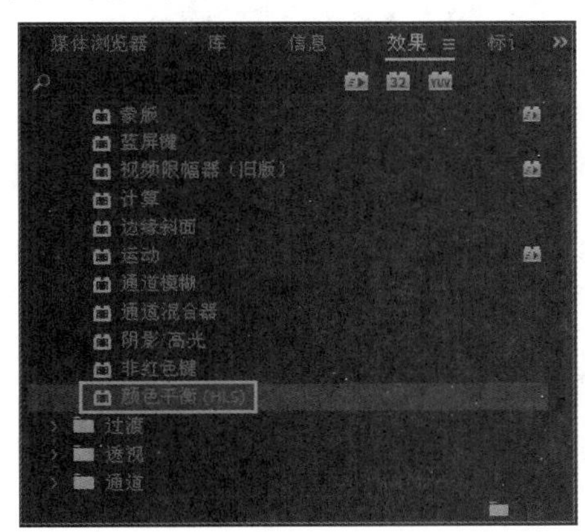

图 7-158　选择“颜色平衡(HLS)”视频效果

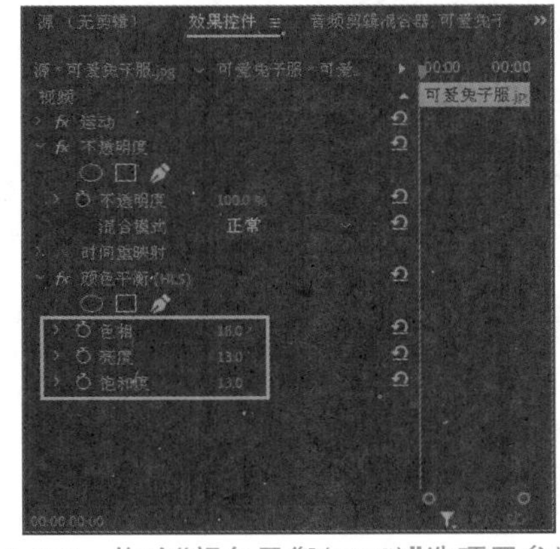

图 7-159　修改“颜色平衡(HLS)”选项区参数值

第 5 步：使用“颜色平衡(HLS)”校正图像颜色前后对比如图 7-160 所示。

图 7-160　使用“颜色平衡(HLS)”校正图像颜色前后对比

7.7.4 校正图像的亮度

“亮度曲线”视频效果可以调整视频或图像的亮度与色调，具体的操作方法如下。

第 1 步：新建一个名称为“7.7.4”的项目文件，在“项目”面板中导入“紫色花海”视频素材，如图 7-161 所示。

第 2 步：在“项目”面板中选择新添加的“紫色花海”视频素材，按住鼠标左键并拖动，将其添加至“时间轴”面板的“视频 1”轨道上，如图 7-162 所示。

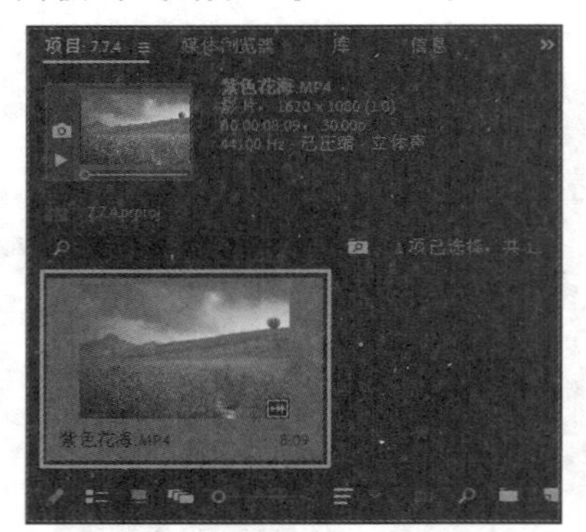

图 7-161　导入“紫色花海”视频素材

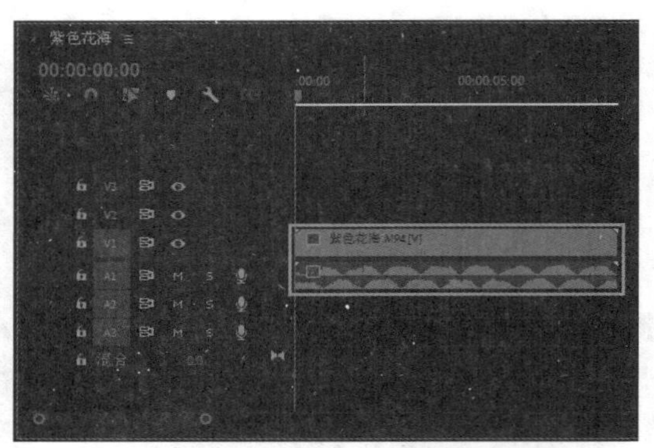

图 7-162　拖动“紫色花海”视频素材

第 3 步：在“效果”面板中，展开“视频效果”列表框，选择“过时”选项，再次展开列表框，选择“亮度曲线”视频效果，如图 7-163 所示。

第 4 步：在选择的视频效果上，按住鼠标左键并拖动，将其添加至“视频 1”轨道的视频素材上，选择视频素材，在“效果控件”面板的“亮度曲线”选项区中，修改各参数值，如图 7-164 所示。

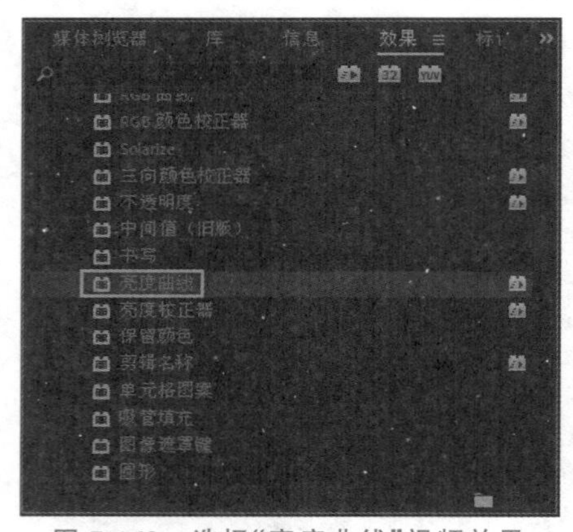

图 7-163　选择“亮度曲线”视频效果

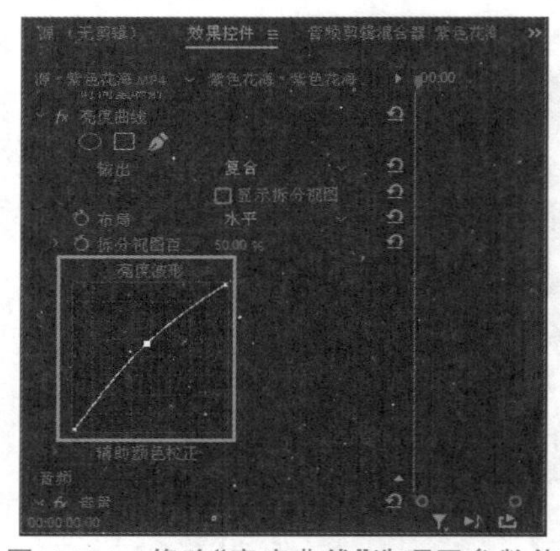

图 7-164　修改“亮度曲线”选项区参数值

第 5 步：使用“亮度曲线”校正图像亮度前后对比如图 7-165 所示。

图 7-165　使用“亮度曲线”校正图像亮度前后对比

课后练习

1. 使用 Premiere Pro 为一个风景类短视频调色。
2. 使用 Premiere Pro 制作一个片头动画效果。

第 8 章　短视频拍摄与制作实战指南

本章导读

随着短视频市场越来越大，用户越来越多，以及 UGC(user generated content，用户生成内容)对市场内容的占据，短视频的种类也变得更加多样。常见的短视频类型大致可以分为三大类，即产品营销类短视频、生活记录类短视频、美食类短视频。不同类型的短视频，其拍摄要点和制作方法略有不同。短视频创作者要想创作出高质量的短视频作品，吸引更多用户关注，就需要掌握不同类型短视频的拍摄与制作要领。本章将详细介绍这 3 类短视频的拍摄与制作方法。

学习目标

通过对本章多个知识点的学习，读者可以熟练掌握拍摄与制作产品营销类短视频、生活记录类短视频、美食类短视频的方法。

知识要点

◈ 拍摄与制作产品营销类短视频

◈ 拍摄与制作生活记录类短视频

◈ 拍摄与制作美食类短视频

8.1 拍摄与制作产品营销类短视频

随着短视频的高速发展，短视频营销已然成为当下非常热门的产品营销方式。一条优质的产品营销类短视频能够有效提升消费者的停留时间，从而促进产品的销售。下面为大家详细介绍产品营销类短视频的拍摄与制作方法。

8.1.1　产品营销类短视频的拍摄思路

产品营销类短视频可以让消费者在有限的时间内快速了解产品的信息，从而帮助企业达到既定的营销目的。通常来讲，产品营销类短视频中应包括产品的主要卖点、设计理念及品牌故事等内容。在拍摄产品营销类短视频之前，短视频创作者需要先理清自己的拍摄思路，如图 8-1 所示。

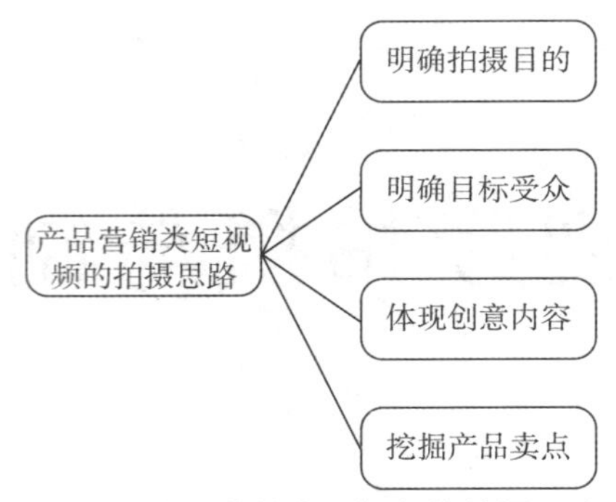

图 8-1 产品营销类短视频的拍摄思路

下面将对产品营销类短视频的拍摄思路进行介绍。

1. 明确拍摄目的

在拍摄短视频之前，首先需要明确短视频的制作目的：是想用来推介新产品？还是讲解产品的使用方法？又或者是进行产品的促销和宣传？只有明确了短视频的制作目的，才能找好目标受众，在拍摄上有所侧重，进而创作出符合产品宣传要求的短视频作品，提升产品营销类短视频的价值。

有了明确的拍摄目的，就能把握好短视频的风格、内容和表现方式。例如，如果是推介新产品，就应该突出产品的特点和优势，通过真实、生动的画面展示产品的外观和功能，以激发潜在消费者的兴趣。如果是讲解产品的使用方法，就应该注重使用清晰、简洁的语言，结合图片或采用演示的方式向观众介绍产品的使用方法和注意事项。如果是进行产品的促销和宣传，就可以抓住产品的卖点，强调产品的价值和实用性，使用一些引人注目的手法吸引观众，并激发他们的购买欲望。总之，明确拍摄目的有助于在短视频创作过程中更好地传达产品的信息，吸引目标受众的注意，增强产品的营销效果。

2. 明确目标受众

在拍摄这类短视频作品之前，短视频创作者要提前做好市场分析和目标受众的人群画像分析，了解目标受众的需求，这样拍摄和制作出来的短视频作品才更具针对性和吸引力。

市场分析和目标受众的人群画像分析是制作产品营销类短视频的关键步骤。了解目标受众的年龄、性别、职业、兴趣爱好、消费习惯等信息，可以更好地把握受众的偏好和需求，从而在短视频的内容、风格、语言等方面进行优化。

3. 体现创意内容

创意是实现产品宣传差异化的一个重要途径。面对市场上千篇一律的同类产品，利用创意吸引消费者的目光，是非常明智的选择。短视频创作者需要利用独特的创意来创作短视频作品，使拍摄出来的作品引人入胜。

要体现创意内容，短视频创作者需要寻找独特的故事情节，运用创新的视觉特效和表现形式，与观众互动，并巧妙运用幽默、讽刺等元素来吸引观众。只有具备创意的内容和表现方式，短视频作品才会更具吸引力和差异化，从而脱颖而出。

4. 挖掘产品卖点

拍摄短视频有一个非常重要的目的，就是让消费者更加全面地了解产品卖点，进而做出购买决定。所以，产品营销类短视频必须从消费者的角度出发，挖掘产品的卖点，让消费者更好地了解产品，从而下单购买产品。

要挖掘产品的卖点，短视频创作者需要准确了解产品的特点，通过展示产品、解决问题、用户评价和推荐、故事化表达等方式来突出产品的优势和价值。只有更好地向观众传达产品的卖点，才能获得更多的关注。

8.1.2 产品营销类短视频的拍摄技巧

通常，用户在观看短视频的时候，往往都处于一种放松的状态，在这种状态下，他们很容易接受短视频中植入的各种广告信息。因此，短视频创作者想要拍摄产品营销类短视频，就需要掌握一定的拍摄技巧，巧妙地将产品信息植入短视频。

1. 展示产品

展示产品是短视频创作中常用的一种方式。短视频可以生动、形象地展示产品的功能和特点，给观众带来直观的感受，从而引起他们的购买兴趣。展示产品的功能和特点是短视频创作者常用的方式，通过实景演示、视觉效果展示、对比演示、用户实际体验和专业测评等方式，向观众展示产品的实际效果和优势。只有将产品的价值和优势清晰地传达给观众，才能引起他们的兴趣和购买欲望。

市面上很多产品都具有自己独特的卖点，面对这些创意性和话题性很强的产品，或者自带话题性的产品，可以直接通过短视频来展示产品的功能。例如，某短视频作品向用户展示了某款手绘板的部分功能，用户在看到这些展示后，就会认为该手绘板的确非同寻常，从而产生购买行为，如图 8-2 所示。

图 8-2 展示产品的部分功能

短视频营销非常适合那些创意十足、功能新颖的产品。例如，抖音短视频的推广使 LED 智能补光镜、纸手表等成为火爆全网的产品。

对于创意不足的产品，创作者在拍摄短视频时，可以将产品的优势放大，通过夸张的手法来呈现产品的特征，以加深用户对产品的印象。

2. 分享干货

分享干货类短视频是非常受欢迎的，因为这类短视频不仅讲解清晰，还能让用户在短时间内学到一些实用的知识和技巧，用户自然很愿意分享和点赞这类短视频作品。分享干货类短视频作品需要选取热门话题，准确传达知识和技巧，配合图文说明，突出实用性和可操作性，引导观众互动和参与，这样才能吸引更多的观众关注和点赞。

例如，某专业洗护店的官方抖音账号，就经常会发布一些干货类短视频作品，为用户介绍鞋子类产品的保养和清洗小技巧，如图 8-3 所示。

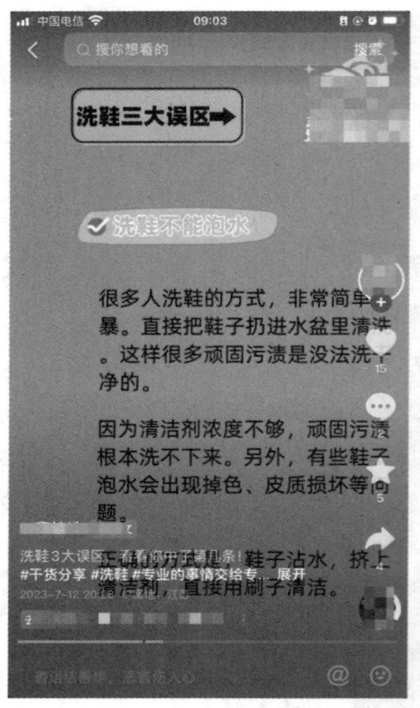

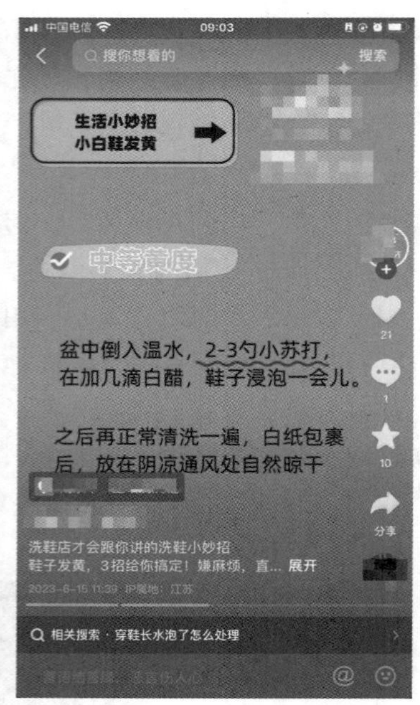

图 8-3　在产品营销类短视频中分享干货

3. 场景植入

场景植入就是在短视频的场景中适当植入需要宣传的产品或者品牌标志等，这样可以起到一定的宣传效果。其实，短视频中的场景植入，就像我们平时看电视剧或者电影的时候，背景中出现的植入广告一样。比如，一条美食教学类短视频作品中，可以在桌上放置需要宣传的产品，或者背景中有某品牌的标志。

在进行场景植入时，需要注意以下几点。

①自然融合：植入的产品或品牌标志应该自然融合于视频的场景中，不要过于突兀，以免破坏视频的整体观感。

②合适的位置：选择合适的位置来植入产品或品牌标志，可以放置在场景的中心位置，或者在视频的重点镜头中出现。

③不过度张扬：场景植入的目的是宣传，但不应过度张扬，过于明显的广告植入可能会让观众感到不适，应适度控制植入的程度和频率。

④与视频内容相符：植入的产品或品牌应与视频内容相符。选择与视频主题相关的产品或品牌，以保持视觉上的一致性和信息传递的连贯性。

4. 口碑营销

口碑营销是一种有效的推广方式，通过展示消费者的体验和产品的口碑来增加观众对产品（或品牌）的认知度和信任度。在短视频中展示消费者的体验和产品的口碑可以使观众更加信任产品或品牌，并激发他们的购买欲望。

一款产品到底好不好？商家说好并不一定是真的好。消费者更注重的往往是产品或品牌的好口碑。短视频创作者可以在短视频中展示用户的体验和产品的口碑，从侧面呈现产品的火爆。比如，为了呈现产品或品牌的好口碑，可以在短视频中增加消费者排队抢购、消费者的笑脸、店铺中的各种优质服务等画面。

例如，某短视频作品中，展示了某乐高旗舰店开业，店内人山人海的火爆场景；还重点为用户展示了几款该旗舰店的限定产品，如图 8-4 所示。这种短视频就是从侧面提醒用户，该旗舰店人气火爆，还有很多限定的产品销售，以吸引更多的消费者到店购买产品。

图 8-4　口碑营销类短视频

5. 创意段子

创意段子在产品营销类短视频中较为常用。幽默、有趣的语言可以吸引观众的注意力，提高购买量。在策划产品营销类短视频的内容时，短视频创作者可以围绕产品本身的功能和特点，结合创意段子，对产品进行全新的展示，通过打造形式新颖的短视频内容来刺激用户的购买需求。

8.1.3　产品营销类短视频的拍摄要点

短视频营销能够有效放大产品的优势，达到更好的营销效果，因此，短视频营销目前已经成了很多商家的主要营销方式。产品营销类短视频大致可以分为 5 类，即产品展示类短视频、产品制作类短视频、产品测评类短视频、产品开箱类短视频，以及产品产地采摘、装箱类短视频。不同类别的产品营销类短视频有不同的拍摄要点。短视频创作者只有掌握这些拍摄要点，才能有效提高短视频拍摄的效率与质量，从而吸引更多用户的关注。

1. 产品展示类短视频的拍摄要点

产品展示类短视频要想吸引大量用户的关注，并激发用户的购买欲望，拍摄的视频内容就不能过于简单。在拍摄产品展示类短视频时，创作者可以将产品放入一定的场景，或融入一定的故事情节，使视频内容看上去更加丰富、饱满。

（1）营造合适的拍摄场景

产品展示类短视频只有做到自然、生动，才能有效打动用户。要保证拍摄出来的短视频自然、生动，最好的办法就是为产品选择一个合适的场景，以击中用户的痛点。例如，某短视频作品中展示的一款户外露营桌椅，创作者专门选择户外场景来展示该产品，并告诉大家该产品的真实使用感受，如图 8-5 所示。

第8章

图 8-5　营造合适的拍摄场景

(2)构思故事情节或融入生活技巧

为了让短视频内容看上去更加丰富、有趣，创作者还可以构思一个故事情节，以此来引出产品；或是将产品展示融入一个小技巧中，这样的展示形式不仅新颖，而且具有一定的“干货”，更容易被用户所接受。例如，某短视频作品中，创作者特意编排了一段男生做饭后使用一款扫地机器人打扫厨房的故事，如图 8-6 所示。

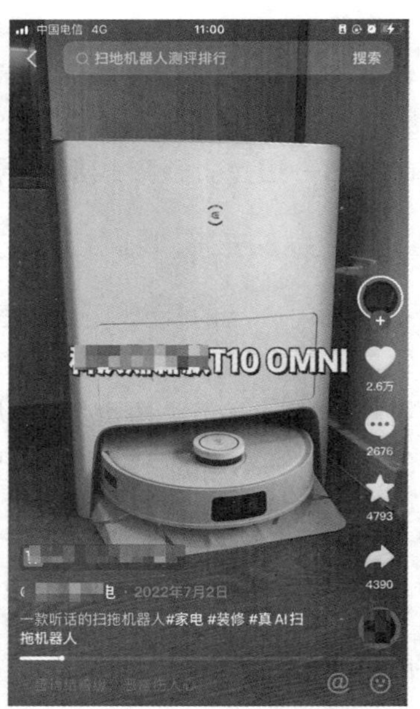

图 8-6　将产品展示嵌入小故事

2. 产品制作类短视频的拍摄要点

产品制作类短视频以各种工业品的制作过程展示为主，其目的是让用户在了解某款产品制作步骤的同时，感受到该产品的质量。拍摄产品制作类短视频有两个要点：一是适当加快视频节奏；二是运用字幕阐述产品制作步骤。

（1）适当加快视频节奏

工业品的制作过程通常比较烦琐，如果想要完整地展现产品的制作全过程，就需要在后期加工过程中压缩视频的播放时长。例如，某条短视频作品通过短短 3 分多钟展示了某款原木床的制作过程，如图 8-7 所示。这款原木床的制作全过程包括数十个不同的环节，这条短视频将实际需要花费至少数小时的过程压缩到 3 分 40 秒，不仅保证了其产品制作过程的完整性，也最大限度保留了用户观看的耐心。

图 8-7　展示原木床制作过程的短视频作品

为了便于后期加工处理，在拍摄工业品制作过程短视频时，可以拍摄一个完整的长视频，后期再进行剪辑；也可以分段拍摄多个素材，如一个制作步骤拍摄一个素材，后期再进行拼接、剪辑。

（2）运用字幕阐述产品制作步骤

短视频创作者在输出产品制作内容时，一般会在短视频作品中添加字幕，为用户阐述产品制作步骤，以便用户更好地了解产品的制作过程。例如，某条短视频作品展示一款徽墨产品的制作过程，通过视频中的字幕解说及特写镜头，用户不仅能够更好地了解该产品的制作过程，还能体会到手艺人的匠心独运，如图 8-8 所示。

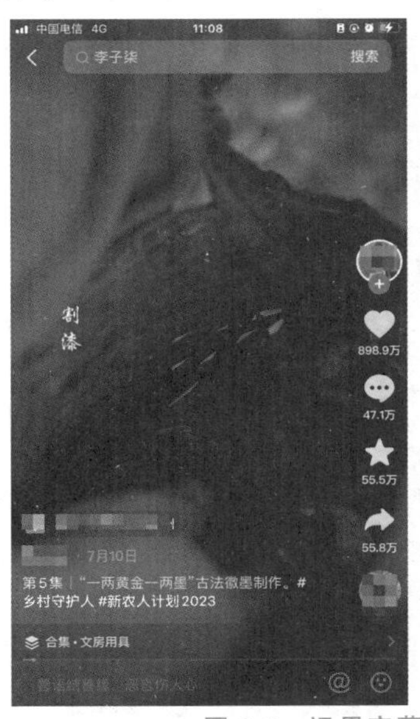

图 8-8　运用字幕阐述产品制作步骤

第8章

3. 产品测评类短视频的拍摄要点

产品测评类短视频的拍摄难度不算很高，但想要拍摄出优质的产品测评类短视频也并不容易。这类短视频一般由播主向观众展示产品的外观、功能、品质等，并分享其使用感受。而如何增强视频内容的可信度，让用户对产品产生认同感，是这类短视频拍摄的关键。

（1）真人出镜

产品测评类短视频最好能够真人出镜。真人出镜除了可以营造独特的个人风格、增加账号的用户黏度、打造专属 IP，还可以增加视频内容的可信度。例如，某产品测评类抖音账号的定位为真实、不收取商家费用，该账号几乎每条短视频作品都有播主真人出镜对产品进行专业测评，所打造的可靠形象深入人心，如图 8-9 所示。

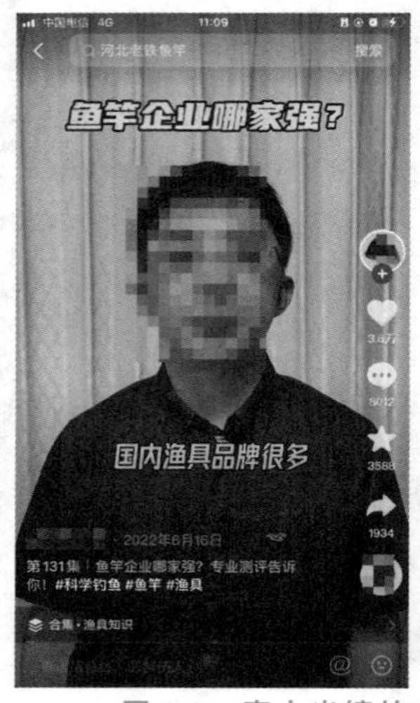

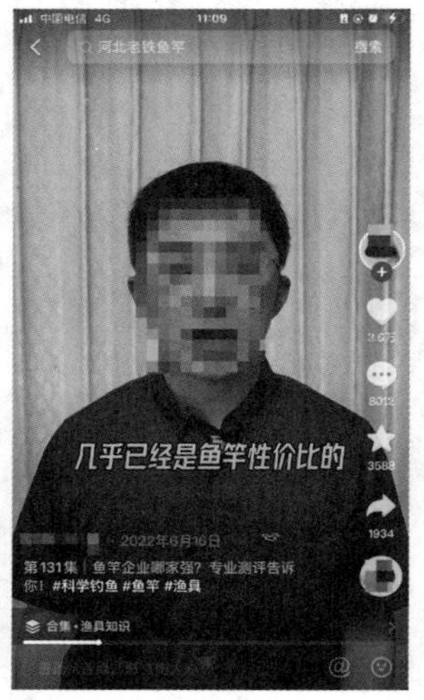

图 8-9　真人出镜的产品测评类短视频作品

（2）运用合适的镜头

为了体现产品测评的客观性，在短视频作品中需要对测评产品进行全方位的展示，并配合播主的语言讲解，因此，在拍摄产品测评类短视频时，需要用全景镜头来展示测评产品的全貌，也需要用特写镜头展示测评产品的不同细节，加深用户对产品的了解。多景别的结合能体现测评的全面性与合理性，增加用户对内容的信服度。如图 8-10 所示是全景镜头与特写镜头在某条产品测评类短视频作品中的应用。

图 8-10　全景镜头与特写镜头在某条产品测评类短视频作品中的应用

4. 产品开箱类短视频的拍摄要点

产品开箱类短视频与产品测评类短视频相比，在拍摄方面有许多相同之处，但是，产品开箱类短视频比产品测评类短视频多一个开箱的环节，因此，在拍摄产品开箱类短视频时，可以在开箱过程中“做文章”，增加视频的趣味性。

（1）加入“特色道具”

产品开箱类短视频着重于开箱过程，想要在开箱过程中玩出不一样的花样，可以策划比较有趣的开箱动作或者加入开箱的“特色道具”。

（2）多角度光源拍摄

产品开箱类短视频通常运用固定机位，将产品放在展示台上，搭配真人出镜进行录制。在光线运用上，如果只运用单一顶光，那么播主和产品在视频画面中都会出现大块阴影，影响最终的视觉效果。所以，建议创作者使用多角度光源相结合的方法进行拍摄，使拍摄主体的每一面都能被照亮，提升视频的质量。

5. 产品产地采摘、装箱类短视频的拍摄要点

产品产地采摘、装箱类短视频一般以果蔬类产品为拍摄对象，主要拍摄原生态的果园、菜园的采摘或装箱过程，如图 8-11 所示。这类短视频想要达到好的拍摄效果，关键是拍出新意。

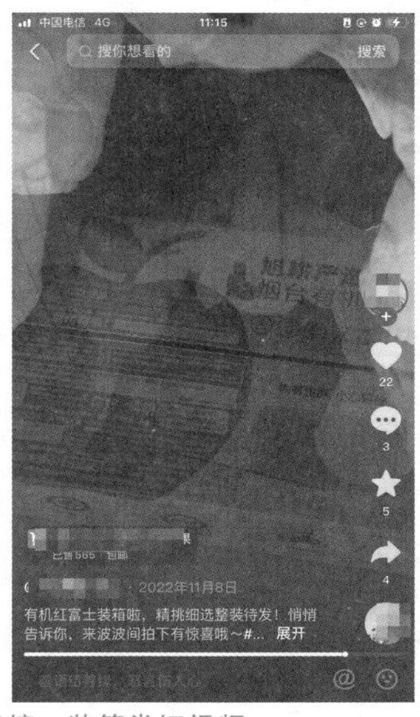

图 8-11 产品产地采摘、装箱类短视频

（1）尽量使用长镜头

在产地拍摄采摘或装箱类短视频，其目的是向用户展示产品原产地的真实性，以及产品的新鲜度。如果短视频中出现过多的剪辑镜头，或许会让短视频作品看上去更加精良，但会使用户对产品的真实性和新鲜度产生怀疑。所以，在拍摄产品产地采摘、装箱类短视频时，应尽量使用长镜头，采用“一镜到底”的方式进行拍摄。

（2）对产品进行“加工”

在拍摄产品产地采摘、装箱类短视频时，一定要让产品看起来诱人，这样会对销量产生积极的促进作用。当产品为水果时，创作者可以在拍摄前先擦干净水果上的灰尘，或在雨后进行拍摄，这时水果上带有水珠，会显得更加晶莹剔透，更加新鲜。创作者也可以人为制造出类似效果，比如在水果上洒上一些水等。

8.1.4 套用模板制作产品营销类短视频

很多短视频平台和视频剪辑 APP 中都提供了丰富的视频模板，如果短视频创作者暂时没有文案创作思路和后期处理思路，可以借用这些视频模板帮助自己快速制作短视频。下面就以剪映 APP 为例，为大家讲解如何套用视频模板制作产品营销类短视频。

第 1 步：打开剪映 APP，在剪映 APP 首页点击“创作脚本”按钮，如图 8-12 所示。

第 2 步：进入“创作脚本”界面，点击“好物分享”选项，可以看到很多好物分享方面的模板，如图 8-13 所示。

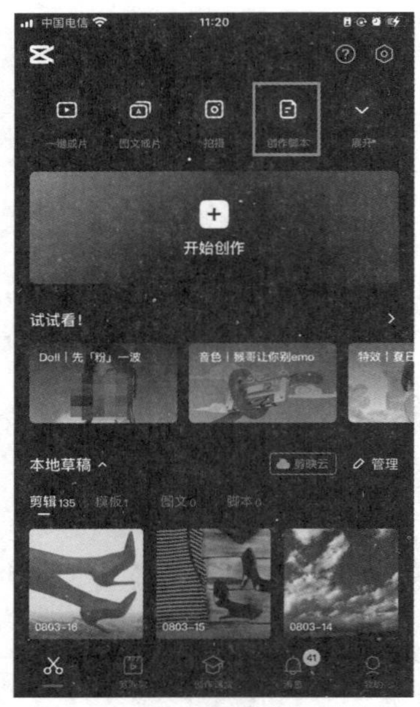

图 8-12　点击“创作脚本”按钮

图 8-13　“好物分享”界面

第 3 步：选择一个模板，然后点击“去使用这个脚本”按钮，如图 8-14 所示，接着按照脚本内容添加视频和台词即可，如图 8-15 所示。

图 8-14　点击“去使用这个脚本”按钮

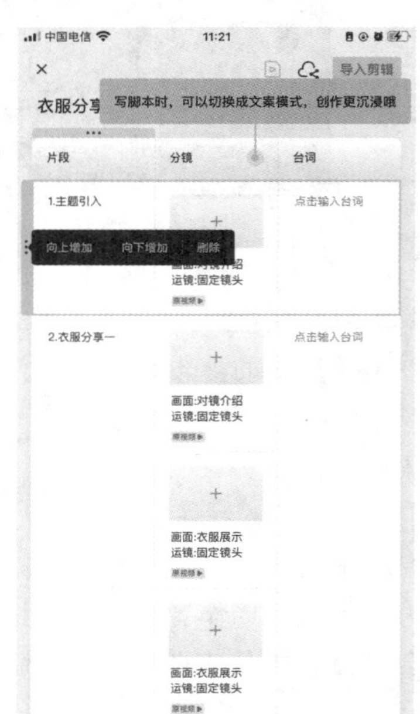

图 8-15　按照脚本制作产品营销类短视频

8.2 拍摄与制作生活记录类短视频

生活记录类短视频是指以生活记录为主题的短视频作品。这类短视频主要是记录和展示创作者的日常生活及所见所闻，通常能为用户带来温馨、亲切的感觉。下面就为大家详细介绍生活记录类短视频的拍摄与制作方法。

8.2.1 生活记录类短视频的拍摄原则

每个人都是生活的主角，都可以以自己的视角记录生活。生活记录类短视频之所以受欢迎，是因为它展示的内容真实、亲切，能拉近创作者与用户之间的心理距离。拍摄生活记录类短视频需要遵循以下两个拍摄原则。

1. 保持真实

生活记录类短视频是以播主的真实经历为切入点，从简单平凡的生活中，提取能让大众产生共鸣的主题进行创作。因此，生活记录类短视频不需要高深莫测的拍摄手法，只用简简单单地记录播主真实的日常生活即可。

例如，某生活记录类短视频账号，其播主是一名心灵手巧的宝妈，喜欢给自己孩子制作玩具。所以，该账号拍摄的短视频作品主要记录播主平时在家制作手工物品的场景，如图 8-16 所示。短视频作品中所有的素材都来源于播主的真实生活。播主的初衷是希望通过自身去展示“宝妈”这个群体的日常生活。

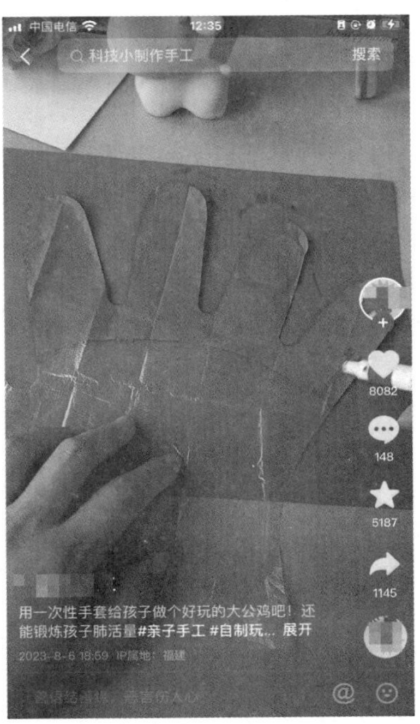

图 8-16 记录真实生活的短视频作品

2. 维持镜头稳定，使画面清晰

生活记录类短视频记录的是播主真实的日常生活，拍摄地点有时在户外，但户外拍摄大多不具备固定拍摄设备的条件，很多时候需要播主手持相机进行拍摄。因此，画面的稳定性和清晰度就成了影响短视频最终效果的关键因素。如果镜头抖动或画面不清晰，那么再优秀的内容也难以留住用户。

对于拍摄生活记录类短视频的创作者来说，建议选择高清、防抖的拍摄设备，并配备云台之类的稳定器，维持画面稳定。只有在画面清晰、稳定的前提下，走心的文案、精美的内容、炫酷的剪辑才能获得“用武之地”。

8.2.2　生活记录类短视频的拍摄要点

生活记录类短视频以记录播主的日常生活为主，常见的类型包括日常生活类短视频，旅行类短视频，萌宠、萌宝类短视频。下面就以这3类常见的生活记录类短视频为例，为大家讲解这类短视频的拍摄要点。

1. 日常生活类短视频的拍摄要点

很多短视频平台成立的初衷，都是方便用户及时记录、分享美好的生活瞬间。正如抖音平台的那句广告语：“记录美好生活。”虽然随着短视频行业的不断发展，短视频类型越来越多，但日常生活类短视频仍然是最“接地气”的短视频类型。下面就为大家介绍日常生活类短视频的拍摄要点。

(1)拍摄时留出背景空间

日常生活类短视频常见的一种拍摄手法就是播主以自拍的形式，记录、讲述自己的生活。但在拍摄这类短视频时需要注意，播主不能占满整个画面，要为身后的场景留出展示空间，让用户能够切实看到播主身后的背景，这样他们才会对播主的讲述感同身受。例如，某条日常生活类短视频作品，用户根据播主身后的背景能够轻松感受到播主当时的状态，如图8-17所示。这些细节上的处理可以有效提升用户对该短视频作品的信服度。

图8-17　拍摄时留出背景空间的短视频作品

(2)花样拍摄，为视频增加亮点

日常生活类短视频很大程度上是依靠播主的个人魅力吸引用户，不会有过多转折性的剧情。因此，短视频创作者可以考虑在拍摄上下功夫，使用较为新颖的拍摄手法，为短视频增加亮点。例如，某条短视频作品不仅采用了多机位的拍摄手法，还加入了很多手部的特写镜头，使整个短视频作品显得很有故事感，如图8-18所示。

图 8-18　花样拍摄的短视频作品

2. 旅行类短视频的拍摄要点

旅行类短视频属于生活记录类短视频的一大分支，如今随便打开一个短视频平台都能看到大量风格鲜明的旅行类短视频。旅行类短视频有以个人形式出镜的，也有以夫妻、闺蜜、亲子等形式出镜的。不论哪种形式的旅行类短视频，播主除了向用户展示美丽的风景，更多的是向用户传递积极向上的生活态度。下面就来讲解旅行类短视频的拍摄要点。

（1）给身后的风景留位置

在拍摄旅行类短视频时，不论播主是手持相机自拍，还是固定相机位置录制，抑或是有摄影师跟拍，都千万不能忘记的一点是：一定要给身后的风景留位置。虽然旅行播主们最吸引用户的往往不是其走过的风景，但美丽的风景绝对是大部分旅行类短视频不可或缺的元素。播主们需要在面对镜头时，为身后的风景留出位置，让身后独特的风景为自己充当不可替代的背景板，为视频注入独一无二的生命力，如图 8-19 所示。

图 8-19　为身后的风景留出位置

（2）备注攻略和当地风俗习惯注意事项

旅行类短视频除了为用户展示美丽的风景，还可以在视频中为用户留下方便快捷的旅游攻略，以及关于当地风俗的注意事项，避免用户在参观旅游时遇到尴尬的情况。通常，短视频创作者会将旅行攻略等安排在视频结尾处，如图 8-20 所示。

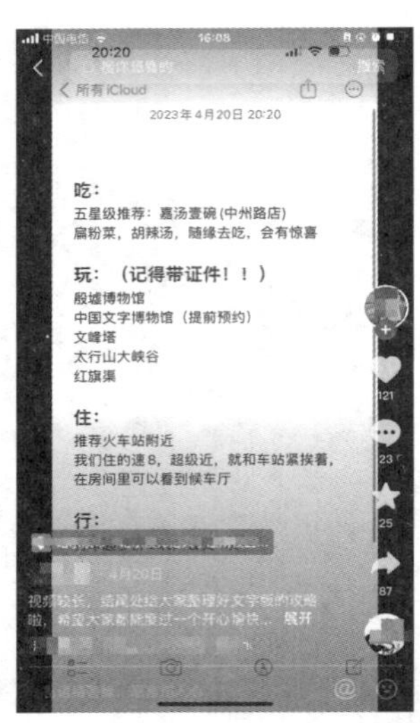

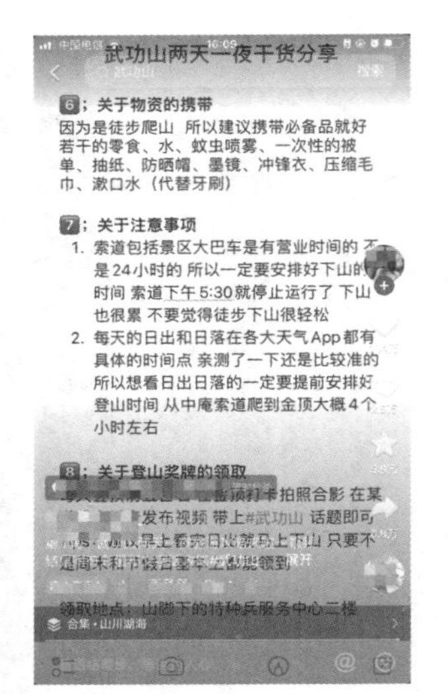

图 8-20　视频结尾处的旅行攻略

3. 萌宠、萌宝类短视频的拍摄要点

“萌”主要用来形容可爱的人或事物。大多数人对可爱的事物是没有抵抗力的，这也是萌宠、萌宝类短视频能在竞争激烈的短视频市场中占据一席之地的原因。萌宠、萌宝类短视频的拍摄要点如下。

（1）制造“对比度”

在拍摄萌宠、萌宝类短视频时，有一点需要创作者特别注意，就是要制造“对比度”，避免宠物的毛色或宝宝衣服的颜色与背景色一致，否则就会使用户难以第一时间辨认出视频中的主体，严重影响短视频画面的视觉效果和用户的观看感受。比如，拍摄金毛犬在黄色沙滩上玩耍的视频，用户在观看视频时就有可能出现一时找不到金毛犬在哪里的尴尬情形。

例如，某条萌宠类短视频作品在制造“对比度”方面，直接将两只猫咪放在色彩鲜艳的吊床上拍摄，形成了强烈的视觉对比，不仅突出了拍摄主体，也更容易吸引用户的注意力，如图 8-21 所示。

（2）善用各类道具

在拍摄萌宠、萌宝类视频时，可以借助一些道具与萌宠、萌宝互动，或将道具穿戴在萌宠、萌宝的身上，这样拍摄出来的视频往往更显萌态，也更容易打动用户的心。例如，某条萌宝类短视频作品中，以长颈鹿和骨头玩具作为道具，展示小宝宝开心玩乐的片段，让人感觉萌态十足，如图 8-22 所示。

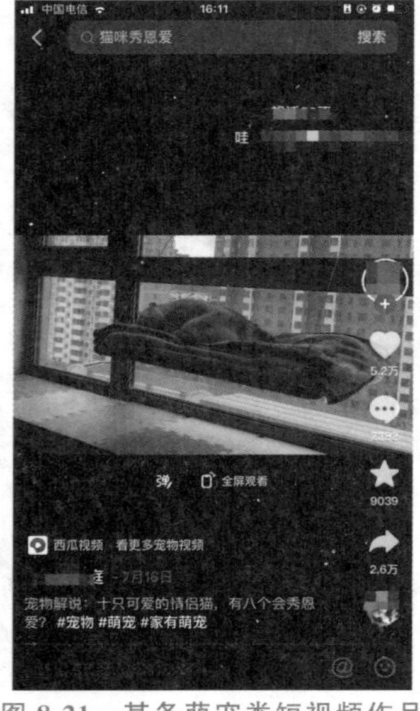

图 8-21　某条萌宠类短视频作品

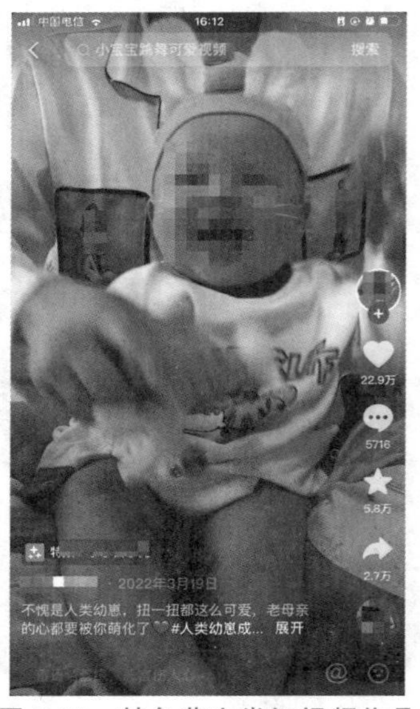

图 8-22　某条萌宝类短视频作品

8.2.3 生活记录类短视频的后期制作

生活记录类短视频更像是将一幅幅精美照片串联起来讲述一个个影像故事，所以对画面质感和转场等要求较高。而很多人在拍摄时，为了丰富内容，往往会拍摄较多的素材，但由于后期处理不当，整条短视频像是在记流水账，毫无亮点可言。生活记录类短视频在进行后期制作时应重点注意以下几点。

◈ 音乐：生活记录类短视频的音乐有缓有急，常根据内容变化而变化。例如，音乐舒缓时就降低视频速度；音乐激昂时就添加转场特效，增强画面感。

◈ 转场特效：生活记录类短视频为了增强代入感，一般在使用节奏感比较强的音乐时使用转场特效；转场特效的时长控制在 1 秒左右，更能增强视觉冲击力。

◈ 滤镜：不同的滤镜会使画面呈现不同的风格。生活记录类短视频的滤镜使用频率比较高。

◈ 字幕：生活记录类短视频少不了字幕烘托，一般会在视频开头标上时间、地点等字幕。

◈ 画面特效：视频开头或结尾使用“电影版”“黑森林”“老电影”“电影感画幅”等画面特效，能有效增强视频画面的电影感。

8.2.4 套用模板制作生活记录类短视频

制作生活记录类短视频依然可以套用相关的视频模板。下面还是以剪映 APP 中的视频模板为例，为大家展示 vlog 模板的套用方法。

第 1 步：打开剪映 APP，在剪映 APP 首页点击“创作脚本”按钮，进入“创作脚本”界面，点击“vlog”，即可看到多个 vlog 的视频模板，如图 8-23 所示。

第 2 步：选择一个合适的 vlog 模板，预览该 vlog 模板的成片效果，然后点击“去使用这个脚本”按钮，如图 8-24 所示，接着按照脚本内容添加视频和台词即可。

图 8-23 进入“vlog”界面

图 8-24 点击“去使用这个脚本”按钮

8.3 拍摄与制作美食类短视频

俗话说“民以食为天”，美食类短视频作品往往比其他类型的短视频作品更受用户青睐，其受众人群也更广，是当下热门的短视频类型。在各大短视频平台上，美食类短视频作品层出不穷，下面就为大家详细介绍美食类短视频的拍摄与制作方法。

8.3.1 美食类短视频的拍摄原则

美食类短视频想要收获高流量，就需要将美食“色香味俱全”的视觉效果完美地呈现出来。不管是哪种美食类短视频，都需要遵循统一的拍摄原则，即寻找合适的光线与角度拍摄美食，并且保持画面简洁。

1. 寻找合适的光线与角度

美食不仅仅是美味的，其外观也是诱人的。在拍摄美食类短视频时，创作者要尽可能选择合适的光线及角度来拍摄。例如，沸腾的麻辣火锅最好在暖光光源下拍摄，并且从45°方向俯拍锅底，这样才能使拍摄出来的火锅看上去有食欲，如图 8-25 所示。

图 8-25　选择合适的光线和角度拍摄火锅

> **提 示**
>
> 在拍摄美食探店类短视频时，创作者最好能够自带补光灯。因为不同类型的美食店铺为了营造不同的氛围，通常会使用不同亮度、色调的灯光。例如，日式料理店的灯光会设计得比较暗，给顾客营造出一种静谧的氛围，而这样的灯光环境显然不利于美食类短视频的拍摄，所以自带补光灯为播主或者美食进行补光，就十分有必要了。

2. 注意保持画面简洁

拍摄美食时，如果桌面比较杂乱，可以对桌面物品进行整理，技巧性地摆放桌面上的物品，以保证视频画面简洁、有序，营造构图上的美感。例如，采用特写镜头拍摄美食，使整个画面的背景显得更干净、简洁，如图 8-26 所示。

图 8-26 画面简洁的美食画面

提 示

在拍摄美食类短视频时，不要使用透明胶垫或一次性的塑料桌布等进行布置，因为这些物品易反光，使用不慎会严重影响视频的观感。

8.3.2 美食类短视频的拍摄要点

常见的美食类短视频主要包括美食制作类短视频、美食探店类短视频和美食测评类短视频。不同的美食类短视频拥有不同的拍摄要点，下面就为大家详细讲解这些美食类短视频的拍摄要点。

1. 美食制作类短视频的拍摄要点

美食制作类短视频具有巨大的市场潜力。这类短视频的拍摄关键就在于清晰地展示美食的制作步骤，将最后的成果以最诱人的方式展现出来。美食制作类短视频的拍摄要点如下。

(1)灵活的拍摄手法

在拍摄美食制作类短视频时，一方面需要对制作步骤进行讲述，另一方面需要对成品进行展示。所以，在拍摄制作步骤时，通常是固定一个拍摄位置，对制作平台进行俯拍；在拍摄成果时，可以采用移镜头进行拍摄。例如，某条美食制作类短视频作品中，创作者在分享西红柿炒鸡蛋的创新做法时，分别运用了俯拍和移镜头的拍摄手法来展示菜品的制作过程和制作成果，如图 8-27 所示。

图 8-27 运用俯拍和移镜头的拍摄手法拍摄美食制作类短视频

(2)高颜值的道具配合

美食制作类短视频之所以如此受欢迎，是因为它在给用户带来视觉享受的同时，还展示了一种精致的生活态度。用户在观看美食制作类短视频时，总会不由自主地憧憬这样精致的生活。因此，在拍摄美食制作类短视频时，要格外注重视频的美感，除了展示精美的菜肴，使用的道具也需要具有一定的颜值，让用户充分感受到制作美食的美好与乐趣。

例如，某条美食制作类短视频作品中，无论是美食本身，还是制作美食所用的锅具、餐具及其他的一些道具，都十分精美，如图 8-28 所示。

图 8-28 某条美食制作类短视频作品中的高颜值道具

2. 美食探店类短视频的拍摄要点

美食探店类短视频是指播主亲身探寻和体验人气美食。这类短视频大多需要播主真人出镜，对实体餐饮店售卖的美食进行品鉴，并将自己的感受分享出来，为用户提供就餐建议。在拍摄美食探店类短视频时，除了要遵循美食类短视频拍摄的基本原则，还应注意以下两点。

（1）提前展示环境

在进入店铺或夜市等目的地前，短视频创作者最好能够提前拍摄目的地的周围环境，包括店铺的招牌、店外的环境、附近的标志性建筑物等。这样做的目的主要有两个：一方面可以让用户从店铺的外观了解其风格；另一方面，也方便用户更精准地找到目的地。如图 8-29 所示是某条展现店铺外环境与招牌的美食探店类短视频作品。

图 8-29 某条展现店铺外环境与招牌的美食探店类短视频作品

（2）抓住拍摄时机

在拍摄美食探店类短视频时，短视频创作者最好选择在用餐高峰时段，对在店外排队及店内用餐的人群进行记录。虽然这样做会增加短视频拍摄的时间成本，但它会带来两大好处：一是向用户展示店铺的高人气；二是提醒用户如果到店用餐或购买美食，一定要预留排队时间，如此可以优化用户的体验感，增加用户对播主及账号的忠实度。如图 8-30 所示是某条在人流高峰期拍摄的美食探店类短视频作品。

图 8-30 某条在人流高峰期拍摄的美食探店类短视频作品

3. 美食测评类短视频的拍摄要点

美食测评类短视频与产品测评类短视频相似，只不过测评的内容以美食为主。这类短视频专注于对美食的味道进行品鉴，其拍摄要点如下。

（1）多方位点评和展示美食

美食测评类短视频专注于美食品鉴，因此播主需要就美食的外形、气味、口感等各个方面，发表自己的见解，并向用户进行清晰的展示，让用户产生自己正在食用这些美食的沉浸感。例如，某条美食测评类短视频作品中，播主正在对一款美食进行点评和展示，如图 8-31 所示。

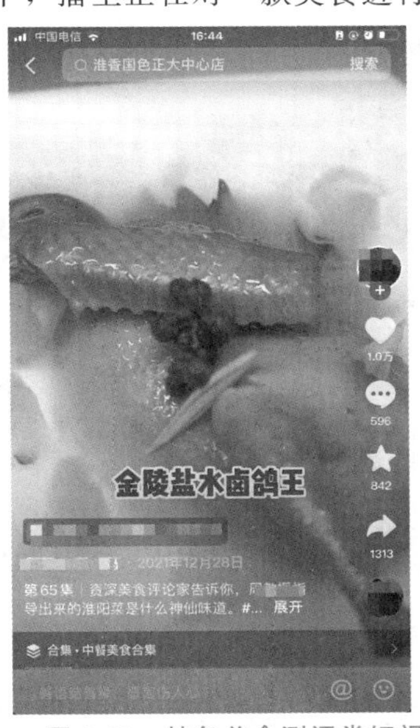

图 8-31 某条美食测评类短视频作品中点评和展示美食的画面

美食测评类短视频的拍摄关键，其实就在于完整记录播主点评美食的过程。在美食测评类短视频中，播主除了要对美食进行点评与展示，还要及时分享自己的感受。例如，某条美食测评类短视频作品中，播主在对几款糕点产品进行点评时，提到了自己品尝后的一些感受，如扎实的口感、湿软的口感等，如图 8-32 所示。

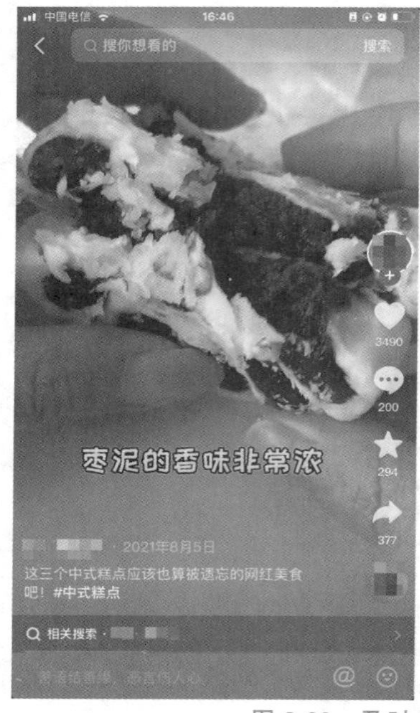

图 8-32　及时分享美食品鉴感受

(2)多款美食进行对比

在拍摄美食测评类短视频时，如果只是单单测评一款美食，播主可能无法让用户深切地感受到这款美食与其他美食的差别，也容易使用户产生乏味感。因此，在拍摄美食测评类短视频时，建议创作者多挑选几款美食产品进行对比测评，这样做不仅可以增加短视频内容的丰富性，也能够给用户带来更直观的感受。

例如，某条美食测评类短视频作品中，播主对两家知名快餐品牌的餐品进行了对比测评，看看哪家快餐店的东西更好吃，如图 8-33 所示。这种对比测评的方式不仅会为用户带来新鲜感，还能让吃过这两家快餐店食品的用户对测评的美食有更深刻的体会。

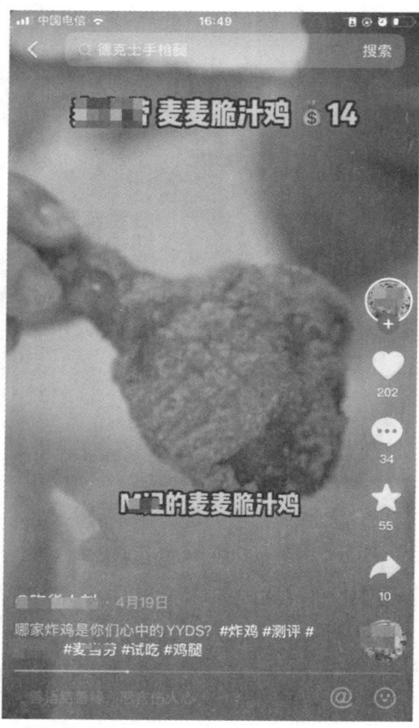

图 8-33　美食对比测评

8.3.3 美食类短视频的后期制作

美食类短视频的脚本创作和拍摄固然重要，后期剪辑工作也同样重要。美食类短视频后期制作的关键点主要是添加滤镜和音乐。下面就以抖音为例，向大家展示如何为美食类短视频添加滤镜和音乐。

1. 为美食类短视频添加滤镜

美食类短视频能吸引大量用户关注，离不开那些令人食欲满满的美食。那么，短视频创作者要如何通过后期剪辑让视频中的美食更具吸引力呢？答案就是添加滤镜。

为拍摄的美食类短视频添加美食滤镜，可以对食物成品进行调色，优化视频中食物的色彩纯度及饱和度，使食物看上去更具诱惑力，从而激发用户品尝该美食的冲动。抖音为用户提供了几款美食滤镜，包括料理、深夜食堂等，如图 8-34 所示。

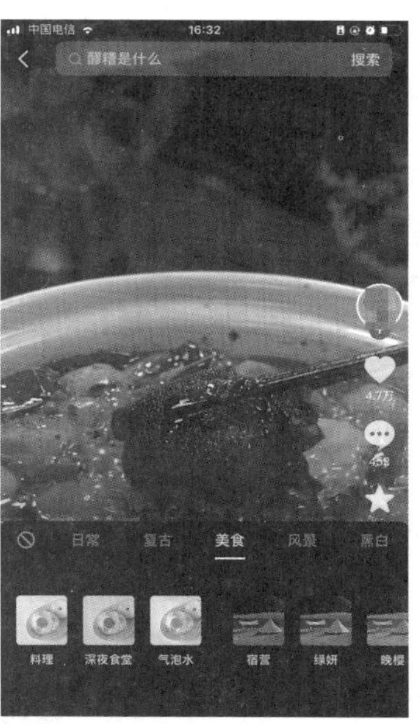

图 8-34　抖音中的美食滤镜

2. 为美食类短视频添加音乐

为了让美食类短视频看起来更完美，通常还需要在剪辑时根据短视频的主题和调性，为其添加合适的背景音乐。在抖音中，系统会自动根据短视频的主题和调性来生成背景音乐。如果短视频创作者想要自己选择背景音乐，可以在“剪辑”界面中点击“音乐”按钮，接着在弹出的“推荐”界面中点击🔍按钮，如图 8-35 所示。在搜索框中输入关键词“美食”，可以搜索到很多与美食相关的音乐，点击需要的音乐试听，如果满意，即可点击右侧的“使用”按钮添加音乐，如图 8-36 所示。

图 8-35　“推荐”界面

图 8-36　选择并添加音乐

> **提 示**
>
> 在为美食类短视频添加音乐时，尤其要注意音乐和内容的搭配，不能为了选用热门音乐，而让音乐与视频内容产生割裂感。

8.3.4 套用模板制作美食类短视频

对于没有脚本创作思路和拍摄、剪辑思路的短视频新手而言，可以借助剪映 APP 中的视频模板来快速制作美食类短视频。

第 1 步：打开剪映 APP，在剪映 APP 首页点击“创作脚本”按钮，进入“创作脚本”界面，点击“美食”，即可看到多个热门美食方面的视频模板，如图 8-37 所示。

第 2 步：选择一个合适的模板，查看该模板的脚本、镜头、滤镜、音乐等素材，然后点击“去使用这个脚本”按钮，如图 8-38 所示，接着按照脚本内容添加视频和台词即可。

图 8-37　选择视频模板

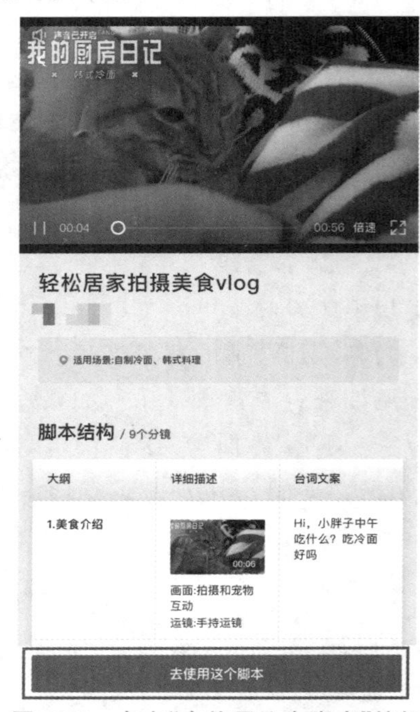

图 8-38　点击“去使用这个脚本”按钮

课后练习

1. 拍摄与制作一条产品展示类短视频。
2. 拍摄与制作一条美食制作类短视频。

参考文献

[1]吴航行，卢文玉．短视频编辑与制作[M]．2版．北京：人民邮电出版社，2023.
[2]石莹．短视频制作实务[M]．上海：同济大学出版社，2023.
[3]杨建飞．摄影基础教程[M]．杭州：浙江摄影出版社，2021.
[4]林宇，韩方勇，朱良辉．短视频编辑与制作[M]．上海：上海交通大学出版社，2022.
[5]门一润，黄博，张琬丛，等．短视频拍摄与制作[M]．北京：清华大学出版社，2022.